写给未来的电影人

传媒典藏

VIDEOSHOOTER
MASTERING STORYTELLING TECHNIQUES

拍摄者（第3版）
用摄像机讲故事

[美]Barry Braverman 著

周令非 译

人民邮电出版社

北京

图书在版编目（CIP）数据

拍摄者：第3版：用摄像机讲故事 /（美）巴里•布雷弗曼（Barry Braverman）著；周令非译. -- 北京：人民邮电出版社，2016.10
（写给未来的电影人）
ISBN 978-7-115-42725-0

Ⅰ. ①拍… Ⅱ. ①巴… ②周… Ⅲ. ①电影摄影技术 Ⅳ. ①TB878

中国版本图书馆CIP数据核字(2016)第166256号

◆ 著　　　　［美］Barry Braverman
　　译　　　　周令非
　　责任编辑　宁　茜
　　责任印制　周昇亮

◆ 人民邮电出版社出版发行　　北京市丰台区成寿寺路 11 号
　　邮编　100164　　电子邮件　315@ptpress.com.cn
　　网址　https://www.ptpress.com.cn
　　涿州市般润文化传播有限公司印刷

◆ 开本：787×1092　1/16
　　印张：19.75　　　　　　　2016 年 10 月第 1 版
　　字数：393 千字　　　　　2024 年 8 月河北第 16 次印刷
　　著作权合同登记号　图字：01-2015-3959 号

定价：109.00 元
读者服务热线：(010)53913866　印装质量热线：(010)81055316
反盗版热线：(010)81055315
广告经营许可证：京东市监广登字 20170147 号

内容提要

　　这绝不是一本洗碗机说明书般平淡的普通摄像书籍！这本机智幽默的《拍摄者（第3版）：用摄像机讲故事》中讨论了2D拍摄者和3D拍摄者的原则和纪律，从清晰明确的视点和视线，到镜头和色彩矩阵的选择对情绪的影响，可谓事无巨细。你将会学习如何避免平庸的镜头和拍摄角度，学习化繁为简的排除原则，学会对画框的充分控制。你将会学到如何通过特写镜头推动故事发展，学会如何构图，学会如何利用简单的照明来控制观众的注意力。你要学习的这些内容并不简单，但通过不断挑战挑剔的观众，你终会提高自身的价值和你作为一名手艺人的声誉。

　　本次第3版中的新内容如下：

- 立体拍摄技术：拍摄和制作立体内容的基础知识，以简单集成式立体摄录一体机为主。
- 数码单反拍摄技术：如何让这种大传感器摄像机在尽可能少的代价下获取到最好的图像。
- 后期图像调整，数字滤镜、稳定器。
- 输出节目到Web上或DVD中。
- 思考拍摄者的职业前景——如何鉴别和获取理想的工作，如何与自大狂合作。
- 问答和复习内容——在每章结束后加入问答和复习内容。

　　无论你使用的是复杂的4K摄影机、大尺寸传感器数码单反，还是iPhone，《拍摄者（第3版）：用摄像机讲故事》中的内容都会让你受益匪浅，它能帮你把自己的设备性能最大化，并提升你的故事讲述技巧。

To my father, who taught me to see the beauty in technical things

谨以此书献给我的父亲，是他教会了我领悟技术之美。

序

　　夏日的北京，气温比南方还要炎热。可是中国电影市场的热度更是一浪高过一浪，票房连连飘红。近来，到处都在谈电影形势，谈电影投资，谈电影票房，谈电影的资本运作。唯独不谈电影本身，不谈电影本体，不谈电影是以技术为支撑的伟大艺术作品。似乎电影的艺术品质、思想深度和技术质量都不重要，只有票房是衡量电影的唯一标准。在这样的社会风气和浮躁的创作氛围下，中国电影虽年产接近七百部，已成为电影大国，其中不乏有高品质的作品被人们称道，但整体而言，并不乐观。很多影片质量差强人意，有的甚至连最基本的电影知识和拍摄技术都没有掌握。主要原因是电影被用来当做赚钱的工具和纯娱乐产品，而忽视了电影是以影像为本体的艺术作品和它作为精神产品的思想性。另外创作理论的滞后和影视教育水准的不高也是不可忽视的原因之一。

　　在中国乃至世界的电影领域不可否认地存在一个现实：搞电影制作的艺术家把精力都用于创作，没时间去总结经验、梳理得失，再上升为理论去指导实践；而从事理论的专家学者又埋头于纯理论研究，缺少创作实践的机会，往往把理论搞得很高深很学术化，却与实践脱节，造成直接指导创作的理论缺失。像《拍摄者》这类电影制作方面的好书在国内并不多。我曾经在美国看过这本书的第1版，受益匪浅。今天得知年轻的学者周令非把《拍摄者》第3版翻译成中文版，令我无比兴奋和激动，同时也深深为周令非的敬业和刻苦砥砺所感动。我们翻译过书的人都知道，翻译一本书比写一本书还要难，特别是电影专业书就更难，既要英文好还要专业扎实、知识广博。周令非毕业于中国传媒大学电影学专业，也算是我的学生，在校期间就给我留下踏实好学、才华出众和具有探索精神的印象，毕业后在中国电影科研所从事科研工作，仍然是踏实肯干、刻苦钻研。如今他呈上的这一摞沉甸甸的书稿，就是一直不断努力的结果。我以有这样的学生深感骄傲。

　　这本书具有极强的实用性和可读性，教你如何实实在在去拍电影，从实际动手操作出发到如何把影像生动丰富地记录在媒介上，步骤逻辑严密，叙述翔实细致，插图清楚明晰。这些宝贵的实践经验总结都是有感而发，能够帮助那些痴迷于摄影的人和专业院校的莘莘学子早日实现自己的电影梦。

　　21世纪以来，随着数字技术、互联网和移动互联网的普及，很多传统的专业都受到了前所未有的挑战，电影摄影工作无疑是其中之一。在电影领域，数字技术在人们意想不到的短暂时间内就替代了电影胶片；互联网和移动互联网视频正以前所未有的速度扩张，对传统的电影、电视构成巨大威胁。在这样背景下，作为影像最直接的创造者——摄影师——该如何应对这个纷繁复杂的局面？数字技术环境下的摄影工作和原来传统摄影工作有哪些异同？摄影师该如何与时俱进的把握未来行业走向？在有限的时间中，如何通过学习和实践高效的提升自己的创作水平？这些都是摄影师们不得不思考的问题。

《拍摄者》正是这样一本帮助摄影人梳理思路和解惑的佳作。本书作者提出了几个重要的观点供读者们参考。1. 摄影师的思维要远远胜过摄影机本身。2. 数字技术在很多方面改变了摄影师创作和思考的方式。3. 摄影师要跳出传统的实拍摄影行当，尽可能地了解掌握更多合成影像和虚拟影像技术，包括数字后期制作技术和造影技能。4. 学会用摄影机讲故事是摄影师最重要的技能。

　　科学技术的发展会改变我们的生活形式，改变我们的沟通方式，改变摄影的思维和创作模式，但无法在本质上改变我们对于这个世界的观念和态度。摄影在新媒体时代下的未来亦是如此——人们可能会改变影像的观看和创作方式，但不会改变对于影像与信息的态度。

　　我建议不管是作为电影摄影的爱好者、初学者，还是有着一定拍摄经验的摄影师或在校电影专业的大学生、研究生都应该读一读周令非的译著《拍摄者》，相信大家都能从中获益，也希望大家通过这本书了解摄影，爱上电影，并开始拍摄实践展开自己的职业历程。同时在这本书中，周令非不仅呈现出其作为电影专业学者应有的学术严谨态度和专业素养，更体现出其作为一名青年学者的实干精神和独立思考的能力。学术研究和翻译工作从来都是一个漫长并需要耐得住寂寞的过程，我也希望周令非能一直保持自己的研究热情，并通过更扎实的付出来进一步提高研究和翻译能力。

梁　明

中国传媒大学教授、博士生导师、摄影系主任

中国电影家协会电影摄影委员会会长、中国影视摄影师协会副会长

2016 年 7 月于北京

致谢

许多年过去了，我的学生遍布世界各地，他们一直是，未来也将继续是我灵感和动力的源泉；感谢我的朋友 Wes Anderson 教会我摒弃了自己一直以来墨守成规的老方法；感谢 Mira Nair 鼓励我辅导新一代东非电影人并为他们提供摄影技术研讨会；Carlin eagan 和 Dennis McGonagle 是 Focal 出版社中这本书的负责人，感谢他们耐心等待我完成这份手稿。感谢 Donald Lampasome、Don Milano、Tim Kolb、Jason Osder、Jack James 在本书的审校过程中提供了周到的建议和意见。感谢松下（美国）的 Doug Leighton 和松下（新加坡）的 Janet Lam，他们与我风雨同舟，不厌其烦地帮助我；感谢索尼公司的 Tom Di Nome 对我提供的毫无保留的、智慧且严谨的帮助；感谢曼富图公司的 Wayne Schulman 满足我那些奇怪的请求；感谢富士能公司的 Dave Waddell 乐此不疲地回答我关于镜头的问题；感谢 Karla Berry，她是我永远的好朋友，她拥有西方世界最美丽的笑容和最棒的电影教学经验；感谢 Driss Benyaklef 和 Anadil Hossain，他们是我的老哥们儿，没人比他们更清楚电影业是如何运作的；感谢我不知疲倦的好伙伴 Simone Sultana，她几乎是我在伦敦、孟加拉国和其他地方的能量来源；感谢 Vision Associates 公司的 Lee Bobker，他在 35 年前给了我第一个专业任务——拍摄大豆田，是他开启了我的职业生涯；感谢 Ira Tiffen，他丰富的专业知识和他对摄影的热情和热爱一直是我追赶的方向；感谢 Sid Platt，他是《国家地理》杂志的顾问，同时也是我的朋友和导师，当我还是一名年轻且没有经验的摄影师时，他就满怀信心地派我去波兰、亚马逊、北极和其他神秘的地方进行拍摄，谢天谢地我没有让他失望；感谢我儿子 Ben 和女儿 Zoe，他们优雅地出现在了本书的几十张插图中；还有 Debbie、Karen 和我其他的朋友们，感谢他们不得不容忍我和我那些不可理喻的做法，他们都用自己独特的方式和爱激励我写完这本书。

目录

第七章　立体拍摄者 **133**

第一章

拍摄者的视角

亲爱的影视拍摄者：

　　拍摄是你们的使命，无论你们的拍摄内容是什么，无论你们身处何方，你们都应该努力用独特的方式强调自己的观点。这种探索往往令人振奋且极富个性。与众不同的拍摄视角可以把观众更直接带入到引人入胜的故事情节中。

图 1.1

这是奥森·威尔斯执导的影片《公民凯恩》（1941）中的一幕，几乎看不清脸的演员们正在黑暗的放映室里进行一场重要的对话。通过压缩画面中的可见内容使观众更专注于聆听对话内容，这是一种强调影片关键对话或论述的非常有效的策略。

（a）

（b）

图 1.2 a,b

反之，我们也可以通过降低或彻底消除声音，使观众的注意力集中在画面内容上。

（b）图中是影片《拯救大兵瑞恩》（1998）中诺曼底登陆的场景，彻底静音后的画面强化了诺曼底海滩的恐怖氛围。这种对画面和声音相互作用的掌控能力，是一名电影制作人的核心技能。

图 1.3

百分之九十的故事情节都是通过画面来传达的。如果观众们可以选，那么他们肯定更喜欢看而不是听。观众们其实做不到同时看和听。

图 1.4

通过画面展示故事，而不是讲述故事。伟大的故事往往更需要令人信服的画面内容。

1.1　观点

　　经常有人问我，"我该买哪款摄影机？"或者"哪款摄影机最好？"这种问题很不好回答，我也很怕被问到这种问题，但至少答案是明确的：最适合你要讲的故事的摄影机对你来说就是最好的摄影机。

　　在选择摄影机时应该权衡利弊，综合考虑。不要仅仅基于成像元件尺寸或分辨率这种单一功能或特性而选择一台摄影机。高分辨率摄影机的 CMOS[1] 传感器可能会存在诸如低

1　Complementary metal–oxide semiconductor（互补金属氧化物半导体），一种区别于模拟式 CCD 传感器的数字传感器，详见本书第四章《拍摄者的工具箱》。

光照性能差、动态范围小、快门果冻效应等一系列问题。这些妥协还伴随着素材数据量的大幅增加拖慢了整个工作流程，从而对你的制片效率产生负面影响。那么，新型高分辨摄影机真的符合你的期望或者适合你讲故事的视角吗？

如果摄像机的近距离对焦能力对你的纪实作品至关重要，那么选用伺服对焦的小型摄像机可能比选用手动对焦的全尺寸摄影机更合适。虽然昂贵的广播镜头可以提供更清晰、更专业的拍摄效果，但由于其机械设计的局限性，这种镜头通常不能持续对镜头前面的元素进行对焦。

世界上没有那种适合所有场合拍摄的完美摄像机。每种型号都有其各自的优点和缺点，在低价位产品中，这种优劣会显得更加明显。如果你非常清楚自己的故事需要的视点和预期效果，那么你很可能会选到既不昂贵，也不复杂，又适合自己的摄像机。这就像木匠、水暖工或者汽车技师一样，聪明的拍摄者了解自己工具的优劣，以及什么样的故事需要用什么样的工具去拍摄[2]。

图 1.5

想在没有许可证的公共码头拍摄？消费级佳能 HF-S100 或者单反相机可能是最理想的选择。想为探索频道拍摄关于缟獴（条纹猫鼬）交配习惯的纪录片？ 2/3 英寸传感器的可变帧率全尺寸摄录一体机最合适。想偷拍拉斯维加斯出租车后座上赌徒的忏悔？用口红式摄影机甚至是 Go Pro 都能神不知鬼不觉地完成任务。在选择设备时，该设备能否适合你的故事和视点是唯一需要考虑的因素。

1.2   不再追逐彩虹

在现在这个众媒体时代，视频拍摄作为专业技能的概念越来越模糊。任何一个稍加训练或者从未经过专业训练的人，花几百美元买台佳能或者松下的低端摄像机，甚至是最新型号的 iPhone 都能拍摄出还算不错的视频，这让我们这些自以为才华满满的职业视频拍摄者在竞争中显得很狼狈。

如今的专业拍摄者要想取得成功，他（她）就必须得成为 21 世纪的达·芬奇。就算我们并不一定得像达·芬奇那样掌握绘画、印刷机设计和直升机设计，但现在的趋势就是你需要拍摄、剪辑、包装制作，甚至网站设计全都会做。

正如同 DNA 链是谱写生命和控制遗传的基石一样，在数字时代，0 和 1 也正是一切数字设备和应用程序的基础。如今的视频拍摄者，不管自己是否愿意，都必须接受新时代

---

2   详见第四章关于如何评估摄影机的操作性及性能的内容。

对复合型技能需求的现实。不管你是拍摄者、录音师、特效艺术家，还是编曲，在数字时代，本质上我们都面对着同样的 0 和 1。

三十年前，我在夏威夷的毛伊岛上花了整整一个下午追逐一条彩虹，从岛的一头一直追到另一头，就是为了寻找合适的背景和前景来拍摄彩虹那难以捉摸的颜色。这种拍摄在 1985 年是非常常规的任务。

但在今天，我觉得"国家地理"或者其他制片人基本不会同意付我一天的薪水让我去追逐一条彩虹。为什么呢？因为如今精通数字工具的制片人更倾向于买一条夏威夷的风光素材（或者在景观软件 Bryce 3D 里做一个），然后在 Adobe After Effects 软件里制作一条彩虹合成上去。

这些家伙跟我们一样，都在学习如何驾驭数字猛兽。在过去，拍摄者拍摄出来的就是最终画面，但如今拍摄者们拍摄的往往是合成最终画面所需的素材画面。据说在《星球大战：幽灵的威胁》[3]（1999）的主要拍摄工作完成后，乔治·卢卡斯就已经用数字技术去除演员不必要的眨眼了。唉！在数字技术横行的今天，没有谁的工作是铁饭碗！甚至连演员都无法幸免！

在我的摄影和灯光课里，我发现我的学生们都以近乎疯狂的速度同时在学习数字画面合成、跟踪反求、调色、氛围调节，学习在三维空间（3D）里操作、修剪、漫射物体，对齐、混音、录制音轨——换句话说，他（她）们在学习包括拍摄在内的几乎所有制片工作，这原本应该是整个制作公司的工作！

1.3   学会身兼数职

2006 年 8 月，导演韦斯·安德森（《布达佩斯大饭店》《月亮升起的王国》《青春年少》《特伦鲍姆一家》）想请我为他拍摄《穿越大吉岭》[4]的幕后花絮片（BTS，Behind The Scenes）。这部影片讲述的是三个兄弟搭乘一辆印度铁路公司的火车穿越拉贾斯坦沙漠的故事。韦斯想要的不只是一部普通的 BTS，他想让我在作为拍摄者之外，在作品里投入更多的个人化元素。

为了完成这部幕后花絮片，我在印度拍摄制作了 5 个月。出品方福克斯探照灯（Fox Searchlight）调集了多个部门的资源来支持我：宣传部门、家庭影院部门、市场营销部门和互联网部门。这就是我能身兼数职的原因。我还参与了影片第二单元的拍摄工作，编辑

---

3   乔治·卢卡斯（制片人 & 导演），里克·麦卡伦（制片人），美国卢卡斯影业 1999 年出品的影片《星球大战前传一：幽灵的威胁》。注释仅出现在第一次提到该电影时。

4   Ferozeuddin Alameer, S. M.（制片人），韦斯·安德森（制片人 & 导演），Bamford, A.（制片人），Cooper, M.（制片人），Coppola, R.（制片人），Dawson, J.（制片人），Rudin, S.（制片人），美国福克斯探照灯 2007 年出品的影片《穿越大吉岭》。

图 1.6

穿梭在印度焦特布尔市的大街小巷。全尺寸摄影机最适合用来捕捉细节丰富的城市场景和风光。

图 1.7

一台多功能、用处广泛的摄录一体机能极大地拓展拍摄者用画面讲故事的方式。

图 1.8

这是电影《穿越大吉岭》里的场景，我作为比尔·默里的替身，正坐在开往焦特布尔火车站的出租车里。我身边的便携摄录一体机以独特的视点为我的幕后花絮片捕捉到了这个珍贵的镜头。

并制作了 1 小时的 HBO 特别篇，还做了一份 30 分钟的 DVD 特辑，16 段网站播客内容，并为报道导演和演员的娱乐网站制作了 6 份 EPK（电子媒体手册）。所以我不再只是一名视频拍摄者，同时也是一名代理制片人、编辑、DVD 制作者，以及网络内容专家。

1.4　掌握专业技能

在过去十年里，科技的进步已经彻底改善了摄影机的成像质量，以至于就算是现在最廉价的摄像机也能提供出色的拍摄效果。基于这个原因，一位拍摄者是否成功不再取决于他（她）拥有什么设备，而是他（她）拥有什么样的专业技能。

若干年前，成为一名对摄影机故障手到病除的拍摄者并不是什么难事。那时候拍摄者们生活在简单的机械物理时代，如果我们的胶片摄影机出了什么问题，我们把它打开看看里面的构造，就能大致知道它是怎么工作的。就算我们没有足够的理论知识或者在 MakeItWork.com 没有熟人，我们也能修好机械式摄影机，既收获了自信也磨炼了手艺。

在过去几年里，有抱负的拍摄者都在努力研读分析约瑟夫·马赛林[5]的名著里提到的 5 个 C——摄影机角度（camera angles）、镜头连贯性（continuity）、剪辑点（cutting）、特写（close-ups）和构图（composition）。那时候，任何熟练掌握这五个要点的拍摄者都能在电影行业里拥有一席之地。因为胶片时代里胶片和洗印的成本很高，拍摄者和导演必须在启动摄影机之前详细构思好所拍镜头的每一个细节，以避免额外胶片成本带来的预算压力。

记得 20 世纪 70 年代，我正为一部 PBS 电视台的纪录片苦苦筹集资金。经过几个月不懈的努力，终于筹到了几千美元，但我依然为胶片的预算感到焦虑。每英尺（约 1.5 秒）16mm 胶片的价格是 42 美分，这个数字我永远都会铭记在心。在拍摄过程中，宝莱克斯（Bolex）发条摄影机每秒钟都会发出意味深长的声音——它每次最多只能拍摄 16.5 英尺。

那时的技术在培养拍摄者专业技能的同时也限制着拍摄者。每一个镜头都要讲一个故事，有开头，有中间，也有结尾。每一格画面的内容、镜头的选择、背景的选择都必须要经过深思熟虑。一名熟练的拍摄者能够统筹运用这一切元素，因此他（她）值得大家尊敬并获得丰厚的报酬。在今天更是如此，因为现在的优秀拍摄者更要学会身兼数职并不断学习。

5　约瑟夫·马赛林 Mascelli, J.《*The five C's of cinematography: Motion picture filming techniques*（关于电影摄影的五个 C）》，1998 年洛杉矶 Silman-James 出版社出版（原著出版于 1965 年）。

图 1.9

这是我的 1966 年款甲壳虫汽车，打不着火的时候需要推着
启动。它可不支持什么 MXF、USB 或者 eSATA。

图 1.10

旧金山的有轨电车是我们曾经熟识和热爱的那个机械世界的极致
代表。

图 1.11

发条式胶片摄影机。把光敏胶片推进一系列链轮和齿轮中就可以开始拍摄
了，一切都是手动的。它的运作机制让它很容易观察、研究和排除故障。

图 1.12

使用胶片摄影机带给拍摄者的自律和缜密，是使用当今
自动化数字摄影机无法轻易获得的宝贵专业技能。

1.5　新观念

　　自媒体时代，DV 革命让每个人都能用低廉的成本，通过拍摄视频来展示他们的激情和表达自己的观点，而像 Facebook 和 YouTube 这种大型社交网站则为这些自媒体拍摄者提供了巨大的舞台。除此之外，一些新生代的拍摄者开始用廉价的摄像机或者数码单反（DSLR）相机进行故事片的部分甚至全部摄制工作：《超码的我》（2004）[6]，《曾经》（2006）[7]，《勇者行动》（2012）[8] 这些影片几乎全部由佳能 5D Mark II 单反相机摄制而成。

图 1.13

从 2012 年的影片《勇者行动》开始，DSLR（单反）相机开始作为专业拍摄工具逐渐被业内认可。这部动作片在全球狂揽 2 亿美元票房。

1.6　现在人人都是拍摄者

　　电影摄影的五个 C 原则现在仍然很重要——甚至比以往更重要。不光是职业拍摄者，看看还有谁在使用这些神圣原则在拍摄视频吧：所有在制作流程中的人，包括剪辑师、导演、3D 艺术家、DVD 菜单设计师——任何有电脑甚至 iPad 的人，也就是几乎所有人。

　　现在越来越多的美国主要电视新闻节目正转变为一种"一个人全包"的"独行侠"制作模式。新闻外采记者经常需要一个人完成拍摄、录音工作。在某些情况下，他（她）甚至还得自己编辑所拍摄的素材。

　　针对有线电视节目和一些较小市场的节目，拍摄者一个人单独完成项目已经成为家常便饭。几年前我应邀为历史频道拍摄几集《誓守秘密》（*Sworn to Secrecy*）节目。我的第一个任务就是与"摄制组"会合，一并飞往华盛顿州的斯波坎，去那儿拍摄正在进行野外生存训练的空军飞行员。

6　Morley, J.（制片人），Pederson, D.（制片人），Pederson, D.（制片人），Winters, H.（制片人），Spurlock, M.（制片人＆导演），美国 Kathbar Pictures 公司 2004 年出品的影片《超码的我》。

7　Collins, D.（制片人），Niland, M.（制片人），Carney, J.（制片人），爱尔兰 Bórd Scannán nahÉireann 2006 年出品的影片《曾经》。

8　Clark, J.（制片人），Haggart, G.（制片人），Leitman, M.（制片人），Mailis, M.J.（制片人），McCoy, M.（制片人），Pollak, J.（制片人），Waugh, S.（导演），美国 Bandito Brothers 2012 年出品的影片《勇者行动》。

要拍摄这样一个知名的系列纪录片节目，我自然认为声音质量会很重要。当飞机从洛杉矶起飞后，我才意识到我的"摄制组"是多么小：只有一位 22 岁的导演和我两个人。我感到非常震惊，看着那略显稚气的导演，他思考了片刻，然后对我微笑。

我错愕地问他："我不知道你为什么这么开心。我们得做大量的采访，但我们竟然没有录音师。"

"是啊"，他的眼睛闪烁着光芒，"但是我有一个什么都会的摄影师！"

在那一刻，我似乎彻底理解了这场数字革命带来的变革。这个新手导演被雇来一个人写文案、拍摄、剪辑一小时屡获殊荣的系列电视剧集。对于一名菜鸟导演来说这是一个磨炼技能的绝佳机会，但这件事对我的影响是让我开始思考拍摄者在未来的定位，以及是否需要把技能拓展到其他领域——例如录音。

图 1.14

你也和我一样在思考拍摄者在未来的定位吗？

1.7 雇用你的客户

想要获得出众的摄影技能需要大量的练习及工作实践。对于大多数人来说，还需要突破自我，尝试学习很多新东西。首先，我们必须意识到，作为一名拍摄者、一个手艺人，我们不能在工作报价上自降身价。在这个圈子里，无论你的报价多低，总会有人比你的报价更低。假设你为项目拍摄的报价为 100 美元一天，肯定有人表示可以用 DSLR 单反相机拍摄做到 50 美元一天。如果你自降身价到 50 美元一天，又会有人愿意以一天 25 美元的报酬竞争这份工作，以此类推。除非工作本身确实不值钱、确实很简单，否则永远不要自降身价做廉价的工作。但如果你提供免费工作，结果反倒可能很不错。

这听起来有悖常理，甚至有点儿不可理喻，但请记住：免费工作和廉价工作可有着本质的不同。以低于行价的报价进行廉价工作会降低你在客户眼中的形象。廉价工作有很多弊端，费力不讨好，且缺乏尊重。但免费工作就完全不同了。免费为客户工作时，主动权在你自己手中，而不是客户手中，因为某种意义上更像是你在雇用他（她）。你选择免费为他（她）工作而放弃其他工作选择，这给了他（她）很大一个面子，他（她）会觉得欠你一个人情，这会让你在与客户的博弈中占据主动。

在工作中你要全力以赴，展示你的能力和个人魅力，最重要的是你要坚持下去。你坚持为客户提供免费且优质的服务，直到你在项目中无可取代、必不可少。之后你告诉他（她）你准备离开，这时他（她）可能会提出可以为你支付报酬，并试图留下你。然后你仍然要对他（她）说"不"。是的，说"不"。这是正确的策略，你对他（她）说："哎呀，我真的很想为你工作，这对我来说确实是个不错的机会，但你用不起我。"就这样，你把你的老板拿住了。无论他提出怎样的条件，你都表示出不感兴趣。伙伴们，这是一场心理战。一旦你的客户觉得你无可替代、不可或缺，你就已经赢了。你没有必要做出妥协，你可以自己开出报价和条件。

好莱坞和其他很多行业都是这么运作的。相对于多花钱，管理层更害怕找错人。虽然这种失礼的谈判方式可能令人感到尴尬，有时候对于一些谨小慎微的管理者来说甚至是灾难性的。但另一方面，如果你始终表现出高涨的热情和十足的信心，让他们觉得你就是他们要找的人并决定雇用你，你就能消除他们对项目拍摄的各种疑虑，他们甚至还会给你分红奖励。所以说如果你谨慎地选择你的雇主，那么你免费工作的日子赚的钱可能是你职业生涯中最多的。

1.8   你已经拥有足够的能力

得益于科技的快速发展，最新的廉价消费级摄影机已经可以提供足够好的画质，拥有上亿观众的互联网也提供了前所未有的巨大舞台，这让如今的视频拍摄者所拥有的影响力比以往任何时候都大。你既可以像某些拍摄者一样用这份力量做令人厌恶、丑陋的事，也可以用它来积极地改变我们这个世界，拍摄出魅力永存的不朽佳作。这一切都取决于你自己的观点和你要讲给这个世界的故事。

教学角：思考题

1. 联系最近一起摄像机的出现起到至关重要作用的新闻事件。思考摄像机是否提供了之前从未出现的新视角？摄像机以独特视角展示的内容是否比证人的证词更令人记忆犹新？

2. 一个观点是否可以拍摄出一部令人信服的作品？无法避免的镜头选择、构图和剪辑，是否可能让一部纪录片失去自己的观点？

3. 探讨一名拍摄者身兼数职的利弊。你觉得身兼数职是否削弱了拍摄者的专业性及工作效率？

4. 从你最喜欢的电影中找出 3 个熟练掌控声音与画面互动关系的场景。对声音的操控是否比对画面的操控对一部电影的成功更为重要？请详细解释。

5. 熟练的拍摄者往往运用摄影机的视点控制叙事。从最近的影片中举 3 个运用摄影机视点进行故意遮挡，为叙事增加悬念或表达幽默的例子。

6. 视频拍摄者具有改变世界的能力。列举 3 个改变了政治或社会格局的故事片或纪录片。

第二章

让我给你讲个故事

把摄影机取景器贴在眼睛上开始设计一个好故事,跟围在篝火旁讲述传说或者写任何伟大的美国小说其实没什么区别。从本质上讲,我们的旅程都从同一句话展开:让我给你讲个故事……

大导演西德尼·吕美特曾经说过:"故事就是让所有创意和技巧流动的管道。[1]"这包括摄影机、镜头、记录格式、分辨率的选择以及其他成百上千技术性与非技术性的元素。

想找到合适类型的摄影机?这取决于你要讲述的故事。想选择合适焦段的镜头?这也取决于你要讲述的故事。想为摄影机找到合适的位置和视角?这一切的一切都取决于你要讲述的故事。

事实上,观众不太在意这部电影是你使用 DV 拍的,还是用 35mm 超宽银幕胶片,甚至 PixelVision[2] 拍的。不会有人走出电影院,说:"哎,这部电影很棒,可惜它是用 4:2:0 采样拍的。"因此当你想从这本书里获取给养时,请尽量对技术方面的内容保持客观。影片成功的原因各不相同,而且就算编剧很糟糕、布光不好,甚至摄影很业余,但影片依然有可能很成功。

最新款、最强大的摄影机、镜头和相关设备固然很有趣、很让人着魔,但在成功的拍摄者眼里,它们都只是讲述引人入胜的伟大故事的工具而已。在我高中二年级的时候,我去参加 1970 年在纽约举办的科学博览会比赛,我制作了一个非常独特的鲁布·戈德堡装置[3],它在当时获得了很多关注。这个装置是一个大杂烩,材料来自旧电子管收音机、回收的咖啡锡纸包装以及一些家用透镜和棱镜,我叫它"色彩之声"。这个装置通过古董收音机的振荡器可以把可见光波长与尖叫声、抱怨声和口哨声关联起来。比起阿波罗计划里的那些在月球上行走、开车、打高尔夫的事情来说,我认为我这个创意还不算太过火。不

---

1 引自西德尼·吕美特(Lumet, S)1996 年纽约 NY: Vintage 出版社出版的《*Making movies*》。本书作者在引用中添加了"技术"一词来支持他的观点。不好意思了,西德尼。

2 20 世纪 80 年代末期,费雪玩具公司(Fisher-Price)制造的能在普通录音带上记录 2 位黑白图像的手持摄像机。如今每年在加州威尼斯举办的 PXL THIS 电影节证明了 Pixelvision 创造出来的神秘影像至今仍然保持着足够的吸引力。

3 译者注:鲁布·戈德堡装置(Rube Goldberg device)是一种设计精密而复杂的机械,以迂回曲折的方式实现一些简单的目的,例如倒一杯水或搅拌一只鸡蛋,等等。

过我的装置仍然吸引了几个评委、物理学家和工程师的眼球。最后"色彩之声"取得了成功，拿下了当届比赛的最高奖，并受到了美国陆军的表彰。

后来我回想这件事，当时主办方和军方肯定早就知道颜色不可能被真正听到，但这并不重要。迷人的故事很难让人把目光移开，拍摄伟大的影片和赢得科学博览会奖项其实都是一回事——那就是讲一个令人信服的、诱人的、视觉化的故事。

图 2.1

每部影片、每个篝火旁的故事、每个企业文化宣讲的开头都是一样的：让我告诉你一个故事……

图 2.2

成功的拍摄者懂得如何把剧本上的文字转化为为故事服务的画面。要拍摄特写？多近的特写？摄影机应该高于视线还是低于视线？手持拍摄是否可取？照明灯光应该陡峭富有戏剧性还是均匀表现中性的颜色？

图 2.3

应该把科学与艺术结合起来。观众们总是想得到一个好故事。他们这种积极的愿望可以从一定程度上帮助你把故事讲好。

2.1 如何才能把故事讲好？

正如同所有优秀的小说和篝火传说那样，我们的电影必须要有吸引人的角色。我科学展上的作品能让人"听到色彩"这个创意确实不错，但有趣的"角色"起到了至关重要的作用。在我的"色彩之声"装置中，"角色"就是咖啡锡纸袋做的可以开闭的散热器片、20世纪50年代收音机里传来的仿佛外星飞船的尖啸声及光电管表面疾驰而过的各种色彩。在观众和评委们看来，"色彩之声"在某种程度上显得合理且可信——这两个条件适用于每一部成功的戏剧、电影或者电视剧。

图 2.4

每一个伟大的故事都有引人入胜的设定、有魅力的角色和让人津津乐道的套路。作为拍摄者，你要学会找到影片的卖点和套路，并把资源和精力集中在这些地方。

图 2.5

这一庆祝场景来自罗伯·莱纳的影片《当哈利遇上莎莉》（1989）[4]。当年观众离开影院后对这一场景津津乐道了好几个月。作为拍摄者，在拍摄前看分镜头剧本时就应该构思这样的套路，以便在拍摄时最大限度地把演员的情绪展示出来。

2.2 清楚自己影片的类型并确保观众们也知道

你必须先搞清楚这部影片是什么类型，也就是影片拍完后会被摆在音像店的哪个架子上。它是喜剧片？还是恐怖片？还是悬疑片？正确认识影片的故事类型是提高拍摄者工作效率以及锁定目标受众需要迈出的第一步。

---

4 Ephron, N.（制片人），Nicolaides, S.（制片人），Scheinman, A.（制片人），Stott, J.（制片人），Reiner, R.（制片人 & 导演），1989 年美国 Castle Rock 娱乐出品的影片《当哈利遇上莎莉》（*When Harry Met Sally*）。

我关于界定影片类型的标准很简单：如果你拍的是喜剧，那么观众应该大部分时间都在笑。如果你拍的故事是关于非洲饥饿儿童的，那么你的观众就不应该笑得前仰后合。当然，你的喜剧可能也会有严肃的时刻，你其他风格的故事也可能整篇都诙谐幽默，但总体来说，影片的画面和基调都应该在第一时间明确、清晰地定义故事的类型。

（a）　　　　　　　　　　　　　　　　　　（b）

图 2.6 a,b

思考你的故事和影片类型：特写应该拍多近？

图 2.7

图 2.8

准备让观众哭还是笑？影片的第一帧画面就得建立影片的类型。这是影片《乱世儿女》（1975）[5] 中的场景，角色、蜡烛与照明共同营造了影片所期望的画面风格。另外，风格化的标题和配乐也对建立正确的影片基调至关重要。

5　斯坦利·库布里克（制片人 & 导演），Harlan, J.（制片人），& Williams, B.（制片人），英国 Peregrine 1975 年出品的影片《乱世儿女》（*Barry Lyndon*）。

精明的拍摄者明白影片风格和故事内容可以帮助他（她）选择摄影机、格式、镜头，甚至每一个构图和照明灯光的位置。出色的拍摄者可以通过一连串的视觉暗示把观众带入到故事当中。松散的特写可能很适合浪漫喜剧片，而更近的特写显然更适合戏剧或是恐怖片。说来道去，故事内容和影片风格其实可以看成是一个东西。

图 2.9

为你的下一部戏设计一张海报吧。海报的简述部分是否有吸引力？角色是否令人难忘？观众会因为看到这张海报花钞票去电影院看这部电影吗？

2.3 你的海报什么样？

"你的海报什么样？"好莱坞的高层经常在制片会上问这样的问题，并借此为电影制片人定调。他们这样做的原因很简单：海报是故事的升华。无论项目是电影、广告、音乐电视，还是企业宣传片，为一个精心打造的故事设计海报的原则都是一样的：捕捉故事的精彩之处和故事的独特性，并把它们放在同一张图片里。

分析海报的简述文字

图 2.10

认识海报简述文字的力量……

《瓶装火箭》（1996）[6]

1. 他们不是真正的罪犯。只有他们自己以为自己是罪犯。

2. 他们在生活中很笨，犯起罪来更糟。

3. 他们的唯一目的是以糟糕的方式成为罪犯。

4. 每个人都想当一把坏蛋。

5. 并非天生就是罪犯。

6. 当个差劲的罪犯感觉也没那么糟。

因为深知简述文字的重要性，电影公司的市场营销部门会根据影片的类型和故事反复推敲、设计影片海报的简述文字。以《瓶装火箭》为例，哥伦比亚影业在选出最终的海报简述文字前列过一个长长的备选清单。

2.4   了解自己的海报简述文字

海报可以把整部影片浓缩在一幅画面里，而海报的简述文字则可以提前帮你把整个故

---

6 Boyle, B.（制片人），Brookes, J. L.（制片人），Carson, L. M. K.（制片人），Hargrave, C.（制片人），Lang, M.（制片人），Platt, P.（制片人）等，韦斯·安德森（导演），1996 年美国哥伦比亚影业出品的影片《瓶装火箭》（*Bottle Rocket*）。

事主题用一个短语或者句子传达给观众。理想情况下，海报简述文字可以清楚地表达故事的类型和基调。如此一来，拍摄者和制作团队很容易就可以参考同一框架进行工作。

2.5 积极面对条件限制

在实际工作中，你可能会遇到很多客观条件的限制，如预算紧张、设备不足、剧组人手不够等，但有时候这种限制可以转化为一种积极的能量。想象一下 1948 年维托里奥·德·西卡拍摄的影片《偷自行车的人》[7]。导演在第二次世界大战后满目疮痍的罗马街头愣是拍出了这部传世佳作。他没有工作室或其他支援团队，也没有预算雇用专业演员。影片讲述了一位失业的父亲和他的儿子寻找对他们非常重要的失窃自行车，最后不得不去偷别人的自行车却被逮个正着的故事，全片有笑有泪。导演把重点放在了父亲与儿子的冲突上，他用区区几个场景就刻画了人物的生存和关系。而这些才是观众们关心的内容，故事才是影片的灵魂。

有了今天的数字摄影机和数码单反相机（DSLR），我觉得拍摄引人入胜的伟大影片的门槛已经很低了。实际上，我觉得你现在就有拍摄自己梦寐以求影片的所有设备：如果你没有拍摄用的摄影机，就去借一个；如果你没有做后期的电脑，就去用当地图书馆的公共电脑；如果你仍然觉得你没有足够的资源或能力完成你梦寐以求的项目，就继续好好完善你的故事！

故事，故事，故事！一切都是为了故事，故事就是一切。任何时候都是这样！[8]

图 2.11

德·西卡的影片《偷自行车的人》（1948）。这部影片很好地诠释了讲故事才是影片的本质。

7　维托里奥·德·西卡（DeSica, Vittorio）1948 年独立出品的影片《偷自行车的人》（*The Bicycle Thief*）。

8　这句话对于本节来说是个非常好的"海报简述"。

2.6   电影成功的原因各异

1997 年，我和太太应邀前往好莱坞中国剧院参加电影《泰坦尼克号》[9] 的首映式。当把这部耗资超过 2 亿美元的史诗巨片展示给数百名明显缺乏热情的业内人士时，制片方高管显然有些紧张。著名脱口秀主持人比尔·马赫也参加了首映，他当时那痛苦的抱怨声至今仍然萦绕在我耳旁。

这怎么能怪他呢？影片陈腐的对白和平庸的爱情戏让它很难成为一部伟大的作品。电影放映结束后观众礼貌性的掌声更加强调了一个无法回避的事实：这部影片完蛋了，而且很快就要完蛋了。

当然，后来事情并没有这样发展，而且随着 2012 年 3D 立体重制版的火爆上映，这部影片成为了有史以来最热门、票房最高的电影之一。这再一次印证了威廉·戈德曼经常被人引用的那句关于好莱坞的名言："没人知道会发生什么。"对我个人而言，我又多了一样经验教训：电影成功的原因各异。

最终《泰坦尼克号》凭借令人印象深刻的套路设定、出色的配乐彻底征服了年轻观众，这些十来岁的青少年才不会质疑凯特·温斯莱特穿着无袖长裙站在行驶在北太平洋的轮船船首的可能性。世界各地的观众都彻底地接受了这个故事和这部影片。

这件事对于新生代拍摄者来说还有另外一个启迪：你的故事无论是使用高清摄像机（HDV）拍的，还是用 35mm 胶片拍的，哪怕是用 iPhone 拍的，只要观众都跟你一个档次，影片就可能获得巨大的成功。但如果你想用 DV 拍摄《泰坦尼克号》，那就有点儿蠢了。当然，用 DV 拍摄一些像《温情的野兽》（2012）[10] 这种温情的小编制故事就非常不错。因此，拍摄某个项目需要选择哪种摄影机的诀窍就是弄清楚故事在银幕上的娱乐价值，并把资源和精力都投入到那里。

2.7   你的相对优势

每一个用镜头讲故事的拍摄者都应该清楚自己的相对优势是什么。这是一种相对个人化的优势，比如你擅长拍摄的影片类型等。当你的故事富有激情、洞察力和真实性时，观众就会与之共鸣。你看世界的方式是你自己独有的，你讲的故事和你讲故事的视点也是独

---

9   詹姆斯·卡梅隆（Cameron, J）（制片人＆导演），Easley, P.（制片人），Giddings, A.（制片人），Hill, G.（制片人），Landau, J.（制片人），Mann, S.（制片人），& Sanchini, Rae（制片人），美国 20 世纪福斯公司 1997 年发行的影片《泰坦尼克号》（*Titanic*）。

10   Carroll, C.（制片人），Coleman, C.（制片人），Engelhorn, P.（制片人），Evelyn, A.（制片人），Gottwald, M.（制片人），Harrison, N.（制片人）等，Zeitlin, B.（导演），美国 Cinereach 公司 2012 年发行的影片《温情的野兽》（*Beasts of the Southern Wild*）。

一无二的。

如今的廉价数码摄像机可以提供非常棒的灵活性和经济性。关键是要充分地认识到这些设备的优势，扬长避短，然后在拍摄中充分地利用这些优势。

有这样一个例子，两名爱尔兰街头音乐人根据自身经历用 HDV 拍摄了一部低成本影片《曾经》（2007）。这部松散的爱情故事片最后被福克斯探照灯公司收购。影片的画面拍得其实不怎么样，很多镜头甚至连焦点都没对实。然而这部影片却引起了大量具备鉴赏力的国际观众的共鸣，大家纷纷涌入剧院和音像店购买这部电影的原声唱片。

我们可能永远也没有机会去和《蜘蛛侠》[11] 或《蝙蝠侠归来》[12] 这样的好莱坞巨制正面交锋，但这并不意味着我们不能成功地用镜头讲出好故事。我们当然可以！

2.8 限制你的取景

对于现代拍摄者来说，适度地限制取景范围是非常有必要的。低成本摄像机，尤其是单反相机（DSLR）拍摄出来的画面普遍暗部死黑，亮部也只有很少的细节。基于这个原因，拍摄者不妨在拍摄中扬长避短，缩减或限制使用低成本摄像机拍摄诸如大光比、多细节的风光场景。通常来讲，以数码单反相机（DSLR）为代表的低成本摄像机和入门级镜头在拍摄人物时表现还算不错，因此在使用这些设备时要尽量避免拍摄高动态范围的场景。

图 2.12

使用消费级摄像机的拍摄者一定要留意场景中过高的细节。数码单反相机（DSLR）在这种情况下很容易拍出摩尔纹与伪色。

图 2.13

消费级摄像机拍摄的图像根本就不适用于大银幕放映。不过随着 Sony、松下等厂商新一代更高性能摄录一体机的问世，这一情况正得到改善。

---

11 Arad, A.（制片人），Bryce, I.（制片人），Curtis, G.（制片人），Fugeman, H.（制片人），Lee, S.（制片人），Saeta, S. P.（制片人）等，Raimi, S.（导演），哥伦比亚影业 2002 年出品的影片《蜘蛛侠》（*Spider-Man*）。

12 Bryce, I.（制片人），Di Novi, D.（制片人），Franco, L. J.（制片人），Guber, P.（制片人），Melniker, B.（制片人），Peters, J.（制片人）等，Burton, T.（制片人＆导演），美国华纳兄弟 1992 年出品的影片《蝙蝠侠归来》（*Batman Returns*）。

图 2.14

亮部细节缺失是业余的画面看起来显得"业余"的主要原因。暗部一片没有细节的"死黑"同样会给观众传达一种"业余"的感觉。

2.9　了解自己摄影机的动态范围

　　数码单反（DSLR）革命已经告诉我们，只要你的要求别太高，消费级摄影机也能拍摄出不错的画面。摄影机的动态范围是指摄影机能记录的画面中最亮到最暗的亮度范围。包括数码单反（DSLR）在内的绝大多数消费级摄影机实际可用的动态范围大概不到7挡，画面中比这7挡亮的部分就会过曝，一片白；比这7挡暗的部分则会一片死黑。清楚自己摄影机的动态范围并灵活地运用它们是提高绝大部分现代摄影机画面质量的最佳途径。

（a）

（b）

图 2.15 a,b

大师们利用魔幻时刻（Magic Hour）进行艺术创作已经好几个世纪了，你也应该这样做。
（a）是米勒创作的油画《拾穗者》。（b）是在魔幻时刻拍摄的加州威尼斯。

2.10　在魔幻时刻拍摄

　　由于摄影机动态范围的限制，拍摄者可以利用日出前或者日落后被称为魔幻时刻的时段进行拍摄。几个世纪以来，在这个天地被自然光柔和覆盖的时段进行艺术创作一直是画家和拍摄者最钟爱的策略之一。作为拍摄者的我们也应该像从前的绘画大师们一样，充分利用这上天给予的礼物。把光圈全开并关闭过曝报警，相信即使是最低级的摄影机也能在魔幻时刻大放异彩。

2.11　真实性很重要

　　拍摄格式、分辨率、像素，这些都不重要，真正的问题是观众们想要什么？答案是故事，大部分观众想要的只是故事，真实的故事。从演员的表演、服装道具，到剧本和画面的合理性，影片必须足够真实。这种真实的感受才是观众与影片共鸣的关键。这也就是为什么自称是纪录片的作品被发现为文学作品改编而来之后会失败得那么惨，也是为什么真实性在电影或其他艺术形式里尤为重要的原因，因为观众和其他所有人一样，不喜欢被操纵或欺骗。

一个贼眉鼠眼的家伙

图 2.16

这个鬼鬼祟祟的家伙一直避免与观众有目光接触，虽然他可能看起来很上镜，但你会相信他说的话吗？

图 2.17

故事在视觉上必须对情绪有足够的刻画。如果影片缺乏这种情绪刻画，观众们就会认为故事缺乏真实性。

观众对于影片真实性的感知强过其他一切元素。因为观众们会不断扫描每一帧画面来评估故事的可信度，例如背景中广告牌上麦片的品牌、车道中汽车的型号，甚至是角色眼中反射的灯光。在后面的章节中我们将详细讨论画面中背景、灯光选择等重要的技巧，因为这些元素对增加或降低故事的真实性至关重要。

2.12   故事永不停歇

这是一个简单的道理：当故事停止，观众也就不再进行观赏了。基于这个道理，我们通常会竭尽所能在故事上快观众一步。如果观众都知道这场戏会怎么结束，我们便不需要结束的场景，直接把它剪辑掉。如果观众都知道镜头会在哪里结束，我们便不需要完整的镜头，把镜头结尾修剪掉。过慢的镜头摇移或者镜头推拉会让观众猜到镜头的结尾，我们必须极力避免这种情况的发生！记住，过度缓慢的故事进程比其他任何因素对好故事的损害都大。

图 2.18

视觉叙事永远不停歇！

但在某些情况下，这种缓慢的节奏反而有利于故事达到高潮，例如在拍摄连环杀手忏悔的画面时。在这种情况下，故事节奏的变化是一种能让观众的注意力集中在每一帧画面的主动策略。但即使是这样，视觉故事在整体上也不应该停滞，否则会在短时间内分散观众的注意力。

图 2.19

在满足推动故事的前提下，拍摄者永远不要摇移拍摄、仰俯拍摄、推拉拍摄或者滥用长镜头拍摄。拍摄风景也不能摇移吗？拍摄风景时要留意摇移镜头的速度！过慢的镜头运动会让观众感到无聊甚至低头看手机。

2.13　职业道德很重要

　　电影人的职业道德是最近这些天很多电影学校里最热门的话题之一，因为有些纪录片为了支撑自己的观点或思想往往会求助于误导性的陈述甚至是弥天大谎。

　　作为拍摄者，职业道德和真实性是一回事。如果你把扭曲的事实巧妙地编辑、拼接，再加上买来的证词，并声称是纪录片，那么你牺牲的是这份工作的真实性和自己的说服力。观众很容易就能发现其中的蹊跷，坏事传千里，并且传得很快，很快你就会臭名昭著。真实性具有巨大的力量。你要学会尊重这份力量，并在自己的一切言行中保持真实性。

图 2.20 a,b,c

纪录片制作人很早就开始利用纪录片的宣传效应为自己谋利。这种公然欺骗、操纵观众的行为会严重损害电影人的信誉。作为故事的讲述者，我们可以表达自己的观点或见解，但我们展示给观众的内容必须像我们承诺的一样，是真实的。图为在影片《意志的胜利》（1934）[13] 中，导演莱尼·里芬斯塔尔熟练地运用影视技巧美化不正确的政权主义。

13　莱尼·里芬斯塔尔（Riefenstahl, L）（制片人 & 导演），德国 Leni Riefenstahl-Produktion 公司 1934 年出品的影片《意志的胜利》（*Triump des Willens*）[Triumph of the will]。

教学角：思考题

1. 想想你的下一个项目是什么类型的？那是一个吸引人的故事吗？角色是否有魅力？你能否列举 3 处你作品中至今令观众历历在目的固定套路？

2. 故事的梗概、简述是如何帮助观众了解故事的主题和类型的？

3. 找到 3 处拍摄者战略性加快或减慢故事节奏的例子。思考每一处节奏改变是怎样影响故事进程的。

4. 为你的下一个项目制作一张海报和一行简述文字。你制作的内容可以概括影片的类型吗？看过这张海报后，你愿意花 12 美元去当地电影院看这部电影吗？

5. 电影成功的原因各异。举例说明最近一部你喜欢的影片。这部影片中的哪些元素最合你胃口？是故事设定，角色，还是固定套路或其他什么元素？

6. 思考道德的重要性：如果你在拍摄关于流浪汉的纪录片，如果你为流浪汉的故事付钱给流浪汉，这符合职业道德吗？给予流浪汉报酬会怎样影响他（她）在项目中的证词？这重要吗？

   下面是 2012 年 2 月 LinkedIn 网站"电影与电视专家论坛"上的一些声音：

   - 这不是符合职业道德的支付行为，这样做违背了真实采访报道的原则。作为观众，如果我知道被采访的人收了报酬，我会怀疑影片的真实性。

   - 没错就这么干。尽你所能帮他们（流浪汉）脱离苦海吧。这跟付钱给演员没什么区别。反正最近纪录片越来越糟糕、越来越没人看了！

   - 你不该付钱给流浪汉，他（她）们会用这笔钱购买酒或者毒品。

   - 拒绝为消息源付费是制作新闻和纪录片削减成本的一贯策略。当记者和纪录片拍摄者工作都不要报酬了，我就同意不给消息源付费。在此之前，这只是电影制片人中饱私囊的策略！

   - 为无家可归者支付报酬当然不是不道德的。相反我觉得这很道德，很人性化！

第三章

用镜头讲故事

　　随着广播、有线电视和互联网的飞速发展，以及新兴全球媒体云对 2D 和 3D 立体内容的大量需求，行业内对熟练拍摄者的需求也空前高涨。这也使得熟练的拍摄者得以在大量的工作邀约中选择自己有兴趣或者有价值的项目。当然，考虑到现今的市场状况，拍摄者必须学会用较小的投入收获更多的内容——而这正是本章内容的重点。

图 3.1

沿着每条小径、每条街道，这个世界上还有无数精彩的故事等着你去发掘。

3.1　现在对作品的要求仍然很高

　　在如今的媒体环境中，在不断缩减的预算和越来越短的拍摄时限下，想把作品拍得专业可是个不小的挑战。但观众的品位和要求仍然很高，无论他们看的是真人秀、脱口秀，还是高中球赛。毫无疑问，作为一个拍摄者，哪怕项目的预算和时间再少，你也要尽可能地满足观众的期望。

　　你成功的关键不是你用了哪个厂家的摄影机，你喜欢哪种闪存介质，或者你最终用了什么记录格式，而是你的手艺。手艺是无形的，一旦你拥有了它，你就比你旁边那个用着跟你的一模一样有着各种花里胡哨功能和没用的数字特效的破摄影机的家伙强。

图 3.2

与时下流行的小画幅拍摄相反，美国著名拍摄者维拉德·凡·戴克在 1979 年计划用 8×10 大画幅摄影机进行拍摄工作。对于过去的伟大拍摄者来说，拍摄的每个镜头都必须有价值。构图、灯光和视点都必须服务于故事。曾几何时，由于胶片的成本昂贵，拍摄者被要求高效率、低耗片比拍摄。

3.2　给世界加个框

给世界加个框，然后你能看到什么？在 20 世纪 70 年代，我拿着一个黄色卡片切出来的矩形框，漫步在达特茅斯学院的校园里。我把这个卡片放在眼睛上，给世界加了个框：噢，那儿有棵枫树；那个垃圾箱满了；有几个朋友裸奔着穿过了食堂。回想起来，我似乎有点儿傻，但这种简单的练习迫使我思考画面中哪些元素会让故事更具吸引力，而且这件事和本章的题目有关。

图 3.3

给这个混乱的世界加个框。你看见什么了？

图 3.4

那些来自霍博肯和新泽西的大师们会严格限制取景范围，把那些与叙事无关的元素通通排除在画框之外。

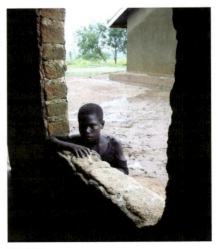

图 3.5

你可以通过一扇门或窗户拍摄，在画框里再加一个框，进一步控制、清理这个混乱的世界。

事实上，我发现只要利用适当的取景和视角，几乎所有主题都能变得引人入胜。奇怪的是，我发现重点不是我在画框里留下了什么，而是我把哪些东西排除在了画框之外。这对于一个正在学习如何用摄影机看世界的年轻拍摄者来说，真是一个不小的启示！

如果你喜欢我的黄色小卡片，你可以更进一步，做第二张卡片放在第一张后面。把一张卡片固定在眼睛处，改变另一张卡片和这张卡片的距离，就可以模拟镜头变焦的效果了。昂贵的设备制造商可能不喜欢这种自制的小玩意儿，但这些卡片框架对于摄影新手开发自己的眼睛及学习用镜头讲故事的感觉至关重要。

3.3 排除，排除，排除！

这最好能成为你的口头禅！成为你作为拍摄者存在的理由！这将赋予你力量并引导你成为出色的拍摄者和用镜头讲故事的高手。你要知道，画面里的每一个物体、每一种元素，都应该有它存在的理由。每一道光、每个道具、每个阴影都应该有各自的作用。摄影机的每次移动或者改变焦点都是为了更清楚、更有力地讲故事。

日常生活中，我们几乎不会在意那些与我们无关的事物或细节。我们大脑中的处理器[1]非常善于隔离那些无关的元素。在生活中，每当我们来到一个全新的环境，我们的大脑就会开始取景。当我们走进一家咖啡厅，我们的目光会被桌旁的一位朋友吸引，我们走近他（她）之后，我们的目光会开始注意更细微的细节，或许是她的眼泪、鼻涕，或许是血红的嘴唇。我们看到这些细节后，会开始思考其中的含义，而她前、后以及周围的不相关元素都会被忽略。我们的大脑会努力重构世界，通过把与"故事"相关的元素构图、剪裁、定位，最后在我们的脑海中创造一部虚拟的"电影"。

对于一些人来说，大脑的排除能力可能会超负荷。你应该庆幸你不是伟大的漫画家罗伯特·卡拉姆，据说他在视觉上一直深受周围事物的干扰，最后疯了。事实上，我们大多数生活在大城市中的人，已经习惯了排除城市中听觉和视觉的纷扰。正如我们不会被高速公路上的噪声惊扰，仰望蓝天时也会自动忽略挡在眼前的杂乱的高压线一样。然后，我们面前的摄影机中断了我们大脑的自然过滤过程，就算是现在最先进的摄影机也没法排除画面中与故事无关的事物。

图 3.6

如果这是一部在我们脑海中的电影。想都不用想，我们的大脑和眼睛会锁定右面这个景别，并把无关故事的元素排除在外。你的高级新型摄影机或者数码单反相机（DSLR）可没有内置这个功能。

---

1 详见第四章中关于大脑如何作为数字信号处理器的部分。

（a）

图 3.7 a,b

（b）图中杂乱的高压线跟（a）图中呼啸而过的列车噪声一样会对观众造成压迫感。在设计一个场景时，拍摄者必须有意识地排除那些可能对故事的视觉表达造成混乱的元素。

（b）

3.4 让观众们受点儿苦

你应该像考虑爱人的需要一样，考虑观众的需求。你的那些正在银幕上放映的画面是观众们想看到的吗？观众们想看到的，是以一种他们从未见过的方式展示的世界，他们会为此努力适应，甚至受点儿苦也愿意。

图 3.8

给我展示一个我未曾见过的世界！这就是你的目标，你的任务，你作为一名拍摄者的首要责任！

图 3.9

《曲线前进》（由美国拍摄者拉尔夫·斯坦纳拍摄的吉普赛·罗斯·李）（右一）

　　我记得 1973 年，我在伟大摄影师拉尔夫·斯坦纳位于佛蒙特的家中采访了这个倔强的老头。拉尔夫是 20 世纪最会用画面讲故事的人之一，他的作品就像他自己一样，永远不会让人无聊。一天下午，他向我坦露了他的秘诀：

　　假如你要拍摄一棵树，那么如果你走到外面的树旁，把摄影机举到眼前并按下拍摄键，你拍这棵树的意义是什么？你还不如告诉我自己出去找棵树看！

　　"不断寻找独特的视角并非易事，是很痛苦的！"拉尔夫吼道，他的声音因为激动而颤抖，"你必须受这份苦！带着摄影机到处跑可能很有趣，但大部分时候是很痛苦的！"

　　这种痛苦的探索是值得的，因为我确信观众也很想分享这份痛苦。这是一种令人欣慰的崇高思想，恰好也是事实。

图 3.10

有趣的拍摄角度是一场视觉大冒险。它可以加强影片的代入感并增加故事的感知价值。

不要用视线的高度拍摄！

（a）

（b）

图 3.11 a,b

不要用视线的高度拍摄！现在不要！永远也不要！这种镜头看起来很无聊。这就是我们在生活中每天去 7-11 超市或者 DMV（美国交通管理局）办公室的视角。

（a）

（b）

图 3.12 a,b

嘿！焦点呢？我应该看什么内容？让你的观众自己找内容，让他们受点儿苦他们反倒会更喜欢。

图 3.13a

为了获得独特的视角，我们可以从远处拍摄。

图 3.13b

我们也可以从近处拍摄。

图 3.13c

我们可以从高处拍摄。

图 3.13d

我们也可以从低处拍摄。

图 3.13e

我们可以仰拍。

图 3.13f

我们也可以俯拍。

（a）

（b）

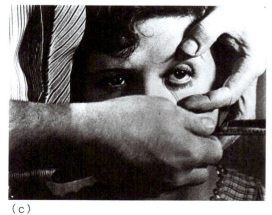

（c）

图 3.14 a,b,c

（a）这个广角拍摄的镜头赋予场景壮观与辽阔的空间感。

（b）这个特写镜头好像在说："看这个人！这个人很重要！"

（c）有时候特写镜头可能会让观众受不了，就像这个萨尔瓦多·达利的影片《一条安达鲁狗》中刀切眼球的镜头。绝大部分观众是遭不了这份罪的！

3.5　独特的视角

我们主要通过如下技巧来获得独特的视角：（a）通过特写突出主体，并把不重要的东西放在焦点之外，（b）裁切掉画面中可能造成干扰的元素，（c）削减落在对象上的光，（d）通过构图降低干扰对象在画面中的比重。

图 3.15

靠近一点儿。贴在它脸上拍摄并感受它的愤怒吧！

图 3.16

拍摄者为了寻找独特的视角，经常不可避免地要把膝盖和泥土亲密接触。一天的工作下来，你的膝盖脏了吗？

图 3.17

选择性地对焦可以帮助提高故事主体在镜头中的比重。

图 3.18

谨慎地通过裁切来排除对故事讲述没有帮助的无关元素。

图 3.19

拍摄者对颜色和对比度的熟练运用，可以帮助观众在画面内定位故事主体。

图 3.20

独特的构图可以帮助弱化画面中的次要元素。在这张照片里，我儿子指点的手指无疑是画面的重点，因此我利用构图减轻了他的妈妈（在焦点外）在画面中的比重。

3.6 模糊、隐藏和遮挡

上面讲的排除原则使用起来必须灵活且富有技巧。如果你经常欣赏伟大拍摄者的作品，你会发现他们非常喜欢透过前景物体拍摄故事。这有助于引导观众的视觉，通常还可以加强画面的立体感。

但是我们为什么要让故事的主体通过模糊或者隐藏的方式若隐若现呢？我们其实是在让观众受苦。我们在用熟练的技巧挑逗观众，欲擒故纵。帮观众指明方向，给他们一两个线索也行，但一定要把你脑海中的故事主体掩盖起来。烟雾、阴影和巧妙布局的前景物体都可以很好地完成上述任务。成功的关键是不能让观众很轻易就能解开这层迷障。让观众们对你要做的事情感到好奇，让他们眯眼看、扭头看，总之让他们受点儿罪。最终，观众们会为此爱上你和你的故事。

图 3.21

"越轻的东西就越没有价值"这句话是美国第一任邮局局长、发明家、100 美元钞票的形象代言人本杰明·富兰克林说的。毫无疑问，富兰克林会成为一名伟大的拍摄者。但如果我能越过这些浮云看见他就好了！看来这些挡住他的云还有点儿价值。

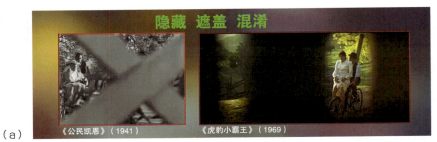

(a)

《公民凯恩》（1941）   《虎豹小霸王》（1969）

(b)

图 3.22 a,b

战略性地巧妙布局镜头中的前景元素，可以赋予
场景神秘感，并增加观众看到障碍物后面的元素
的欲望。当你的观众越过障碍努力观望时，他们
会更喜欢这个故事以及你所拍摄的画面。

图 3.23

你拍摄的画面也应该像 19 世纪印象派画作那样不太容易被看明白。
欣赏一幅梵高的作品就像是开始了一场大冒险。你拍摄的画面和场景
对于观众来说也该具有挑战性。

3.7   关于透视

拍摄者的主要职责就是用二维的媒介记录三维的世界。第三个维度的信息通常可以增
加画面的立体感，形成立体错觉，也有助于通过身临其境的体验增强故事的代入感。

对于艺术家们来说，一般通过两种途径来增强画面中第三个维度的信息：熟练地运用
透视关系和突出质感。通常我们要最大限度地发挥这两者。

寂寞的高速公路消失在地平线就是一种典型的线性透视。线性透视提供了一种强大的平面视觉[2]深度暗示，可以表达出很强烈的立体感。这种透视技法不需要借助立体电影技术，立体电影技术会需要复杂的立体拍摄设备，还得戴上立体眼镜才能观看（详见第七章）。线性透视往往具有很强的叙事功效，而且可以帮助观众把注意力集中在画面里。

空气透视是穿过多层不同密度的大气拍摄辽阔风景的手法。鉴于这种场景的对比度通常都很高，细节也很丰富，因此拍摄者用低端摄影机和设备很难拍出理想的空气透视效果。

除了线性透视和空气透视，拍摄者通常还得最大限度地展示现实场景中的质感。这可以像图 3.26 中那样通过灯光照明来实现，也可以像图 3.27 中那样利用自然的太阳光来实现。

图 3.24

堪萨斯州"线性透视（Linear Perspective）"高速公路。大多数情况下，拍摄者会极力追求立体错觉的最大化。这张照片是一位骑自行车穿越美国的人拍摄的，它似乎要讲述一个旅程和公路都无穷无尽的故事。

图 3.25

通过空气透视法增加画面层次感的做法经常被使用在古典艺术和摄影作品中，但在小画幅摄影机上的优势并不明显。

图 3.26

这个男孩儿脸上的质感和光影增加了它的真实感和存在感。有他出现的故事也会因此显得更加真实。

---

2 请参阅第七章"立体拍摄者"中关于"平面视觉"中的深度线索与"立体视觉"中的深度线索的部分。

图 3.27

这些逆光下的阴影让画面充满了立体感。

图 3.28

给你最钟爱的明星拍摄特写时，最好适当降低皮肤的质感。通常可以通过以下几种方法降低皮肤的质感：使用柔光灯、使用特殊的滤镜、使用摄像机内置的"磨皮"功能。

3.8　箱式梁桥

优秀的构图对传达正确的视觉信息起着至关重要的作用。回想一下那些最令人难忘的电影场景、吉萨大金字塔，以及箱式梁桥，会发现它们的共同点都是靠三角结构支撑。不难看出三角形就是这种伟大力量的源泉，三角形正是那些令人历历在目的伟大画面的核心。

图 3.29

作为画面构图的力量源泉，三角形被艺术大师们广为利用。图为维米尔 1668 年创作的油画《地理学家》。

图 3.30

这张旅行海报的兴趣点就是这个三角形构图。

寻找我们周围的三角形是拍摄者对眼睛的二次开发和学习过程。这些三角形在画面中可以适当地引导观众，从而为故事服务。小型传感器摄影机的景深很大 [3]，我们没法通过选择焦点来有效地强调主体，这时候我们就必须更多地依靠构图来突出画面的主体。就像钢铁箱梁桥的建造者从三角形结构中获取巨大的力量一样，拍摄者也可以从构图的三角形中得到用镜头讲故事的无穷力量。

（a）

（b）

（c）

图 3.31 a,b,c

和钢铁箱梁桥一样，出色的构图也要依赖三角形的力量。无论你现在是否已经意识到，把世界解构成一系列三角形是每个称职的拍摄者都必须具备的核心能力。

图 3.32

这会是一段美好友谊的开始吗？全体演员在影片《卡萨布兰卡》（1942）[4] 的高潮部分默契地形成了一个三角形。

3.9　三分法

几个世纪以来，三角形的力量得到了艺术家和工程师的广泛认可。而所谓三分法是指把画面沿水平和垂直方向大致都分为三个部分，艺术家通常会利用三分法把兴趣点放在画面的三分之一处。记住，三分法只是一种创作工具、一种对未来探索的起点。

3　景深（Depth of field, DOF）可以被定义为镜头前的物体由近及远在焦点内（清晰）的范围。

4　Warner, J. L.（制片人），Wallis, H. B.（制片人），& Curtiz, M.（导演），美国华纳兄弟公司 1942 年出品的影片《卡萨布兰卡》（*Casablanca*）。

图 3.33

艺术大师们很少把兴趣点放在画面的中心。作为一名艺术家,你可以同时使用三角形法则和三分法来进一步强化作品的艺术效果。这是英国浪漫主义风景画家特纳 1801 年的作品《狂风中的荷兰船只》。

图 3.34a

位于画面中战神殿巨大石柱下三分之一处的人显得十分矮小。在电视摄像的水平构图中通常会避免这种组合。但这种垂直构图对于当今的移动设备来说仍有可取之处。

图 3.34b

图中的构图会使观众的视线很自然地落在晾衣绳和威尼斯胡同里的情侣上。

图 3.34c

这三位孟加拉妇女占据了画面的有利位置。

图 3.34d

三只呈三角形的鹈鹕正在画面中严格遵守三分法,让我们感谢这些鹈鹕。

3.10　黄金画幅比

早在几个世纪以前，名画《雅典学院》就被公认利用宽画幅可以更好地吸引观众的注意力。当今的拍摄者也可以通过拍摄 16∶9 格式的画面实现类似的效果。现在已经很少有人拍摄任何形式的 4∶3 格式视频了。

图 3.35

拉斐尔的《雅典学院》。黄金画幅比，又名 16∶9，征服了文艺复兴时期的艺术赞助人和艺术消费者。如今的观众依然被这种画幅深深地吸引着。

图 3.36

黄金画幅比显然更养眼！信用卡公司把信用卡的长宽比做成 16∶9 是有原因的！

3.11　引起不适

作为影片制作者和故事讲述者，我们通常希望跟观众产生密切的关系，让观众感到舒适。但假如我们的故事要求我们做相反的事呢？例如通过倾斜摄影机来展示一种精神错乱或者迷失的情绪；把人物的头部裁掉让他（她）看起来更不像人类；把画面上、下三分之一分割线穿过人物的膝盖和手肘，让人物看起来疲惫和痛苦，观众也会觉得疲惫和痛苦。也许这些才是你要的，但也可能并不是你想要的。

图 3.37

哎哟哟！把三分法分割线穿过人物的敏感区域，会引起观众的不适。你是故意的吗？

图 3.38

在拍摄特写时，通常把画面的上三分之一分割线穿过人物的眼睛，大多数观众喜欢且欣然接受这种构图。

图 3.39

美国总统今天去哪儿？遵守电影拍摄的常规套路会让你的故事讲述得更高效。图中"空军一号"正从洛杉矶向东飞往纽约。

图 3.40a

优秀的故事没有固定套路，上面这组看起来"不及格"的镜头来自于《国家地理》，重现了 1985 年摧毁墨西哥城的那场天摇地动的大地震。

图 3.40b

图为 1985 年大地震后被摧毁的建筑。倾斜的摄影机角度有助于故事的讲述。

3.12　拍摄的地方是什么类型？

世界上每个地方都有其独特的视觉特征。在我采景的时候，我经常问自己："这个地方看起来是我故事要讲的地方吗？这个地方看起来是平面的还是立体的？是个广角类型的地方还是个长焦类型的地方？"对于一个有效率的专业拍摄者，重要的是必须学会识别场景的视觉特征，以及场景是否与将要讲述的故事相匹配。

图 3.41a

桑给巴尔是个立体的地方。阳光低扫可以展现出精致的质感。

图 3.41b

悉尼是个明亮、愉悦的地方。

图 3.41c

普罗旺斯是个平面的地方，平如一张各种颜色填充的画作。

图 3.41d

纽约是个适合垂直画幅和长焦的地方。

图 3.41e

布拉格是个有下雨（雪）的夜景的地方。

图 3.41f

洛杉矶是个适合水平画幅和大广角的地方。

3.13　拥抱经典理论

　　要想高效地利用摄影机讲故事，首先你必须拥有自己的观点。即使你的观点是别人雇用你表达的，但至少在画面上是你说了算——它讲述的是你的故事，你的观点。所以打起精神吧，把你对这个世界的看法充满热情地表达出来，要使让·保罗·萨特都为你骄傲。

　　明确的镜头视角由精确的摄影机位置、演员视线和镜头选择来决定。经过 100 多年的发展，电影摄影的固定套路已经非常成熟。作为新生代的拍摄者，了解这些经典理论套路能让你事半功倍。拍摄者的手法基本可以概括为三种类型：

　　1．我们眼中的主角。

　　2．我们看到主角所看到的东西。

　　3．我们眼中主角的反应。

　　就这样，不断重复这三招，直到几个小时后我们的纪录片、电影，或者企业宣传片结束为止。

　　虽然有些电影人，例如著名的新浪潮奠基人法国导演让·吕克·戈达尔可能喜欢在镜头语言上采取各种迂回策略，但大多数电影（尤其是美国电影）都基于上面那简单的三招。事实上，这正是好莱坞明星高片酬的原因之一，因为观众们已经习惯了通过他们的眼睛看故事。这种观众与影星培养出来的亲密关系让相对少数的明星就可以创造出巨大的市场。

　　能明确地阐明观点是一名伟大导演的标志之一。在影片《公民凯恩》[5]中，25 岁的奥逊·威尔斯巧妙地利用视角推动故事发展。在政治集会场景中，开场后摄影机以非常低的角度向凯恩推进，凯恩身后是他高耸的竞选海报。很快观众们发现这个巧妙的视角是凯恩儿子的。随着情节的发展，视角转到高处俯拍，这个视角让凯恩一下就变得渺小了，这个是凯恩的竞选对手的视角，这个竞争对手很快就会去曝光凯恩的婚外恋，毁了凯恩并让他的竞选泡汤。

观众眼中的主角　　　主角眼中的事物　　　主角的反应

图 3.42

电影镜头叙事的本质：（a）主角；（b）主角看到的；（c）主角的反应。让观众快速进入主角的视角有助于建立其与观众的亲密关系。故事、角色与观众的这种紧密联系并不一定要依仗完美无瑕的技术手段，用好上面的三招就行。

（a）

（b）

图 3.43 a,b

从凯恩儿子的视角看，凯恩显得无比高大。但紧接着凯恩政治对手居高临下的视角推动了故事的发展。所以说视角确实对推动情节发展起着至关重要的作用。对于拍摄者来说，拍摄视角是由如何放置摄影机决定的。

5　Welles, O.（制片人 & 导演），& Schaefer, G.（制片人），美国 RKO Radio Pictures 公司 1941 年出品的影片《公民凯恩》（*Citizen Kane*）。

3.14　手艺很重要

鉴于现今任务量大、预算少已经成为业内普遍的现象，拍摄者在进行拍摄项目时就必须更严谨、更专业。由于数字视频的拍摄成本相对胶片拍摄往往更不敏感，成功的拍摄者就更要自觉地约束自己不要拍得多、要拍得精——就像我们约束自己正确饮食、充足睡眠、定期去健身一样。

在拍摄成本高昂的胶片时代，我们当中耗片比高和摄影手艺匮乏的人会很快被淘汰。但在今天，这种淘汰却很少发生，至少不会因为耗片比高、废素材多被淘汰。很多拍摄者总是漫无目的地拍摄，总想着能拍到点儿什么，什么都行，他们一张储存卡接着一张储存卡不停地拍摄着，谢天谢地，只有精疲力尽才能让他们住手。

如果这样不停地拍摄还是得不到有趣或者真正有用的素材呢？他们会继续不停地拍下去。他们会告诉你，不要担心，硬盘是很便宜的。我的天哪，他们在想什么！

正确的做法是在拍摄开始前就预先找到明确的拍摄策略。在拍摄纪录片时，我会为拍摄对象穿过画面的镜头提前准备机位，并且会策划语言线索和对话镜头好让后期编辑工作更简单。搞清楚你在干什么和你想要拍什么真的很重要，同时你也得想清楚你的拍摄需要回避什么，哪些内容不需要拍。

在从前记录介质（胶片）昂贵的日子里，拍摄者勉强可以用两卷 35mm 胶片拍出一条 30 秒的广告片。1980 年我给一家健身房拍广告时就是这么干的。当时，如果我拍的素材超过了 8 分钟，也就是超过两卷胶片，我就会被认为是在浪费或是不称职的拍摄者。但在现在，如果我一天不拍满 500G 的素材，可能就会有人指责我"我付你钱是干嘛的？"最近在拍摄一个项目时，就正好有一位尖酸刻薄的制片人这样说过我。

拜托，我们到底是在拍故事还是在拍素材？当然，这些以字节记录的数字影像，无论记载在什么媒介上，存储的成本确实相对很低。但这不光是拍摄的事儿。想想后期那个倒霉鬼（很可能还是你！），他（她）不得不预览、记录、采集数个小时无用的垃圾素材。无论漫无目的地拍摄看起来成本多低都不要做，不假思索广撒网的策略很难说成是明智的做法，拍摄前你必须经过深思熟虑。优秀的拍摄者在拍摄素材的同时脑海中也在进行剪辑，他们通过看（和听）来决定剪辑点。

不管今天的科技如何进步，对于那些广撒网的蹩脚拍摄者仍然会有惩罚。如果你不能为剪辑师提供故事必需的素材，就算你带来一卡车储存卡的垃圾素材也没有用。在大多数情况下，足够的素材指的是足够讲述一个引人入胜的故事的适量的素材。

1987 年，我在世界最著名的旅游胜地之一——卢尔德执行拍摄任务。每年都有上百万虔诚的天主教徒聚集在这个法国南部的岩洞中，据说在 1858 年，年轻的贝尔纳黛特曾经在这个岩洞中与圣母玛利亚交谈过。对于虔诚的信徒来说，这个洞里的水有魔力，因此很多有健康问题的朝圣者都会来这里寻求奇迹。

从一个拍摄者的角度来看，铭刻在每个朝圣者脸上的凝重似乎都在讲述这个故事。如果我需要一个理由拍摄特写的话，就是这个理由了。我觉得我还需要拍摄至少两个广角的镜头，第一个是石窟的地貌和朝圣者们涌动的人流；第二个是岩洞出口那些被朝圣者丢弃的拐杖，据说这些拐杖是被圣水治愈的信徒们丢弃的。

在实际拍摄中，我采取了由外到内的拍摄策略。我先是拍摄了全景，然后进入岩洞，一路上寻找独特、有趣的拍摄角度，并通过一系列越来越紧的特写镜头呈现出大量引人入胜的细节，观众一直分享着我的整个探索过程。

这种探索对于观众而言是非常令人兴奋的。在石窟里面，摄影机架在三脚架上，可以帮助我捕捉稳定的特写镜头。这些特写镜头都饱含着感情：朝圣者的手抚摸陈腐的岩石，一名半剪影的女子在亲吻石壁，信徒们颤抖的双手抓着十字架或者念珠。

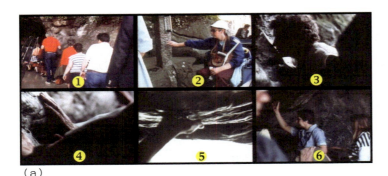

（a）

（b）

图 3.44 a,b

这组场景来自我 1987 年拍的卢尔德石窟的纪录片，它们很好地展示了什么是优秀的拍摄内容。在开场的镜头里我展示了石窟的概貌。在第二个镜头里我们从反向更近距离拍摄。特写镜头 3、4、5 的场景承担了大部分讲故事的任务。镜头 6 利用出口的朝圣者们为过渡，把镜头向上摇到据说是圣水治愈的信徒丢弃的拐杖上（图b）。

3.15　用特写讲故事

任何一个称职的拍摄者都知道特写镜头对讲故事的重要性，他们通常都把最重要的戏份留给特写镜头。特写镜头能起到如此大的作用并不让人觉得意外，因为电视机相对电影银幕来说尺寸较小，所以电视领域早就习惯运用特写镜头讲故事。随着笔记本电脑和其他移动设备的普及，小屏幕观看的需求愈发强烈，于是聪明的拍摄者会更多地运用特写镜头把观众带入到引人入胜的故事中去。

图 3.45

你拍了多少素材并不重要。重要的是拍摄内容要全面、精彩！看看这个镜头，尽情地吃吧！

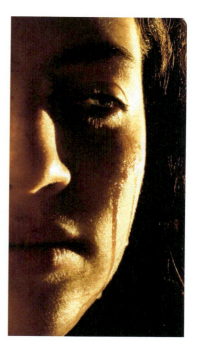

图 3.46a

沿着脸颊流下的泪水。这是一个悲伤的故事。

图 3.46b

结婚照。这是一个快乐情侣的故事。

图 3.46c

佐伊和西奥。这是一个关于爱的神奇故事。

　　我经常把自己的工作比作管道工。为了按需完成一整套项目，我需要很多配件，一头进，一头出，中间是长长的管道。特写镜头就像中间那些管道，在项目中起着主要的作用。如果拍摄者不能为故事提供必需的素材，那么就算他拍满了再多磁带、储存卡都没用，就像是只带了各种三通和弯头的管道工一样。

3.16　迂回出击

就像老虎不会从正面攻击它的猎物一样，你也不能采取过于直接的方式去接近你的拍摄对象。有些偷懒的拍摄者拍摄特写画面时只会简单地把变焦镜头推上去。这种偷懒的特写镜头我们应该尽量避免，因为这样做会使视点变得不明确，导致故事的自然发展和镜头的连续性变得混乱。正确的做法是把摄影机确确实实放在当前角色或者另一个角色的视角上进行拍摄。

图 3.47

不要推拉！走到身边去！偷懒的特写之所以看上去显得混乱，是因为它并没有明确的视点。

3.17　保持拍摄尺寸一致性

有经验的优秀拍摄者深知保持拍摄尺寸一致的重要性。在使用专业设备较少的故事片拍摄项目中，这可能会是个不小的挑战，因为很多非专业摄影机的变焦和对焦控制并不精确。

图 3.48

如果故事情节需要特写，那么就一直给特写。只在介绍新角色或发生新事件或为了推动故事的发展时才开始加入其他景别。

通常在拍摄一组演员对话时，拍摄者只会拍摄一系列他们各自对话和各自反应交替的单独特写。如果人物出现在画面中的大小不一致，也就是拍摄尺寸不一致，或者视线的方向不合理，那么观众可能会感到困惑、迷失方向，那么视觉故事也会因此中断。

为了确保视觉故事的连续性与稳定性，我们应该通过卷尺或摄影机的读数确认镜头焦距，保证随后的特写镜头或反应镜头的拍摄对象与之前的拍摄对象相对于摄影机等距。

3.18　视线的力量

在前文提到的影片《公民凯恩》的竞选场景中，自下而上低于角色视线的拍摄角度会赋予角色巨大的力量。相反，从上到下高于视线的拍摄角度则会削弱拍摄对象的力量。在多个角色处于同一场景的情况下，水平的视线有助于观众熟悉环境及定位角色的相对位置。当拍摄采访时，我们通常把摄影机放置在略低于被采访对象视线的位置。这样做既能增加对被采访对象的尊重感和他（她）的权威性，又不会显得太过、太做作。

图 3.49

这个演员在看右面的谁？正确的视线有助于保持视觉故事的连续性。在图中这种情况下，不正确的视线表明右侧出现了第三个角色。

图 3.50

纪录片拍摄者或者新闻拍摄者经常需要向上或向下调整自己的位置来获取合适的视线。毫无疑问，强有力的大腿肌肉是必不可少的！

图 3.51

在故事片拍摄中，每个镜头的焦距、光圈、成像平面到拍摄对象的距离都必须记录下来。测量距离时，布制或皮质卷尺是首选，因为它更安静、更灵活，而且不像钢制卷尺那样回弹时可能会给演员来个"斩首"。

3.19　拍摄不完美的对象

　　视线还可以用来削弱被拍摄对象的缺点。例如高于视线的机位可以让演员的双下巴或者大鼻孔变得不明显。相反，如果拍摄对象对自己稀疏的头发不满意，拍摄者则可以采取低于视线的仰拍来让演员的头顶尽可能少地出现在画面里。

　　这里给出一些具体情况下的小窍门：

- 如果拍摄对象的鼻子出奇的长，尝试从正面进行拍摄。
- 如果拍摄对象的鼻子既宽又平，就考虑多从侧面拍摄。
- 如果被拍摄对象有令人感到不适的疤痕或者毁容，尽量避免拍摄这部分。但如果无法避免，尽量降低摄影机的拍摄细节，使用柔光滤镜和（或）柔光灯来降低被拍摄对象面部的纹理细节。

图 3.52b

演员面部疤痕或者其他缺陷也可以用来帮助塑造角色。因此在规避缺陷时应该谨慎，一切都要遵从故事的需要。

图 3.52a

谨慎一点。在有些情况下，演员的大鼻子很可能是故事本身不可或缺的元素之一。

图 3.52c

在拍摄明星时，一定要根据他（她）的面部特征找到他（她）最讨人喜爱的拍摄角度。这对有抱负的拍摄者来说是一条极佳的职业建议。

3.20　故事里的故事

　　聪明的拍摄者总是能够利用画面中的元素更高效地讲述视觉故事。在公共活动、抗议现场，以及电影节等场合中，人群中经常会出现标语和其他标志，有效使用这些原生元素能让你的故事拥有更鲜明的观点。

（a）

（b）

图 3.53 a,b

标牌、报纸和手写标语是伟大的故事宣讲员。你应该尽可能地寻找并利用这些元素。

（a）

（b）

（c）

图 3.54 a,b,c

关于这所乌干达学校的"故事"就写在墙上。

3.21   学会用背景讲故事

说出来可能难以置信，但我一直认为背景比前景，甚至比拍摄对象本身更能有效地与观众交流。这是因为观众们都喜欢不断扫描画面的每一个角落来寻找故事的线索：这儿是该哭还是该笑？应该觉得同情还是觉得反感？应该相信银幕上的人说的话还是不相信？观众们为了确定场景的真实性会一直这样扫描画面上的线索。

不会控制背景元素可能会破坏你的故事，甚至传达错误的信息。我记得在 20 世纪 70 年代，我的一位录音师朋友把他赚的所有钱都投入到了宣传自己那部关于苏联的纪录片里。这种题材的影片现在已经很少有人感兴趣了，但在那个年代，知识分子们都很爱看。

请记住，我的这位朋友是录音师出身，因此他在影片的音频上投入的精力更多。影片看上去就像一部受访者的特写集锦。我记得其中有一个场景是在中西部的汽车制造厂门口，工会领袖在咆哮着抱怨他低下的工资待遇："资本主义的核心就是压榨工人阶级！"

在镜头中，这位工会领袖足够引人注目，他的言论也得到了充分的表达，语气听起来也足够诚恳。但我的这位朋友忽视了背景的内容，观众们的注意力都集中在了背景中工厂门口的一块空荡荡的"员工停车区"。要知道在那个年代，人们很难想象在汽车工厂上班的工人竟然能拥有他们组装的汽车。背景的线索让观众得到了他们心目中的真实故事，但这与制片者想要传达的意图却截然相反。

我们从这件事中得到的教训就是：部分看似无害的画面背景，若不经过深思熟虑，极有可能对你想讲述的故事造成毁灭性的影响。只有控制好画面，你才能控制好自己的故事！

图 3.55

人力车夫是应该把车停在繁忙的街边还是应该停在空无一人的街边？不同的背景会讲述不同的故事。因此在拍摄时，那些不是服务于故事的背景元素必须被移除或减少。

3.22 我们都是"说谎的骗子"

在生活中，我们都应该努力做诚实和认真的人。但成功的拍摄者根据故事需要经常需要"扭曲"事实。滑板运动拍摄者一直都是这么干的，他们利用超广角镜头来夸张拍摄对象跳跃的高度和旋转的速度。

记得很多年前，我在葡萄牙的商品交易所拍摄那里活跃的交易大厅（按理说应该是活跃的）。我以前拍摄过这种环境，交易者们站在办公桌上激烈地高声报价。但在里斯本的交易所里却是另一番景象，交易大厅里 7 位稳重的交易员坐在一起，边喝咖啡边讨论最近的一场足球比赛。

但是收人钱财就得替人做事，我有责任讲述一个客户想要讲述的故事，这其中当然包括这个欧洲最有活力、最激情四射的商品交易所。

因此我想：首先，不能用广角拍摄了，因为那只会让这个场景显得更冷清、更缺乏活力。这显然是利用长焦镜头压缩空间的绝佳机会，我得充分利用手头那几个缺乏活力的家伙。

通过把一名交易员重叠在另一名交易员后面，我让这个交易大厅看起来满满都是人（尽管是假的）。当然，我还得让另几个悠闲的交易员象征性地摆摆手势、喊喊报价，但这就很简单了。关键是得把特写用到极致，这些紧凑的特写镜头暗示着画外正在进行着紧张激烈的货物买卖。通过这些异常活跃的特写镜头，观众们肯定会觉得整个交易所里充满了疯狂的交易员，然而事实却正好相反。这真是作弊！真是彻彻底底的谎言！

这也再一次印证了：画面之外的内容往往比画面里的内容更关键！记得我们之前讲过的吗？排除，排除，排除！

图 3.56

拍摄者往往要根据故事的需要创造性地对现实进行重新组合。利用更紧的构图、长焦镜头，以及丰富的特写拍摄。最终，这个几乎荒废的交易所显得充满了活力。

图 3.57

嘘！这辆"高速行驶"的列车其实并没有动。这真是作弊！真是彻彻底底的谎言！

拍摄矮胖子的技巧

来自读者的问题：我的老板觉得他上镜时显得很胖。您有没有试过什么方法能让胖子拍摄出来后能显得瘦一点？我总不能只拍腰部以上或者一直把老板藏在办公桌后面吧。

作者巴里·B.的回复：灯光很重要。你展示得越少，观众知道得就越少。你可以用强烈的侧光减少拍摄对象一半的视觉体积。保持柔和的侧光可以有效削弱明显的肚腩。你还可以在NLE（非线性编辑）中加入一个轻微的横向挤压。只要在正确的方向上挤压一点点效果就很明显。

图 3.58a

做后期挤压处理前的胖子。

图 3.58b

应用一下这个挤压属性。嘿！这是不是比吃减肥食品来得快多了？

图 3.58a

做后期挤压处理后的胖子。

3.23　弄清楚自己想要什么

跟那些连自己想要什么都不知道的导演一起工作是件很令人沮丧、很痛苦的事情。但不幸的是，这种导演近些年越来越多了，其中一个重要的原因是低成本甚至无成本项目的流行。新手导演们普遍持购物心态，觉得就算他们不做足够的功课，低成本项目的金融风险也很低。有经验的拍摄者通常会在拍摄开始前帮这些持购物心态的导演确定好视觉故事的类型。

导演的故事板浓缩了视觉故事，并帮助把故事传达给整个剧组。

（a）

（b）

图 3.59 a,b

不要持购物心态！如果你是导演，把自己的功课做足，弄明白自己想要的东西并把它传达给整个剧组。拍摄者需要明确的方向来做好自己的工作，他们没时间给你擦屁股！

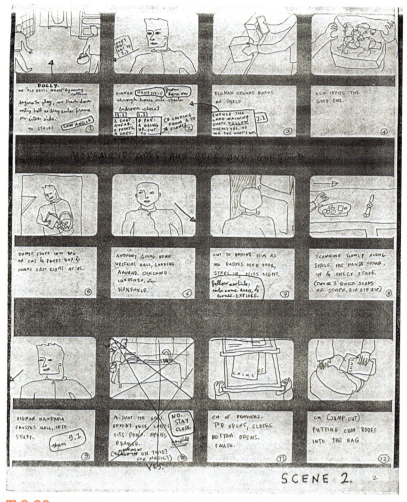

图 3.60

导演的故事板是整个视觉故事和拍摄进程的蓝图。

3.24 与极端自我的人一起工作

能与极端自我的人一起共事是一种难得的、值得被开发的能力。在任何时候、任何项目中你都很可能遇见这种自负的人，也许你就是他们之中的一个。所以理论上成功的拍摄者应该学会和各种各样的人交流、工作。

对于这个话题我很有发言权，因为我曾经就是这样一个不好相处的人。我曾经过于认真了。当然，我非常擅长自己的专业，工作能力也得到了广泛的认可。但我曾经也是个刺儿头。我糟糕的性格让我损失了很多人际关系和工作机会，甚至是专业技能提高的机会。它是我生活工作各方面的绊脚石。

出色的性格和顶尖的专业技能是成为成功拍摄者的秘诀。这个行当本来就是自由职业的天下。我们当中的大部分人都是一个项目接着一个项目、一个客户接着一个客户地工作着。无论是在经济上还是在创作中，我们依托的都是自己的口碑和人际关系。在我三十多年的职业生涯里，我从未做过任何全职工作。作为一个自由职业者，我深知一个电话就可能改变我的生活，并把我扔在某个异国的土地上。这听起来似乎令人兴奋，确实，大部分时候是令人兴奋的，但也伴随着不安和对未来的不可预知。也难怪自由职业拍摄者大多都缺乏安全感。

我直到晚年才意识到把"我是谁"和"我做什么事"区分开是多么重要。无论你是演员、编剧、导演，还是拍摄者，你总是会被否认。当我的同事否认我的工作或者我的想法时，我意识到他们否认的是作为拍摄者的我，而不是我的为人。没错，我是一名熟练的艺术家，我的手艺很棒，但我依然会倾听并回应合作者的意见和想法，纵使我跟他（她）的核心理念存在分歧。

图 3.61
与合作者之间的分歧是创作过程中的一部分。如何处理这些矛盾，是你成为一名成功的故事讲述者，乃至成为优秀的人的关键。

只有当我意识到这点，我才有机会成长为一名艺术家。事实上，我原本觉得很蠢的、那些合作者的想法，现在回忆起来简直是神来之笔。多年来，我从这些天才的想法和建议中磨炼自己的手艺，并把它们都写进了这本书中！他们那些极好的建议让我变成了一个更好的拍摄者，并且变成了一个更快乐的人。

教学角：思考题

1. 根据拍摄者的口头禅"排除，排除，排除！"讨论这一原则是否适用于电影制片的其他环节，例如导演、编剧、声音、表演以及剪辑，是不是只有拍摄者会排除那些不利于故事的元素。

2. 探索一下关于"让观众受苦"当中的智慧。为了达成这个"崇高"的目标，你都会使用哪些手段——焦点，灯光，还是构图？

3. 思考特写镜头在有效传达视觉故事中的重要性。有些导演从来不用特写镜头，但依然非常成功。你怎么解释？他们运用了什么其他要素吗？

4. 讨论一下视线和摄影机位置对下列场景故事叙事的影响：在警察局里的一场审讯，在政治集会上，一位母亲训斥他的孩子，一条狗的一天。

5. 每个拍摄者都是骗子。你同意吗？

6. 洛杉矶与纽约的风景常常代表了各自独立的画面风格。它们的外观和光线都截然不同。思考不同的质感和光线会如何影响视觉故事。

7. 找到并拍照记录你身边的 6 处三角形。这些三角形很细微还是很明显？练习找这些三角形有什么窍门吗？

8. 世界上最成功的艺术家和商人大多是以自我为中心的。我们想成为自己领域的大师就一定要以自我为中心吗？

摄影师的工具箱

新型摄影机和其他新技术带来的冲击是巨大的。为了在这场新技术浪潮中生存下来，并且更高效地用画面讲故事，我们必须在一定程度上接受并了解这些新格式、新摄影机、新传感器和其他新东西。我们选择这个行业谋生（或兼职），即使在工作中可能会面对无尽的疯狂，但起码我们应该享受用画面讲故事这个有趣的过程。有时候，我甚至觉得自己是《奇爱博士》[1]里的斯利姆·皮肯斯，坐在原子弹上咯咯地笑着朝地球飞去。就算真是这样，我们至少要享受这个旅程，并确保目标被摧毁！

图 4.1

前进吧！享受这疯狂之旅！你应该把现代摄影机的力量驯服在自己脚下！

4.1 你有很多选择

加州有一家叫 In-N-Out 的汉堡包连锁餐厅。这家餐厅的菜单上只有三种选择：一个普通汉堡和中杯汽水还有薯条的套餐，一个吉士汉堡和中杯汽水还有薯条的套餐，一个双层汉堡和中杯汽水还有薯条的套餐。但事实上这家餐厅非常成功（也许就是因为只有三种选择才成功的）。就这么简单，顾客在这家餐厅点餐时从不会痛苦地犹豫应该怎么搭配，也没有歇斯底里的选择障碍，也不会有车在汽车点餐窗口前停滞不前。在汉堡包领域，我要说店家的这种专制和缺乏选择的效果很不错。[2]

---

1 Kubrick, S.（制片人 & 导演），Lyndon, V.（制片人），& Minoff, L.（制片人），美国哥伦比亚影业 1964 年出品的影片《奇爱博士》（*Dr. Strangelove*），又名《我如何学会停止恐惧爱上炸弹》。

2 有人告诉我现在可以在 In-N-Out 点些菜单以外的菜了，但似乎得使用些特殊手势或者暗语之类的东西。这点还值得商榷。

图 4.2

我们都知道：选项越少，人们往往越开心。

图 4.3

看着晕吧？恶心吧？我没骗你！

跟 In-N-Out 餐厅相比，高清视频领域的情况则要混乱得多。根据最新统计，在不同分辨率与不同帧速率下，现在至少有 43 种不同类型和格式的高清视频。再加上十几种压缩格式，带下拉变换或不带下拉变换的扫描模式，逐行分割帧，MXF，MPEG-2，MPEG-4，DNx，还有许多画幅比，哎！我们一会儿再来讨论这些选项吧。每当我想到这些，我就觉得应该在这本书里附送一个飞机上那种呕吐袋！

然而对于现在的摄影机技术而言，当然是越新的技术越好。也就是说 2013 年松下发布的采用 AVC-Ultra 的机型肯定比索尼 1997 年发布的采用 HDCAM 的机型要先进。同样，我们在消费级领域碰到的 AVCHD 机型也一定比采用老旧的 MPEG-2 格式的 HDV 机型好用。[3]

4.2　摄像机的变革

基于磁带的摄像机天生脆弱，对湿气敏感，并且需要昂贵的定期维护。这种摄像机的磁头和磁带以每秒 60（N 制）帧（场）记录影像，1997 年上市的佳能 XL1 是这类摄像机的代表，它用单一格式（DV）记录单一帧速率（N 制 29.97FPS）。XL1 提供了出色的耐用性和易用性，但功能却少得可怜。

15 年后，基于固态存储的松下 HPX370 光是记录 24p 格式就有 30 多种不同的方式，如 1080i、1080P、720P 以及标清等。这台摄像机可以记录 DV、DVCPRO、DVCPRO

3　在同样码率（21-24Mbit/s）下，AVCHD 采用的 H.264 压缩要比 HDV 采用的 MPEG-2 压缩效率高得多。

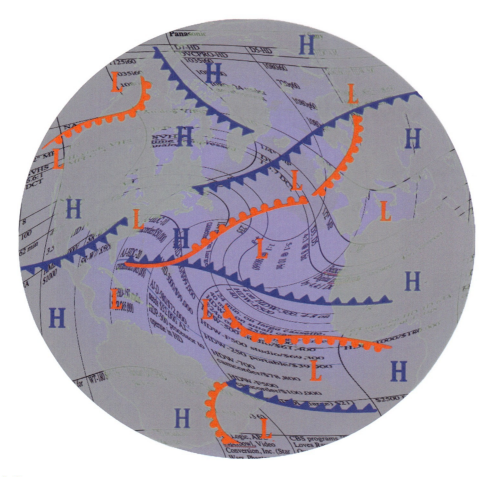

图 4.4

视频格式气象图。这些年来，视频格式就像天气一样反复无常，来了又走，走了又来。

图 4.5

来，选一个吧。

HD、10-bit AVC-Intra、定格动画，以及 12fps 到 60fps 等多种格式，这可比它早几年的磁带 DV 摄像机强大太多了。表 4.1 列举了可能会对我们产生不适的格式清晰度评价。

索尼 SxS PRO 储存卡可记录时间

格式	分辨率 / 帧速率	8 GB	16 GB	32 GB
HQ 模式　(35 Mbps, VBR)	1920 x 1080 @ 59.94i, 29.97P, 23.98P; 1280 x 720 @ 59.94P, 29.97P, 23.98P	25 分钟	50 分钟	100 分钟
SP 模式　(25 Mbps, CBR)	1440 x 1080 @ 59.94i, 23.98PsF（带 2 ~ 3 下拉变换）	35 分钟	70 分钟	140 分钟

松下 P2 储存卡可记录时间

格式	分辨率 / 帧速率	16 GB	32 GB	64 GB
AVC INTRA 100	1080/59.94i, 1080/30pN, 1080/50i, 1080/25pN, 720/59.94, 720/50p	16 分钟	32 分钟	64 分钟
	1080/23.98pN, 24pN	20 分钟	40 分钟	80 分钟
	720/23.98pN	40 分钟	80 分钟	160 分钟
	720/25pN, 720/30pN	32 分钟	64 分钟	128 分钟
AVC INTRA 50	1080/59.94i, 1080/30pN, 1080/50i, 1080/25pN, 720/59.94p, 720/50p	32 分钟	64 分钟	128 分钟
	1080/23.98pN, 1080/24pN	40 分钟	80 分钟	160 分钟
	720/23.98pN	80 分钟	160 分钟	320 分钟
	720/25pN, 720/30pN	64 分钟	128 分钟	256 分钟
DVCPRO HD	1080/59.94i, 1080/30p, 1080/23.98p, 1080/23.98pA, 1080/50i, 1080/25p, 720/59.94p, 720/50p	16 分钟	32 分钟	64 分钟
	720/23.98pN	40 分钟	80 分钟	160 分钟
	720/25pN, 720/30pN	32 分钟	64 分钟	128 分钟
DVCPRO50	480i（全部）	32 分钟	64 分钟	128 分钟
DVCPRO/DV	480i（全部）	64 分钟	128 分钟	256 分钟

RED 摄影机存储可记录时间

格式	分辨率 / 帧速率	16 GB CF CARD	RED DRIVE 320 GB	RED RAM 128 GB
RED CODE 28	4K/ 23.98P	10 分钟	200 分钟	80 分钟
RED CODE 36	4K/ 23.98P	8 分钟	160 分钟	64 分钟
RED CODE 42	4K/ 23.98P	N/A	120 分钟	48 分钟

卡可记录时间

格式	分辨率 / 帧速率	4 GB	8 GB	16 GB
MPEG-4	1920 X 1080/ 29.97P, 23.98P	12 分钟	24 分钟	48 分钟
MPEG-4	640 X 480/ 30P	24 分钟	48 分钟	96 分钟

图 4.6

各种储存介质在不同分辨率、不同记录格式下的可记录时间近似值。

4.3　扫描方式的选择

我们先撇开 2K–4K 及更高的分辨率不论，拍摄者们会面对各种不同的 1080P、1080i 和 720P 等高清格式。在专业拍摄领域我们通常用垂直方向的扫描线数代表清晰度，把 1920×1080 或 1440×1080 称为 1080，把 1280×720 或 960×720 称为 720。图像有可能是像胶片成像那样被单帧逐行扫描出来，也可能是在垂直方向每帧图像扫描两次，再通过奇数场和偶数场的图像合成出一个完整的帧。

每种扫描方式都有它自己的优势。采用逐行扫描方式拍摄的画面可以有效消除隔行扫描画面（1/50 秒或 1/60 秒）的场间失真，从而有利于提高 24p[4] 画面的感知分辨率。许多专业人士援引凯尔系数[5]，认为即使逐行 720P 的画面也比隔行 1080i 的画面拥有更高的视觉分辨率，原因正是因为逐行画面没有场间混叠失真。

逐行扫描有很多优点，包括：更高效的摄影机内压缩，支持更多的拍摄帧速率，在后期制作中也更容易抠像和色彩校正。但我们也必须考虑与其他逐行播放设备的兼容性问题，并不是所有的 DVD 和蓝光播放器都支持电影出品方普遍采用的 24p 格式。

然而，逐行扫描的画面质量并不一直是最合适的。当拍摄体育运动和快速平移的画面时，隔行拍摄的画面明显比 24p 甚至 30p 逐行拍摄的画面更流畅、更能反映当时的情景。

表 4.1　格式评估	
该格式评估表格把从标清 SD 到高清 HD 的不同记录格式的相对画面质量定义为从 1 到 10，定义相对粗糙、模糊的家用录像带 VHS=1。你可以把这张表理解成 In-N-Out 汉堡店的菜单。	
Uncompressed HD（无压缩 HD）	10
Panasonic AVC–Ultra 200 444	9.8
Sony HDCAM SR	9.4
Panasonic D–5	9.3
Panasonic AVC–Intra 100	9.2
Sony XDCAM HD 422	8.6
Panasonic DVCPRO HD	8.3
Panasonic AVC–Intra 50	8.2
Sony XDCAM EX	7.9
Sony XDCAM HD 420	7.5
Canon MPEG–2 50 Mbit/s	7.4
Blu-ray（H.264）（蓝光）	7.2
Sony DigiBeta	6.4
DVCPRO 50	5.8
Sony Betacam SP	4.6
HDV	4.3
Sony Betacam	4.0
Sony DVCAM	3.8
DV（多个不同厂商）	3.6
DVD–Video（DVD）	2.9
MPEG–1 Video（VCD）	1.2
VHS（家用录像带）	1
Fisher–Price Pixelvision（费雪玩具摄影机）	0.05
墙上的手影	0.00001

关于标准

人们往往忽略了"标准"。

大家经常提到的其实是"行业惯例"。

4　逐行扫描方式用字母 P 表示，如果是隔行扫描，我们会在帧速率后面加上字母 i。因此 24p 指的是每秒 24 帧的逐行扫描画面，而 60i 指的是每秒 30 帧的交错隔行扫描画面。

5　凯尔系数明确说明：由于隔行画面帧间失真的存在，隔行画面的视觉分辨率比同等分辨率的逐行画面降低了 30%。

观众在观看 24FPS 拍摄的运动图像时会感到闪烁感，会明显感觉连续影像的每一帧都是独立的、不连贯的。尽管交错的隔行扫描可能存在交错失真，但在运动画面下这并不是一个坏消息。反倒是逐行扫描的拍摄者为了让运动图像看起来更舒服，会刻意为影像加入运动模糊，以牺牲清晰度为代价换取更连贯的运动画面。基于这个原因，在拍摄 24p 时，拍摄者最好把摄影机快门的开角从 180° 增加到 210°，用更大的快门开角，也就是更长的快门闭合时间来增加逐行扫描时帧内图像的运动模糊量。当然，这样做会牺牲一部分画面锐度，但较慢的快门（更长的曝光时间）能拍摄出更平滑的运动图像，同时也让摄影机的低光照拍摄能力提高了大概 20%。[6]

安全的镜头跟踪及镜头平移速度

在 24FPS 拍摄时，如果镜头的位移量大于画面宽度的一半，连续画面就可能产生视觉上的频闪。画面中高对比度的垂直元素更容易发生频闪现象，如白色栅栏或旋转的车轮等。如果可能的话，遇到这种情况，最好尽量使用大于 24FPS 的速度进行拍摄和后期编辑输出，例如使用 30FPS。

在很多情况下，拍摄格式、帧速率和交付要求都是由客户或广播网决定的。如果你为 ESPN 或 ABC 电视台拍摄项目，那么你很可能得用 720P 拍摄，因为这是他们执行的标准。而如果你为 CBS、CNN、SKY 或其他数字广播网拍摄项目，你很可能得使用 1080i 格式进行拍摄。记住，把素材从 720P 转换到 1080i 很简单，而且基本无损，但反过来就不是那么容易了。换句话说，如果你从 720P 上变换到 1080i，产生的负作用基本是无伤大雅的。但是从 1080i 下变换到 720P 就是另一回事儿了，你很可能要承担图像质量严重退化的风险。

你需要知道，1080 的扫描线数是 720 的 2.25 倍。如果你最终输出的环境是数字影院这类大银幕，那么 1080（最好是 1080P）是最佳的选择。现在许多摄像机可以拍摄 1080p24，这是交付给大银幕、DVD 或蓝光的最理想格式。如果你拍摄的是纪录片或其他纪实类电视节目，那么 720P 是个不错的选择，如果有需要，它还可以轻松上变换到 1080i。

一般情况下，可变分辨率数字摄像机在其传感器原生分辨率下的表现是最好的。例如，装备 1280×720 3CCD 传感器的松下 HPX2700 在 720 下表现最好，而原生分辨率为 1920×1080 的索尼 EX3 在 1080 下的表现最好。正像其他所有的事情一样，你选择的故事决定了拍摄的最佳分辨率和帧速率。当然，客户的要求也能起一小部分作用。

---

6 可变快门的快门速度一般用几分之一秒或传统胶片摄影机的快门开角来表示。大部分摄影机设置为 24FPS 时的默认开角是 180° 或 1/48 秒。

图 4.7

尽管 1080i 图像有着更多的扫描线和更高的"分辨率"，但没有场间混叠的 720p 图像看起来会更清晰。而第三张应用了去交错处理的由隔行画面合成的逐行画面可能会产生一些不准确的结果。（图片提供：NASA）

图 4.8

当隔行拍摄的画面存在平移时，由于奇数场和偶数场合并时电线杆的位置不同，所以会产生这种梳状的锯齿。采用逐行模式进行拍摄就可以避免这种问题。

图 4.9

由于隔行扫描画面场间存在轻微的模糊，因此更适合拍摄快速运动的物体。而逐行扫描画面的帧内只有一场画面，必须依靠运动模糊才能拍摄出平滑的运动画面。卡通片里的速度线就是故意模仿隔行扫描的场间失真创造的。

图 4.10

最近的摄像机机型亦可提供包括 1080p 24FPS 在内的很多种记录格式，这种格式是最终输出到胶片、数字影院、DVD 和蓝光的理想选择。

这到底是什么？

1080i 24P？一种格式怎么能既是隔行又是逐行？在这种表示方式中，前面的 1080i 指的是系统设定中外接监视器的显示模式，后面的参数是摄像机传感器成像的扫描模式，在这个例子中，摄像机将会以每秒 24 帧逐行扫描的方式记录。

4.4 2K、4K，以及更高的分辨率

索尼 F55、ARRI Alexa 和 RED 等摄影机在业界引发了一场对高分辨率的恐慌。大家出于对高分辨率拍摄预算、工作流程及工作效率的考虑，甚至有些抵触。那么，超高分辨率拍摄制作相对 HD 高清分辨率究竟有没有优势呢？

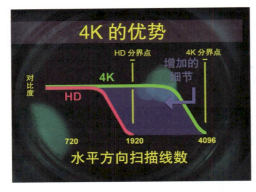

图 4.11

这是一张由两条曲线绘制而成的 HD 和 4K 分辨率与其各自的图像细节的对照表。在 1920 分辨率时，高清图像的细节达到最大化，但同时对比度和感知锐度降低。4K 的优点是显而易见的，4K 画面在 1920 高清分界点保持了较高的细节度。在采用 2K 拍摄并输出到 HD 高清的情况下，画质相对 HD 直接拍摄也会有明显改善，但是没有 4K 拍摄的改善那么大。

（a）

图 4.12 a,b

用传统胶片尺寸及 2K、4K 或更高分辨率拍摄的影片（a）相对于高清 HD 拍摄的 1.78：1（b）有着更大的画幅比调整空间。

（b）

那么，超高分辨率拍摄制作相对 HD 高清分辨率究竟有没有优势呢？对于数字电影应用而言，答案是肯定的。虽然在适当的灯光和镜头的帮助下，1920×1080 高清在拍摄非剧情类项目时也能提供绰绰有余的对比度和锐度，但正如用 35 毫米胶片拍摄并输出的 VHS 录像带画面要比直接用 VHS 拍摄的录像带好很多一样，用 2K 或 4K 拍摄并输出到高清、DVD 或蓝光能提供更为精致的画面。

结论就是 2K 和 4K 拍摄可以使我们的高清画面更好看！对于一部分摄影师而言，这就是一个放弃 HD 高清转而用更高清晰度拍摄的足够的理由了。虽然在实际项目执行中会权衡成本等其他因素，但超高清晰度下变换高清画面所带来的额外细节是显而易见的。

4.5　努力突破技术局限

在项目中，如果画面偶尔出现类似色调偏移这种小问题，拍摄者没有必要太担心，因为这些小瑕疵并不会影响故事的完整性。四十年前的科学展上，我怀疑评委们看好我的作品"色彩之声"并不是因为它是什么工程学上的奇迹，而是因为它讲故事的方式。评委们赞赏的是这个装置给观众带来的感官体验以及声音和颜色互动的奇思妙想。

工程师告诉我们，摄影机只能记录动态范围在 109% 之内的内容，超过这个范围的画面细节会丢失。但是这条建议对我们用镜头讲述引人入胜的故事能产生什么影响呢？假设我们在拍摄一场寸断肝肠的感情戏时，难道我们会因为示波器波峰在 110%，超过了109% 就不拍了吗？会有人因为画面技术上有瑕疵就追着你要揍你吗？

我们当中不少人都有工程师朋友，我知道这些家伙只有在派对上啤酒喝多了才会变得活跃而健谈。我记得前几年有个技术人员跟导演诉苦，说我公然无视他神圣的技术圣经。他有他的道理，我拍摄的动态范围确实超过了示波器上的 109%！我的天呐！事实是那样的吗？我因此犯了什么罪吗？

我承认他说的都是事实。但这不正是艺术家该做的事吗？不正是应该挑战极限，然后挑战更多的极限吗？在挑战极限的路上，不正是会遇到很多次失败，也会最终成功一次，自己的手艺也随之登峰造极吗？

我们面临的挑战是：我们应该根据视觉故事的创意和需求，把技术知识结合进来。没错，我们确实需要工具——摄影机、三脚架、灯光以及其他所有东西。而且我们也必须对相应的技术有足够的了解。但是千万不要忘记，我们真正的目标是给观众讲述一个独特的、令人信服的精彩故事。

需要明确的是，我的目的不是想让你变身成小说《时间机器》里的穴居人[7]或是为了让你发动一场针对这些老实巴交的工程师的"大屠杀"。相反，我希望给你们这些亲爱的、充满灵感的拍摄者们一条处世之道：我们的宇宙本质上充满了妥协。下次再有争执不妨妥协吧。

4.6   了解你需要的知识

之前我们已经讨论过故事如何成为创意和技术流通的管道。虽然我们成天把"故事，故事，故事"挂在嘴边，但光有故事显然也是不行的。正如同画家需要了解它的笔刷和颜料，摄影师也必须了解自己的工具——摄影机、镜头，以及其他许多配件。你没必要一头扎进技术领域研究得很深入，你只需要了解你需要的知识就行了。

事实上，摄影师的手艺可以弥补很多技术短板。毕竟观众们看片时不会在乎你是用 100 多号人的剧组和 35 毫米胶片拍出来的，还是用 iPhone 手持拍出来的。你应该关心怎样把故事讲得引人入胜，

图 4.13

《女巫布莱尔》（1999）成功凸显了拍摄技艺精湛的低成本电影制片的潜力。影片中低劣的画质本身就是故事的一部分，这给那些一直苦苦为低成本拍摄寻找出路的拍摄者们上了生动的一课。

---

7   穴居人是威尔斯的小说《时间机器》里创造的莫洛克人的一个亚种。这些笨家伙居住在公元 802000 年的英国乡下的地底下。《时间机器》（*The Time Machine*）由英国伦敦的 Heinemann 出版社 1895 年出版，作者赫伯特·乔治·威尔斯（H.G.Wells）。

而不是哪个摄影机的传感器更大、像素更多，或者更好的信噪比。本章只讨论那些可能对画面质量或者故事讲述产生影响的技术问题。

《女巫布莱尔》[8]的拍摄使用了胶片和各种不同的视频格式，像大杂烩一样拼接而成。但鉴于它的成功，很显然观众们会因为引人入胜的故事情节而容忍技术上的缺陷和瑕疵。但如果你的故事节奏停滞，让人觉得无聊或分神，那你可就要小心了，影片中每一处照明不佳的场景、每一处视频噪点或者画面瑕疵都会被观众指出并毫不留情地批判。

4.7   技术问题当然重要

每个拍摄者都清楚观众有一个崩溃的临界点。通常这个临界点很难界定，因为即使是画面中最严重的穿帮和瑕疵，观众们也未必能发现，例如演员的面前有根点燃的蜡烛，但演员脸上却还有侧光形成的阴影。

但这并不意味着此类瑕疵对故事没有影响，它们当然有影响！不合逻辑的灯光、差劲的构图，或者动机不明的摄影机旋转都会产生一定的影响，因为观众们可以察觉到每一处技术问题和拍摄手艺的缺陷。问题只是这些问题和缺陷是否严重到把观众从故事中驱离出来。

图 4.14

过曝，失焦，颜色也不好。但也许这就是你的故事！

图 4.15

保持对画面内包括灯光在内的所有元素的控制！不合逻辑的灯光和技术缺陷会削弱故事的有效传达。

4.8   世界的本质

有时候我会坐在洛杉矶 405 高速公路旁，思考这个世界的本质：我们生活的这个世

---

8 Cowie, R.（制片人），Eick, B.（制片人），Foxe, K. J.（制片人），Hale, G.（制片人），Monello, M.（制片人），Myrick, D.（导演），& Sánches, E.（导演），1999 年美国 Haxan Films 公司出品的影片《女巫布莱尔》（*The Blair Witch Project*）。

界到底是模拟的，还是数字的？

起初，我发现了很多支持"这个世界是模拟的"的证据。当我闲坐在 405 高速公路放眼望去，我看着日出、日落，看着天色变亮、变暗，这一切都非常平滑、连续。我想有99% 的人会同意"世界是模拟的"这个观点。

但是等等。回想起我那戴角质眼镜的九年级物理老师给我讲眼镜的工作原理时的情景，我就又觉得那些高速公路的风景都是呈在我视网膜上的每秒 15 帧[9] 的倒像。那么为什么我看到的汽车和路怒症司机都不是倒像，而且也没有因为快门速度不够带着拖尾呢？

4.9　脑中的处理器

大脑像数字处理器一样反转了这个倒像，并把缺失的图像补偿进这 15 帧，让运动看起来更平滑。在数学领域，这种现象被称为融合频率；在科学领域，我们称之为视觉暂留；在视频领域，我们叫纠错。无论如何，你可以把这个你熟悉并深爱着的世界描述成一个"模拟"的地方，也可以说它是个被数字处理过的地方——或者是模拟和数字以某种形式组合出来的。

图 4.16

这个世界是模拟的，还是数字的？

图 4.17

每天太阳都会从地平线升起并照亮天空，这一切都平滑且连续。是的。看来这个世界像个模拟的地方。

图 4.18

我们的眼睛是全自动的。它有 50 毫米焦距、大光圈、非常好的低光照表现和比较慢的帧速率。

4.10　让我们体验一下模拟

找一个有调光器的白炽灯台灯。用一秒以上的时间把它从最暗调到最亮，再调回最暗，也就是从 0% 调到 100%，再从 100% 调回 0%。然后把你这次的体验绘成一个图表：

---

9 虽然许多科学家认定人的眼睛获取图像的帧速率是每秒 15 帧，但有些工程师认为运动画面要达到每秒60 帧才能让人眼觉得流畅。

（a）

（b）

图 4.19 a,b

如图（a）一样，白炽灯的亮度变化非常平滑、连续，显得非常模拟。最理想状态下的数字记录非常接近图（b）中的模拟曲线，我们的大脑一直训练我们通过这样的方式来看世界。

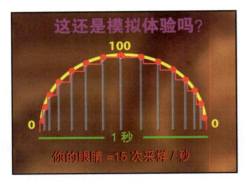

图 4.19 c

我们的眼睛每秒钟只能记录15张"快照"，也就是每秒钟采样15次，所以我们每天生活在这个世界上，大脑需要大量地"纠错"。

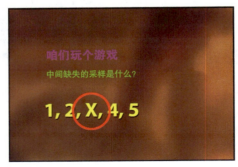

图 4.20

让我们猜猜中间缺失的采样是什么？如果你的回答是"3"，那么你会在智商测试中取得好成绩并被评价为"聪明"。但答案一定是"3"吗？其实缺失的采样可能是任意值，我们之所以觉得"3"是正确答案是因为我们的大脑认为这个世界是一个平滑连续的模拟世界。因此当我们的大脑遇到2到4的曲线中间有缺失的采样时，会自动纠错，添上"3"。

4.11　改善数字记录的质量

我们大脑的"数字处理器"用差值补足缺失采样的依据是对这个模拟世界的连续假设。压缩记录是利用刻意地减少采样数来减小文件的体积，但往往让记录变得更不准确，引起明显的画面和声音瑕疵、失真。为了在重构原始画面时让曲线更接近原始状态，以得到更准确、错误更少的结果，我们可以采取提高采样率的方法。

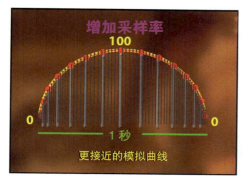

图 4.21

增加采样率可以得到更精确、更接近模拟曲线的结果，可以改善数字记录的质量。

4.12 一些小知识

增加位深是提高数字记录质量的第二大主要手段。较高的采样率可以降低每次采样的步长，也就是采样间隔，从而产生更平滑、更模拟的曲线，而增加位深则可以让每个采样点在色彩空间中更忠实于其原始的位置，从而改善数字记录的色彩精度。

我经常问我的学生："除了氧以外，地球上最多的元素是什么？"我通常会得到各式各样的答案：有人说是铁，如果我们生活在火红色的火星上，那么这是正确答案；还有人可能说是水，但水不是元素，是化合物；还有人说是碳、氢、二氧化碳，什么样的答案都有。

正确答案是"硅"。虽然大气层的四分之三是氮，但在地壳中，硅是除氧之外含量最多的元素，同时它也是沙的主要构成元素。硅元素是半导体的一种，半导体既可以具备导电性也可以具备绝缘性，它导电的关键是电子和空穴的互动产生的电子键[10]。如果该电子键存在，硅就像其他金属一样可以导电。但如果该电子键去"干活"了，例如给电池充电或者运转掌上游戏机，那么剩下的硅就不导电，是绝缘体。

几乎所有的计算机和电子设备都基于硅的这两种状态运行。工程师把硅导电的状态赋值为1，不导电的状态赋值为0。你的 MacBook Pro、iPad 或者 PlayStation 游戏机运行时，硅的这种1和0的状态会以每秒万亿次的速度执行着数不清的各种复杂计算。

相机和摄影机中传统的 CCD[11]（电荷耦合元件）就是一个模转数（模拟—数字）的处理器。它把传感器上采集的场景中的光信号转化为电荷信号。我们假设你的摄影机的处理器是1位的，那么相当于它只能表示两个值——导体或绝缘体，也就是1或者0。它的所有成像就只有黑或者白。当然，我们的世界要复杂得多，也有很多灰阶过渡，不可能通过这种1位的非黑即白的处理器充分表现出来。

增加第二个比特位可以极大地提高数字影像的表现力，因为处理器现在能够处理4种

10　噢！是的，我知道这有点儿太复杂了。其实我们真的应该讨论一下 N 型和 P 型的硅元素、多电子杂质以及共价键。如果你想了解更多的半导体知识请参考 www.playhookey.com/semiconductors/basic_structure.Html。

11　电荷耦合元件（CCD）从本质上讲是一种模拟装置。互补金属氧化半导体（CMOS）传感器在成像表面执行从模拟到数字的装换。

值了：0–0，0–1，1–0，1–1。换句话说，就是两个比特位都不导电，或是都导电，或是一个导电一个不导电，或者再反过来。1986 年费雪玩具公司推出的 PixelVision 玩具摄影机就可以把 2 位图像储存在普通录音磁带上。这种摄影机拍摄出来的粗糙且奇异的图像吸引了众多的粉丝，他们每年都会在加利福尼亚州的威尼斯举办专门的电影节[12]。

大多数现代 CCD 摄影机采用 14 位的模拟——数字转换器，因为更大的比特深度可以令采样更精确，采用 14–bit 模拟——数字转换器（ADC）的摄影机拍摄的图像比使用老式 8–bit 或 10–bit ADC 的摄影机拍摄的图像质量更好，细节更丰富。配备 14–bit ADC 的松下 HPX170 可以从惊人的 16 384 种值中采样，而 20 世纪 90 年代的 8–bit ADC 的佳能 XL1 只能从 256 个值中进行采样。鉴于 14–bit 处理器拥有如此广泛的采样范围，很可能它的某个采样值就是对现实世界的准确描述！

图 4.22

硅元素作为沙的构成部分，被使用在每台数字设备中。硅的一个"bit"有两种状态：导电或不导电，1 或 0，黑或白。我想你应该懂的。

图 4.23

1–bit 处理器只能为每个采样提供两种可能：纯黑或纯白。2–bit 处理器可以为每个采样提供的值提高到了 4 种，使得最后拍摄的画面得到了极大的改善。8–bit 处理器可以提供几乎连续的灰阶和大致正常的色彩范围。NTSC 制式、PAL 制式和包括蓝光在内的大部分 HD 高清格式都是 8–bit 的系统。

图 4.25

这个通道充分体现了光与影微妙的相互作用。为了捕捉这种微妙的相互关系，摄影师必须理解模拟和数字处理的原理。这张照片上的数字是用 7.5 到 100 模拟的该位置的亮度值（NTSC 制式）。

图 4.24

1986 年推出的 PixelVision 采用独特的 2–bit 处理器，可以把图像直接记录到录音磁带上。该摄影机拍摄出的神秘图像独具艺术气息，广受追捧。

12　自 1991 年起，The PXL THIS 电影节每年都会在加利福尼亚州的威尼斯举办。

4.13 10-bit 工作流程

采用 10-bit 记录的优势很明显。跟市面上保有量最大的 8-bit 记录格式相比，10-bit 记录的 HDCAM SR、AVC-Intra，或者 Apple ProRes 等格式的色彩、亮度等采样精度提高了 4 倍，并且大大减少甚至消除了 8-bit 图像常见的轮廓失真和边缘锯齿。除了平滑的渐变过渡外，10-bit 拍摄也可以显著提高后期色彩校正和绿屏抠像等工序的效率。

图 4.26

8-bit 拍摄的图像可能会在蓝天等位置出现过渡不均匀的色阶。

图 4.27

松下 HPX250 摄像机使用 P2 记忆卡进行 10-bit 图像记录。10-bit 摄像机可以捕捉非常平滑的渐变，并且色彩采样精度也是 XDCAM、AVCHD、HDV 这类传统 8-bit 系统的 4 倍。

你的摄像机是否像狗一样平易近人、善解人意？

图 4.28

我认为一款评价摄像机是否物有所值主要参考两方面的内容：性能和操作手感。二者缺一不可。

- 摄像机的手感是否舒适？

  它的外形和体积是否符合人体工程学设计？摄像机的重心是否在中心、是否平衡？用各种不同的姿势是否能便捷地操作它？摄像机是否有盲区？你能从摄像机顶部看见正在接近的物体吗？

- 摄像机控制按键的位置合适吗？

  变焦和对焦环在最常用的焦段——6 ~ 8 英尺（1.5 ~ 2.5 米）处是否有明亮易读的标记？按钮和控制部件是否坚固且合手？变焦动作是否平滑，且能平顺地开始和结束？音频仪表是否容易看到且不易被操作者遮挡？是否能通过额外的控制器（或 WiFi）调整时间码、帧速率，以及快门速度等常规参数？

- 摄像机是否是多制式的？是否能全球通用？

  拍摄帧率支持 24、25、30 和 60 帧 / 每秒？是否支持 PAL 制和 NTSC 制双标准？是否可选 1/100 秒或 172.8° 快门，并支持在 50- Hz 的国家拍摄 24p？或者是否能用 150° 的快门在 60- Hz 的国家拍摄 25p？

- 摄像机是否具备你需要的输出接口？

  是否配备 USB、FireWire、SDI、HDMI？用 HDMI 连接你的监视器时是否支持无裁切的全画幅输出 [13]？摄像机的接口是否牢固地固定在摄影机机身厢体上而不是直接焊接在内部的主板上？

- 摄像机是否足够坚固能满足预期的应用？

  是否适合指定的拍摄环境？拍摄新闻？拍摄极限运动？拍摄野生运动？摄像机是否对潮气和灰尘有足够的防护？它能否在特定的温度和条件下可靠地工作？它是否支持在镜头前加装额外的遮光斗？它是否同时支持 3/8×16 和 1/4×20 两种规格的螺母？

- 摄像机上的小监视器在明亮的日光下的可读性如何？

  摄像机的电子取景器（EVF）是否方便对焦？取景器是否提供辅助对焦？辅助对焦在实际拍摄记录状态下是否可用？辅助对焦在取景器中看起来是否清晰直观？

- 摄像机是否能有效隔绝变焦马达声和其他握持和操作噪声？

  摄像机上的麦克风指向是否正确，且位置足够靠前？摄像机是否提供 XLR 接口，且该接口是否位于机身后部，以免对操作摄影机造成影响？

- 该摄像机的功耗是否合理？

  该摄像机能否提供 4～5 小时的连续拍摄续航能力？该摄像机是否能对外接监视器或照明灯提供板载供电？

- 该摄像机是否提供内置灰镜 [14]？

  该摄像机是否提供足够的曝光控制范围？

- 该摄像机是否支持更换镜头？

  镜头锁止装置是否安全牢靠？支持的镜头种类是否广泛？摄像机是否支持后焦的快速设置？摄像机能否在一天的拍摄中保持后焦不变？

图 4.29

对比左边堪称人体工程学杰作的 Aaton 摄影机，右边的是方方正正的 RED 机型。

图 4.30

今天的大多数摄像机平衡设计都很差。图中摄像机的一侧偏重，这会对手持操作造成不便，并且随着拍摄时间的增加拍摄者容易疲劳。

13　详见第八章关于火线（FireWire）、串行数字接口（Serial Digital Interface，SDI）以及高清晰度多媒体接口（High Definition Multimedia Interface，HDMI）的讨论。

14　中灰密度镜，简称灰镜，是用来控制曝光和景深的滤镜。详见第九章。

图 4.31

这是一个设计比较糟糕的摄像机储存卡插口。在冬天戴着手套几乎无法进行储存卡的相关操作。

图 4.32

大型摄像机可能会在危险物体从盲区接近操作者时阻挡操作者的视线。图中的摄像机轮廓低矮，操作者可以拥有出色的视野。

图 4.33

尺寸超小的按键可能会对手指粗大的拍摄者造成不便。

图 4.34

紧凑型摄像机因为机身空间的紧张需要做出一定的妥协。图中这个立体摄像机上控制光圈与立体汇聚切换的小拨杆就不太方便操作。

图 4.35

连接线缆的各个接口必须坚固，且被牢牢地固定在摄像机的机身厢体上。

图 4.37

摄像机手柄顶部应该提供充足的挂接安装点，以便安装外接灯光，外接麦克风，以及外接监视器。

图 4.36

摄像机的取景器必须够大，才能看清焦点是否准确及取景边缘是否正确。大多数摄像机的取景器偏小且分辨率不够高。

（a）

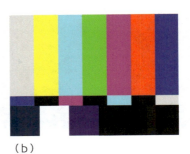

（b）

（c）

图 4.38 a,b,c

经常光顾"酒吧"（a）？这次我们说的 BARS 不是酒吧，而是 COLOR BARS 彩条（b）。在项目开始之前先录30 秒彩条和音调，这有助于我们确保整个项目中的视频和音频的级别及其一致性。彩条按钮通常被设计在摄像机的侧面（c），如果要通过好几级软件菜单才能找到彩条，那简直是浪费生命。

4.14 你的摄影机符合"10 分钟法则"吗?

有些电影摄影师认为,对于陌生摄影机的上手时间不应该超过 10 分钟。如果摄影机的设计出色,那么它应该不会在操作上增加摄影师的负担,从而使得摄影师能够把精力都集中在拍摄技巧与艺术创作中。

ARRI Alexa 是功能设置简单、菜单易读性强的摄影机设计典范。这款摄影机的显示面板会在记录过程中发红光,如此一来一旁的摄制组人员可以立即观察到摄影机的状态。它的主要按键和操作部件布局优秀、方便使用,且有背光灯可供低光照条件下操作摄影机。该摄影机重心、平衡出色,且 I/O 接口位置也方便操作。每一处设计都意在帮助摄制人员更快速、更高效地工作。所以说,判断一款摄影机是否伟大不能光看性能指标!

简洁实用的佳作

图 4.39

ARRI Alexa 简洁的设计和合理的布局使得拍摄者可以更专注于摄影工作和真正重要的艺术创作中。

你的摄像机是否像猫一样敏感、细致?

图 4.40

假设你的摄影机已经通过了"十分钟法则"的考验。它的按钮和控制部件都在合理的位置上,手感良好且你觉得用它拍摄可以提高工作效率。那么它的性能到底怎么样呢?

图 4.41

- 首先要考虑的就是光学性能

  鉴于现今摄影机普遍的高分辨率，最终成像质量的优劣主要由镜头决定。为了达到出色的光学性能我们不必再把重金投入到昂贵的高级镜头中。为了弥补中低价位摄像机差强人意的光学表现，现在摄像机制造商普遍会在摄像机中加入复杂的数字校正功能。因此，不可换镜头摄像机（通常售价低于 10000 美元）往往比同价位的可更换镜头摄像机表现更好，除非你在后者上加装了价值高于 10000 美元的高级镜头。

- 精致、复杂的工艺流程

  现代摄影机普遍提供了精致、复杂的记录流程以帮助拍摄者获取尽量无损的影像。例如 RED 摄影机就可以把传感器的 RAW 原始数据记录到外部存储中。

- 色彩空间

  如果摄影机以 4：2：2 记录，那么蓝色通道和红色通道只记录了 50% 的分辨率。如果摄影机采取 AVCHD、HDV、XDCAM 这类 4：2：0 记录，那么蓝色通道和红色通道也只记录了 50%，且会每隔一行分别跳过蓝色通道和红色通道的信息。在数字视频中绿色的亮度信息很少被压缩。（在本章后面可以详细了解关于颜色采样和色彩空间的信息。）

- 快门类型

  传统的 CCD（模拟）摄影机采用全局快门，它像胶片摄影机一样每次曝光一整张画面。而大多数 CMOS（数字）传感器则是一个像素接一个像素、一行接一行地扫描画面，由于时间差的存在，这种传感器在平移、跟拍或拍摄高速运动的物体时可能会产生纵向的斜线或导致被摄物体变形，这种现象又叫果冻效应。

- 与性能相关的摄影机功能

  1. 可变帧速率（VFR）

     这个功能可以减少或消除拍摄快速运动物体时画面的不顺畅或抖动。VFR 可以用于创造性的快拍或慢拍，例如捕捉野生动物的动作，或为演员的表演增加表现力，也可以用来拍摄低光照的场景。

  2. 快门控制

     摄影机快门可以设置为 1/50 秒、1/60 秒、1/100 秒等特殊速度，以增加或减少拍摄运动对象时的运动模糊，或用来消除霓虹灯或荧光灯等光源的不同步现象。摄影机快门的特殊设置，也被称为清晰扫描或同步扫描，可以防止拍摄 CRT 电脑屏幕或其他显示器时出现的滚动现象。

  3. 伽马、矩阵系数、拐点设置

     调整这些图像控制参数有助于帮你传达故事的情绪和类型信息。可以参见本书第九章的详细讨论内容。

  4. 细节控制

     对周围物体的细节或边缘调整可能会降低摄影机的感知性能。新闻类或非故事片题材可以从更高的细节设置中受益，但降低细节设置拍摄的戏剧或故事片通常看起来更好。

4.15 了解传感器

    CCD[15] 传感器是个模拟的系统；照射在 CCD 上的光越多，产生的电子就能越平滑、越精确地采样，最后转化为数字信号。带电的 CCD 就像传统的感光乳剂[16] 一样，通过全局快门同时曝光传感器的整个光栅。

    现在大部分摄影机的传感器都是高分辨率 CMOS 传感器，这同时也为视觉故事的传达在技术上埋下了一个新的隐患。CMOS 传感器是采用逐像素、逐行扫描图像的方式记录隔行或逐行影像的数字设备。包含数百万、上千万像素的传感器在进行表面滚动扫描时可能需要一些时间，由于这个时间差的存在，我们经常会在拍摄运动物体或摄影机运动拍摄，尤其是场景中有垂直元素时看见令人不安的果冻效应或竖斜线。

    虽然数字 CMOS 或 MOS[17] 摄影机会受到滚动快门产生的伪像影响，但并非所有的拍摄者都会经历这种果冻效应。这真的取决于拍摄的对象和构图性质。你永远不会在静态拍摄采访 CEO 或拍摄 NAB 美国广播电视及设备展览会上的水果盘时看到垂直方向的斜线。但这种伪像在拍摄体育运动或从直升机上航拍时却是真实存在的，因此精明的拍摄者必须清楚地意识到这种风险的存在。

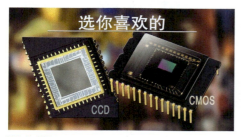

图 4.42

高分辨率 CMOS 传感器的功耗仅为同尺寸 CCD 传感器的 20%。松下开发的 MOS 传感器据说增强了传统 CMOS 传感器，在亮度均匀性和色彩均匀性上能与 CCD 传感器相媲美。

图 4.43

有些型号 CMOS 摄影机的快门会在镜头跟踪或平移过有垂直元素的场景时产生果冻效应。CCD 摄影机不会产生这种伪像。

图 4.44

卷帘快门和照片摄影师的闪光灯相互作用时可能会出现这种离奇的效果。当前帧的一部分捕捉到了闪光灯的灯光而另一部分没有。现在许多摄像机内置了通过前后帧图像来修正这种闪光灯带的功能。在未来，观众可能很少会看到这种奇异的效果了。

15 CCD 传感器通过把电荷移动到可充电的区域进行充电并转换成数字的数值。

16 如果我们来到未来，人们可以争辩说电影一直都是一种数字科技，无论胶片上的银晶体曝光或不曝光，半导体的比特位导电或不导电，1 或者 0。胶片感光乳剂简直就是数字的二进制！

17 近年来很多松下的照相机和摄像机开始配备 MOS 传感器，这种传感器可以提供比传统 CMOS 传感器更优秀的亮度均匀性及色彩均匀性。CCD 传感器并没有此类升级变型产品。

图 4.45

卷帘快门造成的伪像在配备大尺寸 CMOS 传感器的数码单反相机上相当明显。图中的单反相机，其传感器上共有 2230 万有效像素（5760×3840），按照视频的说法几乎等效 6K 分辨率。数码单反相机中提到的分辨率通常指总像素，而摄像机仅指水平分辨率。这样能更好地适配不同尺寸的胶片和视频，如 2.35∶1、1.85∶1、16∶9、4∶3 等。

图 4.46

CMOS 传感器消除了这种 CCD 传感器在拍摄城市夜景时常见的垂直拖尾现象。

（a）

（b）

图 4.47 a,b

摄像机的 CCD 传感器在高纬度地区的航班上可能会受到宇宙射线的破坏，损坏的像素会在屏幕上呈白色或紫色的圆点。在有些摄像机上，这些损坏的像素可以通过自动黑平衡（ABB）进行遮盖。而 CMOS 传感器在漫长的国际航班上受宇宙射线的影响要小得多。

图 4.48

虽然数字传感器的性能在不断提高，但许多顶级摄影机依然选用低噪型的 CCD（模拟）传感器。图中的索尼 F35 就使用了超级 35 毫米尺寸的 CCD 传感器。

图 4.49

随着处理技术和扫描策略的不断改进，如今配备 CMOS 传感器的 HD 高清摄像机已经较少出现诸如卷帘快门畸变这种严重的伪像了。

4.16　在某种程度上，传感器尺寸很重要

　　如果故事本身足够吸引人，那么摄影机传感器的类型和尺寸并不是什么大问题。当然，在既定分辨率下，更大的成像尺寸使其得以容纳更多的像素，也会（通常情况下）提供更

大的动态范围和更好的低光照灵敏度。更大的成像尺寸还会使景深更浅，最近人们觉得景深越浅的画面看起来越时髦、越专业。长焦镜头在大尺寸传感器上更容易建立明确、清晰的焦平面，而这一点对于摄影师拍摄引人入胜的视觉故事是至关重要的。

虽然大尺寸传感器有很多优势，但权衡利弊后你会发现它并不总是最好的选择。在使用远摄镜头拍摄野生动物时，大尺寸传感器带来的过浅的景深会让对焦工作变得令人沮丧，以至于虚焦。配备的传感器尺寸大于 2/3 英寸的摄像机，由于其机身及镜头体积、重量的增加，很可能让设备运输及摄影机操作变得更困难。

配备大尺寸传感器的摄影机像素数也十分巨大，随之而来的是需要更大的压缩率[18] 和（或）数据量负载，这可能对整个项目的运作、工作流程以及数据存储都造成巨大的压力。

如今摄影机（相机）的传感器尺寸从 1/6 英寸到 1 3/8 英寸（35 毫米）再到更大都有。就像这个行业里的其他事物一样，这些数字并不像它们看起来那样：当提到 2/3 英寸传感器时，它实际成像面积的直径只有 11 毫米，还不到半英寸，而 1/2 英寸传感器实际成像面积的直径只有 8mm，甚至小于 1/3 英寸。这种差异可以追溯到管型相机的年代，只有在管型相机上 2/3 英寸传感器的实际成像直径才是 2/3 英寸。

图 4.50

观众们不会去研究分辨率对照表，你也不该研究它！佳能摄像机可以拍摄 1920×1080 分辨率的高清画面。RED EPIC 摄影机可以拍摄 5120×2700 的 5K 画面。哪部摄影机"更好"？哪部摄影机更适合手头的工作？

4.17 分辨率的诡计

对于很多拍摄者而言，摄影机厂商的数字游戏简直不可理喻，因为最近人们判断摄影机优劣时只看它的最大像素数和传感器尺寸，根本不考虑它的其他性能或是否适用于手头的项目。美国的汽车和卡车推销策略曾经就是这样：人们被灌输了"引擎排量越大车就越好"的谬论。

18　请参阅本章后面关于压缩原理的讨论内容。

之前我们讨论过，故事片及其他需要在影院放映的影片必须拥有足够的画面细节用以填满巨大的银幕。而虚焦、暗淡、动态范围和对比度很差的图像会给观众一种业余感，从而疏远观众。请记住你的身份是一名拍摄者：如果连你都不重视自己的故事并为它提供引人入胜的画面，那么观众们又凭什么重视它并为之付出时间和精力？

观众们对分辨率的感知是由多种因素决定的，摄影机传感器的原始分辨率只是其中之一。更为重要的是，作为拍摄者我们要练就出色的拍摄技巧，尤其是要在拍摄的画面中时刻保持令人满意的对比度。无论你使用哪个厂家的摄影机、什么型号的传感器，高端镜头的低眩光和低色差[19]特性都可以显著地提高成像质量。

图 4.52
就像细颗粒胶片一样，HD 高清传感器也通过减少像素数和牺牲低光灵敏度的手段换取更高的分辨率。拥有大像素的大尺寸传感器往往会有更好的动态范围。

图 4.53
裁切、压缩异常及镜头瑕疵。在高分辨率下，观众们对一切都一览无余，无论是好的、坏的，还是丑陋的！

图 4.51
参考图中的汇聚线展示了分辨率与对比度之间是如何共同作用的。随着参考图中心对比度的提高，汇聚线会显得更鲜明、视觉分辨率更高。

正确地使用遮光斗或遮光罩等配件可以有效防止离轴光斜向从镜头正面射入产生的耀光。拍摄外景时使用偏光滤镜可以大幅度提高画面的对比度，从而提高其感知分辨率，这是一种非常简单实用的策略。

---

19 详见第五章关于镜头炫光和色差的深入讨论。

4.18　人类感知分辨率的极限

现在我们都知道 HD 高清是一种画面格式或一种 GOP[20] 长度。其实人们花了很长时间来认识 HD 高清格式，但这是为什么呢？显然，问题之一就是如何定义 HD 高清。它到底是 720P、1080i，还是 1080p？是 16∶9、15∶9，还是 4∶3？许多观众简单地认为宽银幕就是 HD 高清。有人第一次看到等离子电视时就认定那就是 HD 高清。如果它看起来像高清，它就肯定是高清了，这对吗？

大众对于更大传感器和更高分辨率的需求其实是有误区的。事实上大多数观众在"标准"观看距离是很难看出标清与高清的区别的。在典型的美国家庭，观看距离通常是距屏幕 10 英尺（3 米）。在这个距离，一般观众需要在 96 英寸以上的电视上（固定像素等离子或 LCD）才能察觉出超过标清的分辨率增强[21]。但在日本，由于客厅普遍较小，观看距离也更近，因此高清电视 HDTV 的高分辨率优势也就更明显。难怪 HD 高清在日本普及得比其他地方更快。

> **分辨率解决方案**
>
> 你能看清这行字吗？你当然能看清。现在把书放在 10 英尺外再看看呢？这行字本身的大小并没有变，依然是 300dpi 或者更高分辨率的印刷品，但随着观看距离的增加，字显得太小导致看不清了。因此，存在实际分辨率上限的同时还有一种感知分辨率、理想的分辨率。我们是否应该增加HD高清的细节？答案是肯定的！但是多大的分辨率是理想的？而多大的分辨率就够用了呢？

图 4.54

电器商店里的高清电视机由于观看距离较近，更容易展现出高分辨率的优越性，从而提高其销量。但观众们把高清电视买回家后，从标准观看距离却很难看出分辨率的提升，除非他们再买更大的电视，或者看电视的时候离得更近。

4.19　这种数字游戏接近尾声了吗？

摄影机传感器在分辨率方面似乎已经接近极限了。但我们的主要观看区域——计算机、移动设备，或家用电视的尺寸并没有长足的长进，甚至连本地电影院的银幕也没变大。本质上讲，小屏幕设备和移动设备的屏幕上能容纳的分辨率依然十分有限。

20　GOP 是 Group of Pictures 的缩写，也就是画面组。这是一个视频编码术语，一个 GOP 就是一组连续的画面。

21　观点源自马克斯·库宾 2004 年 10 月在《摄像》杂志上发表的文章《HDTV: High & Why》。具体内容请检索 http://www.bluesky-web.com/high-and-why.html。

在数字电影项目中使用 4K 分辨率传感器的摄影机这个观点，现在已经得到了大多数拍摄者的认同。虽然要制作无伪像的 4K 分辨率图像可能需要使用 8K 分辨率的传感器，但拍摄者和摄影机厂商似乎都倾向于停止当前这场疯狂的分辨率数字游戏，不再想着用远远高于 4K 的分辨率拍摄原始图像。在未来，我们将有可能通过增加位深或提高帧速率来提高我们作品的图像质量。

图 4.55

对于包括数字电影在内的绝大部分应用而言，这种 4K 摄影机可能已经代表了当前摄影机理想视觉分辨率的极限。

图 4.56

帧内取景或裁切？对于体育赛事转播、报道来说，4K 摄影机拍摄的画面具备提取出多路 1920×1080 分辨率画面的能力。

图 4.57

摄影机（相机）中排列有序的传感器像素。

4.20　网格里的像素

我们都已经听过无数关于胶片和数字视频之间的对比与讨论了。视频传感器处理焦点和边缘对比度的方式和胶片有很大区别。胶片可以从焦点平滑地过渡到模糊区域，这种特性很大程度上是由胶片颗粒的随机性及其完整的覆盖范围决定的。相比之下，常规像素排列的传感器由于其像素间存在间隙，因此如果拍摄者不进行特殊的处理和干预，就容易导致锐利图像和柔和图像之间的过渡显得突兀。

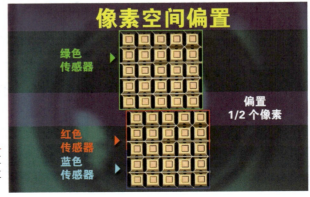

图 4.58

在采用三片式传感器的摄像机中，绿色传感器相对蓝色和红色传感器被偏置了半个像素。这种偏置的目的是为了捕捉位置处于传统像素格子间隙里的额外像素。

工程师们早就意识到了这种断续的栅格传感器的缺陷。虽然这种排列有序的像素传感器制造成本低廉，但对于采样栅格间隙位置的细节却无能为力。这种缺陷会在捕捉高细节图像时出现令人反感的失真，尤其在拍摄锐利的垂直线条时会产生明显的轮廓边缘。

图 4.59

在拍摄主要由绿色构成的场景时（也可能出现在根本没有绿色的场景中），有可能出现大部分图像并没有被偏置，从而在高细节区域产生伪像和失真的现象。

为了改善单片式传感器摄像机的这种缺陷，工程师们会在其中加装光学低通滤镜。光学低通滤镜会轻微模糊高分辨率场景中的图像细节，通过以退为进的策略来增加图像的清晰度和对比度。

4.21　三片式传感器 VS 单片式传感器

三片式传感器摄像机通过装在镜头后部的光束分离器或风光棱镜将入射的绿色、红色和蓝色（RGB）光线分别传递给相应的三个传感器，从而得到三个独立的色彩通道。这三个独立的色彩通道可以被制造商、压缩工程师，或有经验的拍摄者精确、灵活地调整。

图 4.60

（a）

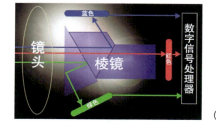

（b）

图 4.61 a,b

三片式传感器摄像机统治了专业广播电视领域许多年，它通过镜头后部的分光棱镜来实现色彩分离。采用这种方法可以最大化地实现对单个 RGB 通道的复杂控制。

图 4.62

单传感器摄像机并不像三传感器摄像机那样使用像素空间偏置技术。它转而使用光学低通滤镜（OLPF）来抑制高频区域的伪像失真。许多数码单反相机（DSLR）并没有低通滤镜（OLPF），因此它们拍摄的场景会在高细节区域产生严重的伪像失真。

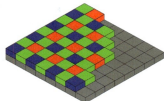

图 4.63

传统的单传感器摄影机使用一种被称为拜耳滤镜的滤色镜来实现对红、绿、蓝的色彩分离。

低通滤镜（OLPF）的清洁

图 4.64

单传感器摄像机和一些数码单反相机（DSLR）使用低通滤镜（OLPF）来抑制图像的高频失真。在为低通滤镜（OLPF）除尘保养时要格外小心。使用 10 倍放大镜和手动气吹就可以完成这项工作。切勿使用高压除尘剂，高压除尘剂强大的气流很可能损坏滤镜表面娇贵的晶体。

三片式传感器也存在着明显的缺点。由于红光、蓝光和绿光的波长各不相同，能量级别也不同，它们实际上是以不同的速度通过分光棱镜的。而摄像机的处理器必须不断进行补偿和重组运算，好让这些颜色看起来好像从未被分离开一样，这是一项极其复杂的任务。没有分光棱镜的单片式传感器结构相对简单，对于厂家来说成本也更低，但它需要用拜耳滤镜 [22] 或其他技术来实现 RGB 颜色的分离。

4.22　为什么要压缩？

我们已经知道越高的每秒内采样数能提供越平滑、越准确的采样曲线，而这条采样曲线就是我们描绘这个模拟世界的关键。当然，我们能够自由选择，甚至可以一直都使用最高的采样率和位深进行拍摄和记录，为什么我们不这样做呢？无压缩的格式会保留所有采

22　拜耳滤镜过滤图像时分色的比例是 50% 的绿色、25% 的红色和 25% 的蓝色，这是模仿人眼中视杆细胞和视锥细胞的比例设计的。拜耳滤镜是以其发明人——伊士曼·柯达公司的布莱斯·拜耳的名字命名的。

样，在回放时不再需要进行推测和纠错，从而可以完全避免编解码过程中必然会产生的图像缺陷和失真。

我们经常会在工作中接触无压缩的音频，大部分现代摄像机都能记录 2 到 8 个声道的 48kHz 16–bit PCM[23] 无损音频。通常我们可以通过音频文件的扩展名来识别未压缩的音频文件。如果是在 PC 上，未压缩音频文件很可能是 .wav 文件；如果是在 Mac 系统上，未压缩音频文件可能就是 .aif 文件。它们之间没有什么本质的区别，主要的区别是其内部数据流中采样的排列及调用方式。

记住，未压缩的音频（或视频）并不一定意味着其质量就是优秀的。电话语音可能就是未压缩的音频，但由于其采样率很低、位深也低，因此实际上很难算作优质的音频。

图表：无压缩的音频采样率

电话信号 ≤ 11025 采样 / 秒

网页音频信号（典型值）/AM 广播信号 =22050 采样 / 秒

FM 广播信号 / 有些 HDV/DV 音频信号 =32000 采样 / 秒

CD 音频信号 =44100 采样 / 秒

专业视频 /DV/DVD=48000 采样 / 秒

DVD–Audio/SACD/ 电影音频 =96000 采样 / 秒

4.23　出于实际考虑

让我们为压缩的必要性举一个例子，假设我们要把 92 分钟的影片《阿珠与阿花》[24] 放进最常见的单张容量为 4.7GB 的单面单层 DVD 中。光是无压缩的音频 [25] 就会占据光盘容量的 1/4，大约 1.1GB。这已经不小了，但至少放下了，可以接受。

现在让我们来看看真正占空间的视频数据。未压缩的标清视频需要 270Mbit/s 的码率。如果用这种码率记录这部 5520 秒的影片，一张 DVD 只能存下其中 135 秒的画面。因此，这部 92 分钟的影片如果用无压缩标清来发布，需要一套整整 41 张 DVD 光盘的套装。

如果我们试图把同一部影片以 HD 高清无压缩放进 DVD 光盘中，这才是真正可怕的

23　脉冲编码调制（PCM）经常被列在摄像机的功能列表里以表示此型号具备无压缩的音频记录能力。PCM 48kHz 16-bit 的立体声大概需要 1.6Mbit/s 的码流。许多 HDV 和低成本 HD 高清摄像机记录的是压缩（MPEG、Dolby Digital，或 AAC）音频。在视频制作中尽量不要使用采样率小于 48 kHz 的 PCM 或压缩音频。

24　Kemp, B.（制片人），Mark, L.（制片人），Rothschild, R. L.（制片人），Schiff, R.（制片人）& Mirkin, D.（导演），美国 Touchstone 影业 1997 年出品的影片《阿珠与阿花》（*Romy and Michele's High School Reunion*）。

25　无压缩的 PCM 48-kHz 立体声音频码率约为 1.6Mbit/s。

经历。无压缩 HD 高清凭借其惊人的 1600Mbit/s 的码流，只要 22s 就能装满 1 张 DVD 光盘。如此一来这套 DVD 套装将膨胀到 253 张 DVD！关键是你看的时候不到半分钟就得换下一张盘，再没什么体验可言。显然，为了方便管理和销售，缩减影片文件大小很有必要。

4.24 冗余，冗余

压缩程序想要什么？它们在寻找什么？每种压缩程序的目的都是通过删除影片中一些观众们意识不到的采样（对于 DVD 来说，会删除大约 98% 的采样！）来实现减小文件体积的。

压缩程序的工作原理是识别媒体文件中的冗余。资深的拍摄者可能还能回忆起自己拿着胶片检查划痕或读取片边码时的情景。他可能已经注意到，每个镜头中胶片的上一格画面和下一格画面看起来几乎没什么区别。换句话说，相邻的帧之间存在着许多重复的冗余。

视频工程师还意识到帧内也有存在冗余的可能。想象一个新英格兰冬季外景的画面，灰色的天空下，一群孩子在雪地里玩耍。高清摄像机在拍摄这个场景时，会把画面分成许多 4 像素 ×4 像素大小的块，摄像机内的压缩程序会评估每个像素块，并寻找块与块之间的相同与不同。

随后重复的冗余块中的数据会被删除，同时会在描述文件中做出标记，告诉回放设备在重建画面时在随后的帧中重复使用第一帧中的像素块。作为拍摄者，我对这种花招一直不以为然，因为实际上画面里这令人沮丧的灰色天空并不是一成不变的，颜色和纹理都存在巧妙的变化。因此很多耿直的拍摄者在看到压缩后的画面时会惊呼："嘿！怎么回事，细节都哪儿去了？"

图 4.65

在一条胶片里，一帧画面和其前后帧的画面间很难看出区别。压缩机制就是利用这种重复的冗余来减少文件的体积的。

冗余像素块

图 4.66

HD 高清压缩会把帧分成图中那样的 4 像素 ×4 像素块。天空部分的像素块被视为"冗余"，该部分的数据会被一条数学指令所代替，在播放设备重建画面时，会根据指令在该像素块中重复相邻画面中的数据。

图 4.67

压缩可能会"冷酷无情"地降低图像质量，因为在压缩程序分析、量化像素块的过程中，可能会对相似、但不同的像素"四舍五入"，申报"冗余"，随后删除。因此压缩图像可能会在回放时损失细节和产生伪像。（图片由 JVC 提供。）

4.25　你不会错过那些你看不见的东西

出于对减小视频文件体积的迫切需求，工程师们开始进入人类生理与认知的领域。人的眼睛包含视杆细胞和视锥细胞。其中视杆细胞负责感知对象的亮度与明度，而视锥细胞则负责感知对象的颜色和色度。我们眼中的视杆细胞的数量大约是视锥细胞的两倍，因此当我们进入一间黑暗的房间时，我们首先会注意到这个拿着刀的人隐隐约约的轮廓，而不是她衣服的颜色。

工程师们明白，人类无法在昏暗的光线下辨别细节。他们觉得反正我们无论如何都看不到那些细节，那么就算把这些丢弃我们也不会注意或者在意。因此，工程师们开始为实现高压缩率丢弃图像的暗部细节。这就是为什么拍摄者们苦恼于像 HDV 这种高压缩率格式的暗部细节几乎损失殆尽，黑得那么彻底。

在设计色彩空间时，工程师们在概念上参考了人眼中视杆细胞和视锥细胞的比例。因此，当你的摄像机使用 4∶2∶2[26] 采样拍摄时，在蓝色和红色通道中每个像素的亮度信息（"4"）是色度信息（"2"）的 2 倍。4∶2∶0 色彩空间经常被用在如 AVCHD 和 XDCAM 格式中，为了更极限地减小文件体积，这种格式进一步压缩了红色和蓝色的采样——反正你也注意不到，对吗？

26　4∶2∶2 中的"4"表示每个周期对全分辨率中的每一个像素采样 4 次。在 SD 标清中，相当于每秒 4×1350 万次；在 HD 高清中，相当于每秒 4×7425 万次。

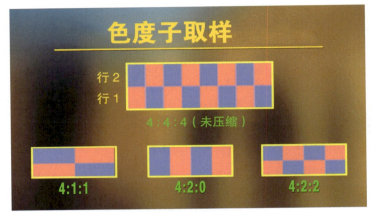

图 4.68

由于我们的眼睛对红色和蓝色相对不敏感，因此在大部分应用中没有必要对 RGB 进行全分辨率采样。人眼对色谱中绿色的波长最敏感，因此对绿色进行全分辨率采样，对红色和蓝色通道进行半分辨率采样，这就是 4∶2∶2。在进行 4∶2∶0 记录时，红色和蓝色通道在半分辨率的前提下每隔一行进行一次交替采样。

图 4.69

在黑暗的房间中，这条裙子的颜色很难被感知。因此它被视为"无关紧要"的信息，甚至可能被丢弃，起码我们的大脑会这样想。

4.26　帧间压缩与帧内压缩

在诸如 DV、DVCPROHD 和 AVC-Intra 等格式中，压缩只作用于帧内，是的，只有帧内压缩。这种独立帧的设计符合我们的下游工作流程，例如基于帧级别的编辑、校色等几乎所有的后期流程。

为了进一步减小文件体积并符合存储要求，AVCHD、HDV 和 DVD 视频等格式在帧内压缩的同时引入了帧间压缩技术。这种压缩格式实现了更高的压缩率，它的最小编码单位不再是帧（帧是胶片等专业格式的最小单位），而是画面组（GOP）。一个画面组通常包括 15 帧，但并不是包含 15 个完整的帧，而是由一个完整的内部帧或内部编码帧（I-frame）及相关的压缩数据构成。在画面组 GOP 中，除了完整的内部编码帧，其他被认为是冗余或者无关的场、帧，或帧片段会被丢弃并不再记录。取而代之的是根据内部编码帧计算出的相关数学信息，这些线索信息可以帮助播放器在回放时重建缺失的帧或位深。

双向预测帧（B帧）和预测帧（P帧）使得长画面组（GOP）得以计算出画面组内的图像内容。在画面组中，通过参考之前的I帧信息、向后预测的P帧，以及双向追踪帧间变化的B帧，I、B、P这三种参考帧共同协作推算图像。

H.264，也被称为AVC（Advanced Video Codec[27]），这种编码可以对整个视频流进行双向预测，在增加压缩率和画面质量的同时也极大地拖慢了编码时间。H.264既可以用于AVCHD摄像机的长GOP画面组，也可以用于像是松下的AVC-Intra这种内部帧。

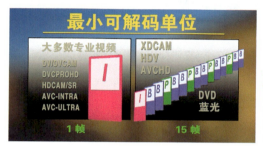

图 4.70

虽然大多数专业视频格式的最小可编码单位都是帧，但像HDV、AVCHD和XDCAM摄像机都配备了以画面组GOP为最小可编码单位的帧间压缩技术。画面组的典型大小是15帧，也就是说平均每半秒只有一个完整的帧！

图 4.71

在这个画面组中，随着行人的进入和离开，背景中的建筑渐渐被遮挡随后又渐渐显露出来，背景建筑显然会被内插值计算。编码过程中生成的线索使得播放设备得以参考画面组中唯一完整的内部编码帧，来重建画面中被丢弃的信息。AVCHD摄像机采用长GOP的H.264编码，实现了文件体积的大幅度减小。

最小解码单位

图 4.72

计算机的最小可解码单位是字节，8位字符序列由键盘上的所有256个键值构成。在专业视频中，最小可解码单位通常是帧。在诸如XDCAM HD/EX、HDV和DVD视频等格式中，最小可解码单位是画面组GOP。大多数非线性编辑系统必须把长GOP格式进行实时解压缩才能进行帧级别的编辑。为了实现这一目的，我们通常需要使用更快的计算机或使用Apple ProRes或Avid DNxHD等中间格式。

---

27 AVC（Advanced Video Codec，高级视频编码）是一种流行的高清压缩编码方案。压缩/解压缩（编解码器）是对数字流媒体进行编码和解码的策略。

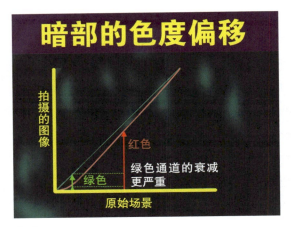

（a）

（b）

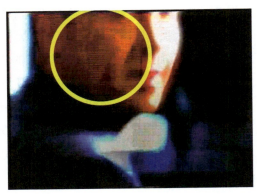

图 4.74

像图中这种马赛克状的压缩失真在暗部会更加明显，因此拍摄者们应该优先检查此类问题。你应该拒绝那些经常出现压缩失真，尤其在面部阴影部分经常出现压缩失真的摄影机。

图 4.73 a,b

在弱光环境下，由于各色彩通道压缩不均匀，有些摄像机的绿色衰减得比红色严重，所以在暗部区域的演员可能显得颜色偏暖。由于白种人的肤色原本就主要呈红色色调，因此这种色彩偏移更容易发生在他们身上。

4.27   选择帧速率

除了特定电视网或客户的要求外，帧速率的选择是故事中一个重要的因素。新闻或体育运动类的素材最好用 30FPS 或 60FPS 进行拍摄，更高的帧速率可以更直接地反映诸如市政厅集会、警匪追逐等突发事件的临场感。30PFS 是拍摄真人秀、企业宣传片和纪录片的理想帧速率，它可以给人一种纯净而现代的感觉[28]。每秒 30 帧的 HD 高清作品可以轻易地下变换到 NTSC[29] 制式或网络上常见的 15FPS 网页视频流。

对于戏剧类的应用而言，24p 的帧速率可以提供一种电影化的、怀旧的抒情感觉。

---

28   对于一般的广播电视网来说，每秒 30 帧的帧速率可以对 60 Hz 的设备提供最佳的兼容性。而在使用 50Hz 作为标准的国家，25FPS 则是标清和高清电视的广播标准。

29   NTSC 是国家（美国）电视标准委员会（National Television Standards Committee）的缩写，该委员会在 1941 年召开会议制定了广播电视的帧速率标准和分辨率标准。虽然最后 525 行 /60 场的标准被采纳为电视标准，但值得欣慰的是至少有位名为 Philco 的委员坚持拥护 800 行 /24 FPS 的标准。NTSC 经常被幽默地称为"颜色永不一样"（Never Twice the Same Color）。这种标准主要被用在美国、加拿大和墨西哥。

24p 通过略不连贯地表现演员轻微的动作，似乎把观众带入了经典的在篝火旁讲故事的人身边。当 24p 画面的第一个镜头闪烁着出现在银幕上时，我们仿佛听到了一个声音："喔，让我给你讲一个故事……"

除了可以提供画面的电影感和增加故事的情绪，24p 的帧速率也为 DVD 或蓝光平台提供了理想的兼容性。24p 几乎是所有后期制作系统的通用格式，故事讲述者可以放心地拍摄 24p、编辑 24p 和输出 24p，他们不会再为 NTSC（或 PAL）制式由于隔行扫描产生的失真或者通过 2∶3（或 2∶2）下拉变换[30] 时产生的编码错误而捶胸顿足了。

4.28   为什么帧频有些不靠谱——是 24p 但又不是 24p

视频领域里有些时候就像现代社会一样会有些不靠谱。就像我们提到 30p 时，其实指的是每秒 29.976 帧的逐行扫描；当我们说 24p 时，我们通常指的是每秒 23.976 帧的逐行扫描；当我们提到 60i 时，我们其实说的是每秒 59.94 帧的隔行场。这种古怪的帧速率源自 20 世纪 50 年代的 NTSC 制式，它可悲地定义了 29.97 的帧速率标准，而不是更合乎逻辑的 30FPS。

你可能还记得当初我们把灯泡在一秒时间调亮再用一秒时间调暗时的那种奇妙的模拟体验。我们清楚其实眼睛当时每秒只能记录 15 张左右的快照，但我们大脑中的处理器通过纠错、并插入"丢失"的帧，最后产生出平滑、连续、模拟的动作感知。

我们大脑的纠错效果在翻看那种连续图像组成的儿童手翻书时尤为明显。如果我们翻得太慢，我们看到的就是一张张独立的快照。但如果我们翻得足够快，大脑就会快速制造出"丢失"的样本并融合出连续的影像。

在 1900 年的早期镍币影院里（译者注：镍币影院是电影业发展初期美国电影院的通称，因入场费只需一枚五分镍币而得名），无声电影的放映速度大约是 16FPS 到 18FPS，这已经高于我们绝大多数人对连续影像的感知，因此这种电影看起来已经是连续的运动，但这种放映速度仍然不够快，还不足以快到消除由于人眼对单帧的视觉残留而产生的闪烁感。跟一个世纪之后电影爱好者们去电影院看闪烁的"怀旧电影感"不同，1900 年的观众对那种让人分神的闪烁可谓是深恶痛绝。

解决这种问题的方法并不是没有，工程师们早就知道可以简单地通过增加影片和放映机的帧速率，每秒钟里把更多的视觉采样提供给观众，就可以有效减少闪烁。但在那个胶

30　术语"下拉"取自在放映机中"下拉"胶片的机械过程。2∶3 下拉变换可以使 24p 的视频在 NTSC 制式的电视上以 30FPS（实际上是 29.97FPS）进行播放，2∶2 下拉变换可以使 24p 的视频在 PAL 制式的电视上以 25FPS 进行播放。因为帧与场融合的缘故，下拉变换后的画面会在进一步编码到 DVD 或蓝光时损失画面锐度。

片昂贵、制片预算不高的年代里，这样做会消耗更多的胶片，从而提高制片成本。因此这种改进并没有实施起来，直到 1928 年声音的出现才让电影帧速率得以提高到 24FPS，因为在有声电影中，更高的帧速率可以提供更好的音频保真度。

当胶片通过放映机时，每一帧画面都会被移动到位于光路上的片窗里并短暂停留，与此同时，遮光板打开，把该帧画面投影到银幕上。随后遮光板继续转动到关闭状态，与此同时下一帧画面被移动到片窗中。这个动作一直快速地重复，利用视觉残留使我们的大脑最终感知到连续的画面。

为了强化视觉残留以减少闪烁感，工程师们让遮光板以两倍速度旋转，如此一来每帧画面实际上被投影了两次。这就意味着以 16FPS 放映的画面，观众们实际上看到了 32 个采样；同样，如今在电影院以 24FPS 放映的画面，观众们实际上看到了 48 个采样。

到了电视时代，降低视音频的闪烁仍然是当务之急。考虑到北美的电源频率为60Hz，以及演播室、摄像机及电视机的同步接受，显然 60FPS 是合理的广播电视标准，同时对每一帧采样两次更能够减少闪烁[31]。

于是工程师们把每帧画面拆分为奇数场和偶数场，创造了等效于每秒 30 帧或每秒 60场的隔行图像格式。这真不错，每秒 30 帧还是个约整数。但后来又发生了什么事呢？

到了 20 世纪 50 年代，彩色电视出现了。工程师们开始不顾一切地设法对市面上保有量巨大的黑白电视提供兼容。他们设法在黑白信号中加入彩色信息，以达到同时兼容黑白电视和彩色电视的目的。但结果却不尽人意：工程师们发现信号中的彩色副载波会对音频信号产生干扰。经过反复的论证和试验，补救的方法只有一个：那就是把视频的帧速率略微降速到 29.97FPS。

这种看似无害的帧速率标准调整至今都是许多视频工作者焦虑和痛苦的根本原因。出来混总是要还的——同步出问题、丢帧、把文件放进 DVD 编码器时报错，反正帧速率或时间码一旦出问题，我们总是第一个怀疑是不是这该死的 29.97/30FPS 引起的。即使进入了 HD 高清时代，如果我们需要为广播电视或 DVD 把项目下变换到 NTSC 或 PAL，我们依然会遇到这些问题。所以，我们将继续因为 NTSC 愚蠢的帧速率后遗症而苦苦挣扎，尤其是在涉及时间码的时候。我稍后会在第八章中详细讨论 NTSC 混乱的时间码系统。

问题难就难在：如果你想在 29.976FPS 标准的 NTSC 上完美兼容 24p 的内容，你的24p 内容最好实际是用 23.976FPS 拍摄的，因为如此一来它们之间每秒差整整 6 帧，在标清中这种相差整数帧的变换还是相当简单的，同时也可以避免在转换过程中造成画面质量的下降。哎……NTSC 古怪的帧率真让人头疼！

---

31   在音频领域，两次采样的原则被称为奈奎斯特定律。在 20 世纪 70 年代，工程师们制定 CD 音频的标准时参考的是听觉未受破坏、对声音十分敏感的小孩子。最后测定出最大感知频率为 22050Hz，工程师们根据奈奎斯特定律把这个数加倍以减少闪烁和混叠，并建立了后来大家所熟悉的 44100Hz 的 CD音频采样标准。

4.29 24p 的种种好处

对于那些对故事片和戏剧类作品有着远大抱负的拍摄者来说，24p 格式的出现是一个重要的里程碑，它能够提供更高的分辨率并使作品看起来更有电影感。在 2002 年之前，对成本敏感的电影制片人会使用 PAL[32] 制 25FPS 拍摄作品，以实现接近逐行拍摄的效果和感觉。这种状况随着松下 DVX100 摄像机的发布而发生了改变，这种摄像机首次实现了在普通 DV 磁带上记录 24p 格式。

用 24p 拍摄 DVD 和蓝光

自 1996 年 DVD 诞生以来，电影制片厂就一直使用原生的 24FPS 格式编码 DVD，原生 24p 的 DVD 可以在 DVD 播放机上直接播放。DVD 播放机在电视上播放时内部可以直接转换 24p 等格式到 NTSC（或 PAL）标清，因此拍摄者可以毫无顾忌地使用 24p 工作流程而无需顾忌 NTSC（或 PAL）的各种严重缺陷，同时使用 24p 压制还可以将文件尺寸直接减小 20%，这对于常常需要把整部影片放进一张 DVD 或蓝光可是一个不小的数字。

图 4.75

每台 DVD 和蓝光播放机在本质上都是 24p 设备。这给了拍摄者一个充分的理由去使用 24p 作为原始拍摄格式。

4.30 现在你能拍摄 24p 了

在过去的十几年里，摄像机厂商为记录 24FPS 设计了很多种不同的方案。跟后来的 P2 固态存储及 AVCCAM 型号类似，松下 DVX100 也能在磁带上以两种模式记录 24p。在标准模式中，图像以每秒 24（实际上是 23.976）帧逐行捕捉，随后通过 2：3 下拉变换转换成每秒 60（实际上是 59.94）场进行记录。记录在磁带或闪存上的内容随后被采集进

32　逐行倒相制式（Phase Alternating Line, PAL）是欧洲乃至世界上大部分使用 50Hz 电网的国家所采用的电视制式，它是 20 世纪 70 年代从 NTSC 制式衍生出来的。PAL 制每秒有 25 帧整，从而不会像 NTSC 制丑陋的 29.97FPS 那样存在缺陷。很多人觉得 PAL 制的 625 线分辨率比 NTSC 制的 525 线多所以更出色，但 NTSC 制却能提供更高的帧 / 场速率。很多专业人士喜欢把 PAL 制戏称为"付出很多"（Pay A Lot）。

NLE[33] 非线性系统，以传统的 60i 时间线进行编辑。

而在另一种 24pA（advanced）高级模式中，从拍摄、编辑制作到最后的输出 DVD、蓝光或硬盘，整个工作流程都是原生的 24p 格式。在这种模式中，摄像机同样以每秒 24 帧捕捉逐行画面，并转换成 60i 记录在磁带或闪存上，但在具体记录时对数据的处理方式却不相同。在这种情况下，素材在 NLE 非线性编辑系统中会删除那些为了以 60i 记录在磁带上和现场监看而临时生成的额外帧，把视频恢复成 24p 格式。

拍摄者和导演在现场回放磁带上用 24pA 模式拍摄的镜头时，一定要记住你们所看到的明显断续和卡顿是由于临时插入的冗余帧造成的，这是完全正常的，别觉得是摄影师没拍好！

图 4.76

每家摄像机厂商处理 24p 的方式都不相同。佳能高深莫测的"24F"格式是通过逐行扫描隔行扫描的图像来实现的——这是多么复杂的任务！有些索尼的 24p 摄像机输出的"24PsF"格式每帧画面由两个相同的（独立分开的）场构成。经过下拉变换的 24p 画面回放起来显得平滑，而 24PsF 回放起来则会显得锐利。

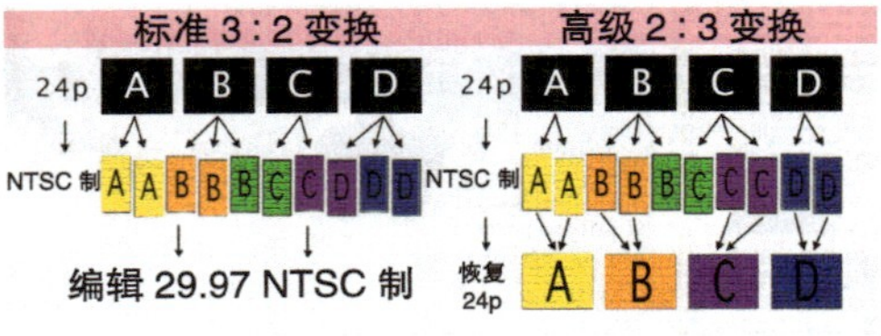

图 4.77

在标准模式中，图像由每秒 23.976 帧的逐行扫描捕捉，然后经过 2:3 下拉变换转换为 29.976 FPS（60i）。这个过程融合了每一帧的第二场或第三场，使画面产生了类似于 24p 的不连贯感。用标准 24p 模式拍摄的视频在 NLE 非线性编辑系统的时间线上跟其他 60i 视频没什么区别。在高级模式下拍摄的画面也是用常规的 24FPS 捕捉的，但不同的是，在进行格式转换时，为了弥补和 29.976FPS 的时间差，会有 6 个整帧作为临时冗余被插入到画面中，这些额外的帧随后会被导入 NLE 非线性编辑系统并被删除，画面恢复成 24p。通过这种方式，拍摄者们可以一直保持 24p 的工作流程，而不必再担心 NTSC 制隔行带来的图像失真，更有利于编码至 DVD、蓝光或数字电影格式。

图 4.78

摆脱了磁带的束缚和胶片在运输保存方面的不便，基于固态存储的摄像机能像胶片摄影机一样记录每个帧的画面。相对于记录 NTSC 制或 PAL 制，在使用 24p 和闪存记录时最多能节省 60% 的存储空间。

33　NLE（nonlinear editor），非线性编辑系统，例如 Avid、Final Cut Pro、Adobe Premiere Pro 和其他许多编辑系统。老式的线性编辑系统只能对顺序排列的图像和声音逐一编辑调整，这会让频繁的修改和编辑工作变得尴尬和低效。

4.31 如果你依然喜欢 SD 标清

喜欢 SD 标清并不意味着你就是个坏人或者不正常。也许 HD 高清真的不适合你。也许你是对 HDV 的高压缩比、6 倍的带宽，或者 AVCHD 的长画面组结构是否会在 NLE 非线性编辑系统的时间线上使画面抽搐等问题持怀疑态度。又或者你没有勇气面对无带化的工作流程，也可能你拍摄的是夜晚中的警匪追逐，SD 标清摄像机可以提供大约两倍于同级别 HD 高清或 HDV 摄像机的低光照敏感度。

图 4.79

在世界上的很多地方，SD 标清仍然在称王称霸。至少在一些非洲国家，HD 高清广播电视的普及最少还需要十几年的时间。

4.32 注意了，落伍者们！

直到不久前，我们的故事还都是用磁带拍摄的，这种看得见摸得着的介质让我们觉得很踏实。我们都知道磁带很好用，即使它有这样那样的缺点，但它足够成熟，我们跟磁带间的关系就像 30 年的老夫老妻。在这段漫长的关系中，当一天结束的时候，我们有时可能会对她（磁带）怨声载道，但吃过晚饭、看过电视、关灯睡觉了，一切的不如意都是美好的。

（b）

（a）

（c）

图 4.80 a,b,c

磁带对于我们来说看得见摸得着，我们甚至能看到其工作时内部的转动。磁带的机械性让我们觉得非常踏实，直到……呃……直到磁带坏了。

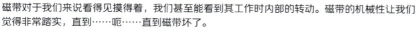

图 4.80 d

我觉得我们已经受够你了，谢谢你。

磁带，磁带，磁带！

图 4.81

"磁带在谁那儿呢？"制片部门的伙计在每天拍摄结束后都会很紧张地问这个问题。即使在使用无带化摄像机时，原始素材的管理和安全仍旧是十分重要的。

4.33　曾几何时

如果把磁带记录拿到现在这个使用蓝色激光和闪存记录的年代，将一条醋酸纤维和钴颗粒做成的磁带拖过一个电磁体似乎看起来是件非常危险、粗鲁的事儿，而且一旦发生结露现象摄像机随时可能停止工作。滚轴和引导柱也可能没有对齐，导致磁带被撕裂或产生折痕，更可能造成大量的数据定位错误及记录异常。磁带边缘的灰尘和碎屑可能会跑到磁带表面上，从而造成灾难性的数据丢失和读取错误[34]。

如今使用磁带的拍摄者们不必再面临如此严峻的情况了，虽然磁头堵塞或偶发的机械故障依然存在，但起码如果我们使用的是高质量的磁带，从边缘漂移到磁带表面的碎屑不会再是个主要威胁了。

DV 磁带的故事

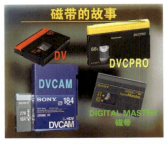

磁带的故事

图 4.82

除了磁带盒和耐用性存在区别，DV、DVCAM 和 DVCPRO 等 DV 格式在画质上没有任何本质的区别。当然，也不要混用不同品牌的磁带，不同制造商在磁带上使用的润滑剂是不同的，混用它们可能会堵塞或腐蚀摄像机的磁头。你最好能自始至终只在一台摄像机上使用单一品牌的磁带。

34　造成这种数据丢失的主要原因是由于磁带表面的灰尘和碎屑使磁头偏离了磁带表面。能造成读取错误的原因有很多，包括磁带老化、磁带磨损、回放用的磁头异常，有时甚至提高的磁带噪声都会覆盖信号从而造成信号丢失。

我们在使用和保存磁带时必须格外谨慎。漫不经心地把磁带扔进肮脏的背包底部纯属是在自找麻烦。在乌烟瘴气的工厂或海风习习的沙滩上拍摄同样容易导致磁带受损，沙子在海风的帮助下可以轻易渗透进磁带收纳盒、磁带外壳，最后损毁磁带本体。

灰尘和其他污染物会极大加速磁带的老化过程。拍摄者们一定要留心那些质保期很短（甚至低至 18 个月）的 MiniDV 磁带，有些制片者做完项目后喜欢把摄像机原始素材从硬盘中删除，仅仅靠磁带作为素材的备份和存档，然而磁带并不是一种可靠的记录介质！

图 4.83

这种摄像机不会绞带子，而且它还提供五年质保！

图 4.84

格式	分辨率	码率	光栅尺寸	宽高比	音频
表 4.2 最主流的 HD、2K 和 4K 格式一览					
HDV	720p/24/25/30/60 1080i/50/60 1080p/24/25/30	19.2 Mbit/s 25 Mbit/s 25 Mbit/s	1440×1080 1280×720	16：9	MPEG-1 L2 PCM MPEG-1 Level 2 MPEG-1 Level 2
AVCHD	720×480 NTSC 720×576 PAL 720p/24/50/60 1080i/24/50/60	< 24 Mbit/s	1440×1080 1920×1080	4：3/16：9 4：3/16：9 16：9 16：9	1-7.1 PCM 1-7.1 PCM 1-5.1 ch. AC3 1-5.1 ch. AC3
AVC-INTRA 100 AVC-ULTRA 200	720p/24/25/50/60 1080i/24/25/50/60	50/100/ 200 Mbit/s	960×720 1280×720 1440×1080 1920×1080	16：9	1-4 ch. PCM
DVCPRO HD	1280×720 1080i/50 1080i/60	40–100 Mbit/s	960×720 1440×1080 1280×1080	16：9	1-4 ch. PCM
XDCAM HD	1080i/50/59.94 1080p/23.98/ 25/29.97	< 35 Mbit/s	1440×1080	16：9	1-4 ch. PCM
XDCAM EX	720p/23.98/25/ 29.97/50 59.94 1080i/50/59.94 1080i/50/59.94 1080p/23.98/ 25/29.97	< 35 Mbit/s	1280×720 1440×1080 1920×1080 （有效） 1920×1080 （有效）	16：9	1-2 ch. PCM

续表 4.2

格式	分辨率	码率	光栅尺寸	宽高比	音频
DVD- 视频	720×480 720×576	< 9.8 Mbit/s		4∶3/16∶9	PCM/AC3/DTS
BLU-RAY 蓝光	720×480 NTSC 720×576 PAL 720p/23.976/24/ 50/59.94 1080/23.976/24/ 50/59.94	< 36 Mbit/s	720×480 720×576 1280×720 1440×1080 1920×1080	4∶3/16∶9 4∶3/16∶9 16∶9 16∶9 16∶9	PCM/AC3/DTS

教学角：思考题

1. 讨论逐行拍摄和隔行拍摄各自的优劣。哪些应用更适合采用 50i 或 60i 进行拍摄？电视直播？广播电视网？

2. 思考对感知分辨率造成影响的因素。分辨率是越高越好吗？在什么条件下更适合使用低分辨率进行拍摄？

3. 思考摄影机的传感器尺寸是如何影响工作流程，以及如何影响你的画面风格的。探索更多景深及更少景深的概念。思考狭窄的对焦范围对艺术创作和实用性的影响。

4. 列举并分析两种提高数字记录质量的主要方式。为什么越高的压缩比越容易增加画面产生噪点和失真的风险？

5. 解释 4∶2∶2 及 4∶2∶0 两种色彩取样方式。相对于 8-bit 系统，使用 10-bit 或 12-bit 的工作流程为什么能极大地改善图像质量？

6. 考虑一下你的下一台摄像机。列举出 8 个你对这台摄像机在性能和操控方面的功能需求。

7. 销售人员已经孜孜不倦地跟我们说了很多年：数字的比模拟的好。你同意这种观点吗？

8. 讨论 XDCAM EX、HDV 这种长 GOP 压缩格式和 ProRes 及 AVC-Intra 这种只使用帧内压缩的格式的优劣。为什么 10-bit 记录系统的性能和工作流程那么出色，可摄像机厂商还在继续推广 8-bit 格式？

9. 为什么 24p 并不是每秒 24 帧？为什么 30p 并不是每秒 30 帧？为什么 60p 并不是每秒 60 帧？究竟是怎么回事？解释的时候要冷静，不要装腔作势或刻薄讽刺。

10. 请列出 10 种你熟悉的摄像机和（或）后期制作系统的编解码器，并指出每种编码器的比特率。这些压缩格式是长 GOP 的，还是只有 I-frame 的？思考压缩的基本原理。编码器是如何判断哪些像素信息是可以被丢弃的？

11. 压缩是不好的。你同意这种观点吗？

12. 最后，讨论一下我们生活的世界是模拟的，还是数字的？为每种观点列举三个例子。

第五章

用数码单反 DSLR 讲故事

5

数码单反 DSLR 真正可以用作严肃的拍摄工作，这对几乎每个人来说都是一个惊喜。但其并不适用于长镜头或纪实素材的拍摄。只有在新闻通讯社不再想为单一事件同时派出图片摄影师和视频摄像师时，DSLR 才有可能作为主力设备出现在相关题材中。

专业拍摄者如今必须对 DSLR 另眼相看了，尽管从感觉和操作等很多方面看，它并不像是一台真正的摄像机，但 DSLR 作为一种替代摄像机的严肃创作工具，已经开始出现在很多拍摄者迅速进化的工具包里了。

图 5.1

形形色色的拍摄者都可以把数码单反 DSLR 作为严肃的创作工具使用。图为我使用一台佳能 5D 数码单反为影片《月升王国》[1]（2012）拍摄网络演示片。

图 5.2

如今，数码单反 DSLR 已经从形状和功能上深深地影响了摄影机。大尺寸的摄影机诸如松下 AF、RED Epic 和佳能 EOS 等长得都很像数码单反。

5.1 性能的问题

我们都知道，数码单反可以拍出非常精彩的视频图像。我们也知道，数码单反同样可能拍出惨不忍睹的业余视频影像。事实上，如果你能把图像控制在数码单反狭窄的动态范围和有限的色域内，你拍出来的画面就差不了，甚至会很好。但如果你在过于黑暗的夜晚或极其明亮的大白天拍摄，你就要小心了，因为劣质的图像可能已经离你不远了。

数码单反降低的采样率本身并不会造成图像劣化，但它确实会增加图像劣化的风险，

1　Anderson, W.（制片人 & 导演），Bush, E.（制片人），Cooper, M.（制片人），Dawson, J.（制片人），Hoffman, S.（制片人），Peissel, O.（制片人），Yacoub, L.（制片人）等，美国 Indian Paintbrush 影业 2012 年出品的影片《月升王国》（*Moonrise Kingdom*）。

图 5.3

在有经验的拍摄者手里，数码单反 DSLR 可以拍摄出非凡的、令人惊艳的图像。就像这幅克里斯·摩根导演的坦桑尼亚电影《不会飞的女孩》（*The Girl Who Could Not Fly*）中的画面一样。

容易使图像模糊或裁切、损失对比度，或增加暗部的噪点。如果你能认识到它的这些不足，能很好地控制这些风险，并能熟悉它的操作和性能，那么数码单反 DSLR 出众的经济性和其提供的电影级拍摄能力便值得你对它敞开怀抱。

5.2 它并不是摄像机

数码单反 DSLR 被设计用来获取最好的静止图像。它从没想过自己还能捕捉卓越的音频和视频（起码在最开始是这样）。事实上，数码单反和专业摄像机的价格差距很大，这使得数码单反不得不在摄像功能上做出妥协和限制。

图 5.4 a,b

哪种摄影机对你更有意义？数码单反 DSLR 价格低廉、有大量的镜头可以选用，传感器也更大。但它也容易过热，变焦也不是真正的变焦且缺乏伺服控制，CF 存储卡的针脚也容易弯曲甚至损坏，更没有适当的音频功能和相关专业接口，并且普遍缺乏对时间码和全幅 HDMI 监看的支持。

（a）

（b）

图 5.5

一台真正的摄像机（a），它的散热器会直接让热量远离传感器。为了减少传感器过热产生的噪点，没有适当散热器或其他散热系统的数码单反 DSLR 只能限制处理器的负荷。照相机的体积和形状决定了它无法安装高效的温度控制系统，从而限制了它的连续工作能力。

5.3 不只是低光照能力

拥有大像素的数码单反 DSLR 获取低光照能力的方式跟拥有大颗粒溴化银的高速胶片一致，甚至其比胶片的感光剂更容易被触发。佳能 5D 的传感器面积是传统 35 毫米 –4 片孔电影胶片的两倍，这个更大的传感器尺寸有它的好处，同时也有它的局限性。

图 5.6

如果我们只使用数码单反的部分传感器或通过裁切取景来拍摄 1920×1080 的高清视频，就失去了使用高像素传感器的意义。

图 5.8

尼康 D800 是第一批装备 OLPF 低通滤镜的专业数码单反之一。该滤波器安装在传感器前面，通过吸收紫外光和红外光来消除摩尔纹。低通滤镜的使用一直存在争议，因为它会降低画面的视觉分辨率。低通滤镜不同于普通的柔光镜，它只会影响那些极细微的细节而已。

图 5.7

数码单反相机通常被设计用来拍摄最锐利的静态影像，所以很多都没有装备光学低通滤镜（OLPF）。这可能导致在拍摄视频时出现严重的摩尔纹等失真。

5.4　负荷削减

　　如果你准备用数码单反相机拍摄视频，那么你首先需要了解数码单反相机的一些问题。数码单反的传感器光栅面积很大，会给图像储存带来巨大的压力，因此它被设计使用低数据负荷进行工作。但如此一来，它必须忽略大量的采样，并使用跳行的方式记录，或利用糟糕的长 GOP 压缩算法，这样可拍不出优秀的画质。

　　最重要的一点是你必须对数码单反 DSLR 狭窄的动态范围有充分的认识。这意味着你需要避免如有明亮窗户的室内场景，或暗部细节很多的夜景，以及其他高光比的日景和夜景。

图 5.9

控制热量可以有效地减少成像的噪点，为了达到这一目的，数码单反在拍摄视频时会想尽办法减少处理器的负荷。更先进的数码单反会使用更优化的算法来减轻数据负荷。

图 5.10

在低光照环境中，数码单反 DSLR
因为其高压缩率，极易在暗部产生图
中那样的斑点状失真。

图 5.11

《勇者行动》（2012）。这是一部由数码单反拍摄的电影，电
影 1200 万美元预算中的很大一部分都用在了改善数码单反所
拍摄图像的缺陷和其糟糕的工作流程上了。

图 5.12

数码单反拍摄者想尽一切方法为暗部补光，以
求增加暗部细节和减少噪点。使用镜子和反光
板就非常有效。在拍摄特写时也可以用机上
LED 照明灯或环形灯为演员的面部阴影补光。

　　数码单反拍摄者必须采取一些独特的手段来减少暗部在画面中的比例。除了常规的使
用镜子或反光板补光外，我还用过 Tiffen Soft FX 或 Schneider Digicon 等滤镜来减少暗部
在图像曲线中的比重。

　　由于许多数码单反相机使用臭名昭著的"跳行记录"策略，因此这些机器拍摄的画面
普遍垂直分辨率低下。在高细节场景使用这些机器倾斜拍摄时必须格外小心谨慎，因为跳
行策略很容易导致锯齿失真，在大银幕上放映时会格外明显。

请记住，使用削减负荷策略的廉价单反相机其实只是一种成本转移，因为伴随着廉价数码单反的成像缺陷，你经常需要在后期制作中投入更多的成本。以 2012 年的影片《勇者行动》为例，这部影片主要使用佳能 5D 进行拍摄，在拍摄设备上节省了大笔预算，但在后期制作中，为了解决高压缩比图像失真、图像噪点、帧速率转换、焦点和其他棘手的问题，又把省下的这些钱搭进去了。

图 5.13

数码单反相机本身没有足够的处理能力拍摄 24FPS 的 RAW 原始数据，即使外接设备也不行。捕捉 1080P 高清的 RAW 大致需要 3600 万像素的传感器，而典型的数码单反相机拍摄 1080P 的像素只有这个数字的 1/18。

5.5 参数设置

正确的参数设置可以帮助拍摄者在使用数码单反 DSLR 时获取最大性能，并尽量规避其潜在成像缺陷。首先，使用手动操作是必须的，而且事实上大多数数码单反相机都把电影（视频）模式的参数链接到"M"手动挡的参数上。1/50 秒或 1/60 秒的慢速快门对于给图像增加动态模糊至关重要。记得要在逐行模式进行拍摄，我们并不拖欠隔行模式什么，使用效果模糊的隔行模式对我们没有任何好处。

原生 ISO 160 一直是大部分典型数码单反相机的默认值。随着佳能、尼康等新型号相机的问世，拍摄者们的可用曝光又多了两挡，也就是说原生 ISO 640 渐渐成了主流。使用低于"原生 ISO"的感光度拍摄时，可能会不必要地加深暗部和得到过低的黑电平。因此当你需要比原生 ISO 更低的曝光、又不方便调节其他参数时，还是加块中密度灰镜吧。

使用中性图像预设（Neutral Picture Profile），有些厂商可能会叫其他的名字。这样做是为了让原始图像的曲线尽量平缓，并在原始图像中保留尽可能多的暗部细节和灰阶过渡。佳能

图 5.14

图中的参数为使用佳能 5D 拍摄视频时的典型配置。后来的包括佳能 6D 在内的新型号拥有更丰富的手动设置选项，如手动控制音频电平、曝光以及其他关键参数。

图 5.15

强化焦内物体的边缘需要用到数码单反 DSLR 的大量处理能力。把锐度降到 0 可以大幅度减轻数码单反 DSLR 的噪点和过热问题。左面的图像看起来更加原生。注意：在小屏幕的移动设备上播放时，右边那种锐化过的硬边可能看起来更好。

相机中的中性图像预设（Neutral Picture Profile）在松下的机型中叫做 CINELIKE–V 设置，这种模式通过拍摄低对比度图像尽可能地保留灰阶细节，以保证在后期制作中提供最大的灵活性。

把锐度调整到 0（但不是关闭）可以捕捉到更有味道、更原生的图像，同时还能大大降低数码单反 DSLR 的处理负荷。机内锐化会明显加大处理器的编解码压力，摄像机会尽可能地保留并强化边缘，有限数据流中的错误细节很可能比实际细节还多。而且机内锐化算法往往也不像 Adobe After Effects、Boris FX 等后期软件采用的通用锐化算法效果好、效率高。

说到这儿，后期的锐化和对比度调整必须根据影片交付的终端来考虑。DVD、蓝光、移动设备和互联网对图像的锐化程度都有不同的要求，特别是锐化后需要进行缩放的话就更是如此。拍摄时把机内运算都降低，在后期制作时再进行优化。这句话对于数码单反 DSLR 拍摄者来说是一句不错的口头禅。

5.6   果冻效应

由卷帘快门导致的果冻效应是数码单反 DSLR 的一个主要缺点。我在第四章从传感器的角度讨论过这种现象。在大多数数码单反 DSLR 的数字传感器上，像素从上到下逐行进行扫描，这个过程中形成的时间差，会导致在平移或跟踪拍摄时图像中的垂直元素产生不自然的倾斜。[2]

图 5.16

一旦你开始对卷帘快门变得敏感，就再也没法无视它们了。你注定难逃此劫。那些倾斜的竖线会把你逼疯的。

这种情况不只限于发生在摄影机平移的情况下。当摄影机快速运动时，任何建筑物或墙壁都有可能出现扭曲。这种果冻效应在森林里并不明显，因为观众很难看清楚运动中大量的树和树叶的形状。然而跟拍一名演员穿过狭窄的城市街道或以演员的视角穿过办公室

---

2   索尼公司在 2013 年推出了采用超级 35 毫米 CMOS 传感器和全局快门的 PMW-F55 机型。果冻效应会就此终结吗？它会是摄影机新物种诞生的预兆吗？让我们拭目以待吧。

走廊时，墙壁或立柱会突然出现波浪般的扭曲，就像喝醉了酒的水手一样。最糟糕的情况是扭曲出现在演员的面部，尤其是女演员的面部。这种令人作呕的图像扭曲对于拍摄者的职业生涯来说，可谓有百害而无一利，因为没几个人知道这是由于摄影机的先天缺陷造成的！

5.7 浅景深：是好事还是坏事？

几十年来，拍摄者们一直选择使用焦点来引导观众们的注意力。然而，过浅的景深也可能给画面创作带来困扰，例如你想给演员来个特写，却发现景深太浅，演员的鼻子是实的，眼睛却是虚的。

图 5.18

演唱会、体育比赛或者野生动物等题材更适合小传感器的摄像机，因为它们的景深足够大，基本不会出现对焦困难的问题。

图 5.17

预算不够搭景或者负担不起合适的拍摄场地？数码单反 DSLR 的浅景深可以把背景虚化，让观众把注意力都集中在前景中。

图 5.19

图为奥逊·威尔斯的影片《公民凯恩》（1941）中著名的利用深焦大景深拍摄的场景。数码单反 DSLR 拍摄者应该牢记，当前浅景深最大的优势就是它看起来很时髦。

全画幅传感器的尺寸用胶片时代的标准衡量就是 8 孔胶片，它在使用标准镜头[3] 时能够拍摄出非常浅的景深。数码单反拍摄者在开阔场景进行拍摄时经常会很难找到焦点，这时他（她）们一般会通过降低光圈来获得更大的景深和额外的画面锐度。

3　全画幅单反的标准镜头焦距为 50mm。1/3 英寸摄录一体机的标准镜头是 7mm。镜头的焦距越短，景深就越大。这很简单，详见第六章。

图 5.20

尽管在使用数码单反时有大量的镜头可供使用。但其中的绝大多数镜头都是为了拍摄静止图像而设计的，并不适合拍摄视频影像。详见第六章。

当然，更小的光圈需要更多额外的照明。看到了吗？使用大尺寸传感器拍摄时，拍摄者们做出种种妥协，为的只是能够用足够的景深进行常规拍摄工作。

在审美上，全画幅浅景深的画面可能会显得不太自然。因为几十年来，观众们已经习惯了传统 4 孔35mm 影片的画面感觉，全画幅数码单反相当于 8 孔35mm 的画面可能会让观众感觉不适，甚至可能疏远传统的大银幕电影观众。基于这些原因，Super 35 或Micro 4/3 尺寸的传感器可能更适合用于电影长片的拍摄，这些传感器在成像面积足够大的前提下，依然能够提供更为合理及实用的景深。另一方面，如果你正在拍摄一个关于睫毛的项目，那么你可能非常适合使用景深极浅的全画幅数码单反 DSLR。

5.8　操控方面的挑战

每台摄像机在设计时都会对操作性做出妥协，数码单反也是一样。但由于摄像机在设计之初就是用来拍摄视频影像的，所以它在人体工程学、对焦、音频连接和工作流程等方面要优于绝大多数数码单反。

图 5.21

数码单反 DSLR 粗笨的外壳要用特殊的肩架才能容纳。图中这套设备曾被用来拍摄流行美剧《豪斯医生》在 2010 年第七季中的压轴剧集。

图 5.22

作为一名拍摄者，我们经常需要面对各种极具挑战的恶劣环境。最好的数码单反 DSLR 通常配备有防雨、防雪或防沙粒的保护装置。

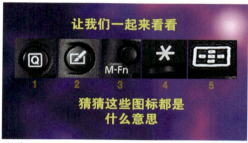

图 5.23 a,b

天呐。数码单反 DSLR 上布满了小小的按键和各种神秘的图标！数码单反对操控的布局仍有很多值得商榷的地方。

图 5.24 a,b

噢，天呐，更多的按键，而且还有很多是又小又软的按键。你说跟焦点？对焦环才勉强覆盖了大约 1/8 的镜头面积。作为解决方案，使用图（b）中的外置跟焦环可以在变焦和跟焦工作中提供更精密、更顺手的操作体验。

图 5.25

想要在镜头中推拉变焦？数码单反 DSLR 的变焦镜头在推拉变焦时并不是真正的变焦。它在每次改变焦距后都必须重新对焦。

5.9　监看与回放

　　在明亮的日光下，数码单反 DSLR 的内置液晶屏幕很可能会反光，很难看清楚内容。基于这个原因，拍摄者在使用数码单反进行拍摄时通常会通过 HDMI 接口外接额外的监视器进行监看和回放。在某些型号的数码单反中，视频输出接口的功能并不完备，无法输出全尺寸的监看图像。

　　幸运的是，最新的数码单反 DSLR 已经改变了这种情况，它们已经可以全光栅输出

1920×1080 的高清信号。尽管 HDMI 有很多不同版本 [4]，但如今的数码单反已经可以在各种情况下实现 HD 高清监看了。

图 5.26

在数码单反 DSLR 的小液晶屏上看回放的体验非常糟糕，尤其是在白天。在使用数码单反进行拍摄时，专用的外接高分辨率监视器是必不可少的。

全光栅显示

图 5.27

最新型的数码单反 DSLR 可以在外接监视器上实现全光栅 HD 高清视频输出。

5.10 声音功能不健全

音频部分是绝大多数数码单反 DSLR 的软肋。大部分型号的数码单反不能进行声音电平的手动控制，前级放大器和限幅也都很原始，其装备的可怜的 1/8 英寸（3.5mm）麦克风输入接口也很容易发生故障。对于大多数拍摄者来说，想使用数码单反 DSLR 完成对音频的记录是不现实的。这就意味着拍摄工作必须使用双系统录音，也就是说必须使用一套额外的 Zoom 或 Tascam 系统来记录声音。与视频部分分离的声音，可以在后期制作中通过 PluralEyes 等插件与机内记录的音轨进行比对分析和同步。

未经锁定音频的烂摊子

在专业摄像机中，音频都是通过时间码与图像同步锁定的。但在数码单反 DSLR 中，由于成本和负载管理等原因，一般会允许图像与声音出现偏移。偏移量根据数码单反 DSLR 的型号不同也不尽相同。这个漂移量也会根据所拍镜头的长度有所不同，通常不会超过 1 帧或 2 帧。有些数码单反拍摄者会在一天的工作开始之前进行基准测试，以确定当天的漂移量。因为即使后期进行声音对齐，软件参考的对象也还是数码单反的机内音频，因此机内音频的同步就显得尤为重要。如果机内视频的音频不同步，那么无论 PluralEyes 等插件多优秀、多准确都是徒劳的。

---

4 截至 2013 年，HDMI 一共经历了六个不同的版本。HDMI 以太网通道、音频回传通道、3D 立体功能、支持 4K×2K 分辨率、车用 HDMI 规格。以上这些仅仅是 HDMI 1.4 版本新加入的功能。下一个 HDMI 2.0 版本将会支持 4K 分辨率的 60FPS 图像。敬请期待。

如果在拍摄时使用双系统进行录音，那么最好能让两个系统同时开机和同时停机。尽管在某些情况下特别是在拍摄纪录片时，这种拍法可能不太现实，但尽量做到同时开关机可以保证获取到几乎等量的视频和音频素材。这会使得组织管理素材或后期编辑工作更为高效和有序。

说到与录音师协同工作，我们要注意，当导演喊停、视频记录设备停机时，一定要确保录音师按的是"STOP"停机按钮，而不是"PAUSE"暂停按钮。因为只有使用"STOP"停机时，录音机才会创建一个新的文件。尽量与视频一致的文件数会让 PluralEyes 等后期插件在做自动同步工作时节约大量的时间。

图 5.28

优秀的声音会让画面看起来更好。在拍摄时尽量绕过孱弱的机内板载音频，转而使用外置式录音机。图为数码单反 DSLR 上弱小的 1/8 英寸微型麦克风接口。

为拍摄的文件加入文件名前缀是大多数拍摄者都懒得做的事情，但这么做确实对管理文档和编辑剪辑工作有很大帮助。给文件名加入时间日期前缀可以确保每个场景的文件都有独特且唯一的文件名。这样做可以避免每天拍摄的素材文件名都一样，那样的话就太混乱了。

拍摄者在使用独立录音的双系统拍摄 24 FPS 时要格外小心。不同的摄像机在音画同步时对录音系统的录音速度有着不同的要求。较新的数码单反 DSLR 通常会指定要求 23.976 FPS 或 29.976 FPS。这部分内容在第一天拍摄前的测试中至关重要。在这个问题上，谁都不喜欢惊喜，但使用数码单反 DSLR 和独立录音的双系统却非常喜欢在这上面出问题。

还有一个非常实际的问题，就是在拍摄每个镜头时，在头、尾都要打板并记录参考声，并确认你把它们都拍下来了，这在后期进行非线性编辑和素材存档时都是非常重要的参考。我将在第十二章中具体讲解使用双系统拍摄的要点。

（b）

（a）　　　　　　　（c）

图 5.29 a,b,c

想要把音频记录在独立录音机上？（a）确认你使用的是 48 kHz 的 .wav 或 .aif 文件格式，并在摄像机机内记录了参考声。你需要一个场记板（b）或其他参考物体，以便在后期非线性编辑系统中进行图像和声音的对齐。一些入门级的拍摄者会使用拍手或者蹦跳等动作来协助音画同步。

图 5.30

在使用视频和录音双系统进行拍摄时，我们可能会遇到 1 ~ 2 帧的同步偏移，具体偏移量取决于镜头长度。如果拍摄时间超过 30 分钟，音画偏移量可能在 3 帧以上。

串联到摄像机上

图 5.31

为了防止出现同步问题，我们也可以把外接录音机串联在摄像机的麦克风接口上。虽然这样做可以解决音画同步问题，但由于录音机输出电平与摄像机输入电平不匹配，可能会因为音量过大导致音频失真，这时候我们需要用到 25dB 的音频衰减器。图中这种三通音频衰减线还可以额外连接一个监听耳机！

图 5.32

在用长镜头拍摄表演者时，每相距 14 米（45 英尺），音频会比画面滞后 1 帧。这种音画不同步有别于数码单反固有的机内不同步，是单独存在的。

5.11　开始工作

随着每一代数码单反 DSLR 的发布，它们变得越来越复杂，视频功能也越来越丰富，如加入了手动音频电平控制、手动曝光、手动快门和其他关键的图像设置参数。与此同时，包括数码单反 DSLR 在内的摄像机也正变得越来越 IT 化，例如支持通过有线或无线进行参数设置、拍摄操作和视频流传输等功能。这一趋势正驱使着更多支持 WiFi 功能的专业摄像机进入市场。

数码单反 DSLR 已经深刻地影响了世界媒体。这种摄像机便携不起眼、售价低廉、能捕捉优秀的画面并把它们第一时间传播到世界各地，它再一次赋予了拍摄者巨大的力量。同时，我们面临的挑战也比以往任何时候都更严峻，我们必须活用、巧用这种力量。

图 5.33

数码单反 DSLR 很容易集成到我们日常使用的基于文件的系统中。

图 5.34

用软件就可以方便地在笔记本电脑或 iPad 上进行参数设置和操作拍摄，还能直观地组织文件和目录，并管理代理文件和脚本注释。

图 5.35

数码单反 DSLR 的时间码管理仍然要用到诸如 PluralEyes 这类音画同步工具。

图 5.36

这种微型 4/3 英寸数码单镜头无反（微单）相机可以记录 1080p 50 或 60FPS，码率 72 Mbit/s 的帧内压缩视频。这听起来很合我的口味！

图 5.37

数码单反可以进入到一些专业视频摄像机不愿涉足的地方。图为在孟加拉国首都达卡，联合国开发计划署的 Mahtab Haider 利用一台被围巾包裹的数码单反进行拍摄。从开罗的塔利尔广场到纽约的时代广场，保持低调的拍摄通常都是成功的关键。

图 5.38

数码单反 DSLR 已经改变了故事的讲述方式和故事该由谁来讲。在这种新的秩序中，数以千万的潜在观众才刚刚开始走进焦点之中。

教学角：思考题

1. 列举三个数码单反 DSLR 对正统视频摄影机设计产生的影响。除了性能和操作方面的问题，还要考虑工作流程方面。

2. 许多数码单反拍摄者喜欢浅景深。分别从故事讲述者和摄影机操作者的角度分析，浅景深对于拍摄者来说有哪些利和弊？

3. 数码单反 DSLR 对于你要讲的那些故事来说是否"足够好"？列举五个可能会影响你在下一个项目中使用数码单反 DSLR 的要素。

4. 讨论三个使用数码单反 DSLR 拍摄故事片时需要特别关注的方面。相同的注意事项是否同样适用于用数码单反拍摄纪录片？

5. 在后期进行诸如锐化、细节提升和对比度调整等图像优化的优势是什么？

6. 描述使用数码单反 DSLR 和独立录音机组成的的双系统进行拍摄的流程。

7. 光学取景器是数码单反 DSLR 的一大优势，它能帮助拍摄者更好地布光和布置场景。除了成本之外，电子取景器还有什么可取之处？

8. 你最后弄明白图 5.23（b）中那些印着神秘图标的按钮是干嘛用的了吗？

观察世界的窗口

摄影机的镜头就是你观察世界的窗口，同时也是你讲述视觉故事的窗口，你故事里的所有元素都必须流经这个窗口。无论你如何擦拭它，锐化它，或是给加上滤镜，镜头本身的光学素质对于你能否成为一名成功的故事讲述者都是至关重要的。

观众们并不关心你使用的镜头的光学素质，也不关心你的摄影机上印着哪家的商标或者你使用了什么记录格式和压缩算法，或者你是记录到磁带上、光盘上，还是硬盘驱动器上。镜头的光学素质对于记录的图像的优劣起着决定性的作用。亲爱的拍摄者们，镜头正是你们的故事显得上档次和你们获得成功的关键。

在第三章中，我们已经见识了镜头的焦距是如何增进或削弱故事的表现力的。长焦镜头可以压缩屏幕里的空间，能显著增加人群规模，甚至能通过拍摄画面中有前后关系的人来创造出人群。短焦距或广角镜头的作用则正好相反，它可以让离镜头近的物体显得更近、让背景显得更远，从而达到扩大场景范围的作用。由于这些原因，广角镜头被广泛应用于景观和风景拍摄。在极限运动的拍摄中，使用广角镜头可以让穿过镜头的对象更具视觉冲击力。

鱼眼镜头长久以来都是滑板人群的挚爱。其超宽的透视能创造出重度失真，从而夸大滑板玩家的跳跃高度、滑行速度及动态表现——这正是拍摄滑板运动的故事讲述者所需要的效果。短焦距镜头还可以帮助手持摄像机把振动控制在最小，尤其是把摄像机安装在冲浪板头上拍摄极限运动，或把摄像机安装在摩托车车把上拍摄摩托车越野赛的时候。

图 6.1

极端的"鱼眼"镜头会进一步夸大对象接近摄影机时的速度与动态。Century Xtreme 的这枚鱼眼镜头可以提供接近 180° 的视野范围。

（a）

（b）

图 6.2 a,b

我的儿子在威尼斯迷路了。广角（a）里背景的标志性城市景观交代了我儿子迷路的位置。长焦（b）把他从背景中分离出来，表现他迷失在一个陌生城市里的孤立感。哪个故事是正确的？作为讲故事的人，你对镜头焦距的选择要能恰如其分地反映出主角的精神状态和视角。

6.1 控制画面空间

对画面空间的精确控制对于有效的故事讲述非常重要。为了充分地理解故事，观众们必须了解场景的地理环境、表演者的位置和其与镜头之间的相对关系，以及表演者的运动方向。使用长焦镜头可以让追逐者看起来更近，让汽车爆炸看起来更可怕，让车门在自行车前打开显得更危险。使用广角镜头则可以扩展空间，把物体推进场景中，从而减少上面这些危险的感觉。

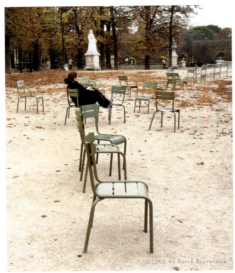

（a）

（b）

图 6.3 a,b

使用广角拍摄的空旷的巴黎公园（a）和荒凉的城市街道夜景（b）。

图 6.5

长焦镜头把这个高耸的广告牌和洛杉矶的街景有机地压缩在了同一个空间里。

图 6.4

在圣马可广场，长焦镜头的视角似乎让女孩儿和鸽子分享了同一个空间。

图 6.6

压缩画面空间可以增加影片的张力和戏剧性。图为罗伯特·德尼罗在影片《盗火线》（*HEAT*，1995）中。

6.2　是否需要讨好拍摄对象

这不仅仅是随意拍摄一个特写镜头那么简单，因为在近距离用广角镜头和在远处用长焦镜头虽然都能拍摄特写，两种方法拍摄的特写中的人物在画面中的比例也都差不多，但在叙事上却有着很大的区别。广角镜头拍摄的特写会让演员的面部显得夸张，但如果故事在叙事上不允许演员的面部被夸张处理，那么相对短的长焦镜头就最合适，这种镜头在距离演员 6 ~ 8 英尺（1.5 ~ 2.5 米）时拍摄的特写镜头可以达到美化演员容貌的目的。

图 6.7

新手们可能喜欢图中这种极具冲击力的特写效果，但你拍摄的这个自恋的演员可能会因此恨你一辈子。使用广角镜头拍摄特写会让演员的面部特征出现怪异的扭曲和夸张。

图 6.8

大长焦镜头会把演员的鼻子、耳朵等五官都不自然地压缩在同一个平面上，这通常会破坏我们试图在影片和观众之间建立的亲切感。图中是影片《窈窕淑男》[1]中的标志性场景，达斯汀·霍夫曼扮扮成女人出现在人群中。1000mm 超长镜头所提供的平面化效果让这个著名的场景变得尤为深刻。

图 6.9

小长焦镜头或人像镜头在拍摄人物特写时可以提供如绘画般的平面透视，从而起到美颜的作用。

6.3　把创作工具用到极致

就像小提琴家会尽可能地利用整张琴弓来表达和抒情一样，作为拍摄者的我们也应该

1　Pollack, S.（制片人 & 导演），Evans, C.（制片人），Richards, D.（制片人），& Schwary, R. L.（制片人），美国哥伦比亚影业 1982 年出品的影片《窈窕淑男》（*Tootsie*）。

充分利用拍摄工具的所有功能和特点来进行创作。在拍摄纪录片时，我通常会先用变焦镜头的广角端拍摄场景全景、人物关系和一些必要的动作，然后把镜头推上去捕捉各种与故事发展相关的细节和特写镜头。

在大多数情况下，我所指的并不是真正的推拉变焦拍摄！变焦镜头最大的优势其实是能够快速地变焦、重新构图，而不必停机重新寻找机位或其他可能干扰拍摄的行为。

拍摄者在选购新摄影机时，应该找那些镜头广角端足够用的型号。很多新型摄像机上集成的镜头的广角端视野太窄，根本不够广。在 1/3 英寸画幅的摄像机上，镜头广角端至少得有 4.5mm 的焦距，也就是等效 35mm 全画幅的 28mm 广角焦距，如此才能提供基本够用的广角视野范围。

如果你摄像机镜头的广角端不够广，你还可以考虑附加一个广角镜，广角镜能增加 30% ~ 40% 的视野覆盖范围。在实际使用中，不同广角镜的光学质量存在很大不同。有的广角镜允许全段变焦或部分变焦，有的则不支持。有的广角镜会形成鱼眼镜头般夸张的桶形畸变，有的则不会。具体使用哪种广角镜取决于故事的需要，只有作为故事讲述者的你才能做出这个决定。

图 6.10

活用广角和长焦镜头可以更高效地把观众带入到故事中来。图中的画面是使用 22 倍变焦的松下 HPX250 摄像机拍摄的。

（a）

（b）

图 6.11 a,b

广角镜配上大型镜头会明显增加摄像机前部的重量以及遮光斗和滤镜的安装难度。不想这么麻烦的话，就换一个外观紧凑且内置镜头的广角端够用的摄像机吧。

6.4 推拉变焦拍摄

镜头有足够的广角覆盖范围是必要的，这个道理同样也适用于长焦端，它可以为广角端提供完美的补充。视野从 28mm 到 616mm 的瞬间变窄（图 6.10）可以给观众们带来真切的，甚至激动人心的体验。

变焦镜头在拍摄者需要快速重新构图时是个非常了不起和非常有价值的创作工具，例如在拍摄访谈时，在记者的两个提问之间。在拍摄纪录片等无法预测环境的题材中，我们需要经常重新取景来保证画面构图良好，或把不小心进入画面的吊杆麦克风等"不速之客"排除在画框之外。

灵活地使用变焦拍摄对于很多拍摄者来说并不简单，但这是一门学问，值得花些工夫去学习。如果你只在故事最需要推拉镜头的时候推拉镜头，那么你已经成为了一名更出色的拍摄者。推拉镜头的目的是强调，是的，强调画面中的一个点或者表现一个忏悔的连环杀人犯，总之要记住，推拉镜头主要用来表现故事的情绪或观点。推拉镜头看起来是非常不自然的（相对于在摄影推车上推拉镜头），变焦镜头的光学小把戏会分散观众的注意力。这在有些情况下可行，但在有些情况下不可行。再次强调，故事才是我们的指路明灯。透过摄影机镜头，我们必须看到和感受到每一个根据故事需要而做出的创意决定。

图 6.12

在同一场景的镜头衔接上，除非是故事情节或演员视角需要，否则硬切镜头永远要比推拉镜头好。

表 6.1 主流 HD 高清摄像机的变焦范围	
有些厂商标称的光学变焦范围存在水分，值得进一步推敲	
Canon HF11	12X
Canon XH–A1s	20X
Canon XL–H1s	20X
Canon XF305	18X
JVC GY-HD200B（配套镜头）	16X
JVC GY-HD250（配套镜头）	16X
JVC GY-HM100	10X
JVC GY-HM710（配套镜头）	17X
Panasonic AG-HMC40	12X

续表 6.1	
有些厂商标称的光学变焦范围存在水分，值得进一步推敲	
Panasonic AG-AC90	12X
Panasonic AG-HVX200A	13X
Panasonic AG-HPX250	22X
Panasonic AG-HPX370（配套镜头）	17X
Sony HVR-A1	10X
Sony HVR-Z5	20X
Sony PMW-EX1	14X
Sony PMW-EX3（配套镜头）	14X

6.5　警惕可疑的标称值

　　就像我们大多数人不会只看发动机马力就买车一样，我们在选择摄像机时也不能只看厂家标称的最大像素数、最低照度值[2]，或最大变焦范围。那么镜头的变焦范围到底能达到多少呢？12X？15X？22X? 事实上，如果我们或者制造商不考虑镜头的光学性能和图像质量的话，任何镜头都可以做成 50X 以上的变焦。只要在镜头的变焦环上稍作改变，瞧！我们就突然有了一个足够去参加下一届 NAB 展会的超级变焦镜头！

　　有着过于乐观的变焦范围的镜头通常对操作者的手艺要求更高，同时在最大焦距的光学性能也比较差。其拍摄出来的缺乏足够色彩和对比度的画面在整个故事中会显得非常突兀，甚至会破坏整个视觉故事的流畅性。

图 6.13

如果不考虑光学性能，摄像机镜头上的光学变焦范围可以做成任何值。图中这台索尼摄像机的 12X 光学变焦，对我来说能用的焦段顶多到 6X。

图 6.14

长焦端图像进光量和对比度的损失现象，在越廉价的变焦镜头上越明显。

2　目前还没有一种能衡量摄像机最低照度的通用方法。要警惕那些不考虑摄像机在极限低光照环境性能的标称值（通常是 lux）。

你好，我是镜头，你想从我这得到什么？

理想中的镜头应该是对焦速度快、重量轻，而且价格低廉的。但一般情况下，对焦速度越快、变焦范围越大的镜头体积也一定也越庞大。制造精密的镜片需要熟练的技师花大量的时间手工抛光，因此造价势必高昂。

现在给你个机会问镜头几个问题。

图 6.15

无论你怎么擦，差镜头都好不到哪去，而好镜头却都不便宜！

- 你的视角足够广吗？

  你应该尽量不选择广角端视野不够宽广的镜头型号。等效28mm 的广角适合大部分拍摄者。也不要指望通过加装广角镜解决问题，它会扭曲你的影像风格。

- 你的对焦距离足够近吗？

  带微距的变焦镜头虽然会损失一些光学性能，但却是值得的。最好能支持 3 英尺（0.9 米）甚至更近的对焦。更好的情况是可以对镜头镜片前的物体进行对焦，这种本领只有不可换镜头摄像机才有——这是另一个尽量不使用廉价的可换镜头摄像机的理由。

- 你的大变焦是真本事吗？

  有些厂商在描述变焦镜头的长焦变焦范围时喜欢玩数字游戏。你在评估这些标称值时，务必要考虑其光学性能。进光量和对比度损失是这些不靠谱镜头在长焦范围最常见的问题。同时你还应该在变焦镜头的最小焦距、微距模式下以及全广角时寻找四周有无暗角。

- 你在对焦时是否存在严重的呼吸效应？

  摄录一体机通常会针对对焦时的呼吸效应进行补偿。把镜头变焦到广角端，然后转动对焦环，观察图像尺寸有无明显变化。存在严重呼吸效应的镜头在拍摄跟踪焦点的镜头时会有问题。

- 你存在严重的桶形失真吗？

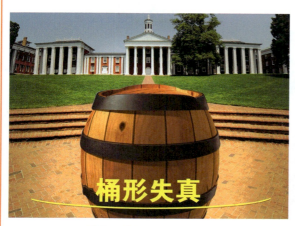

桶形失真

图 6.16a

除非你是个滑板运动拍摄者，否则没人会喜欢这种严重的桶形畸变。注意广角图像边缘的立柱和墙壁，如果其有明显弯曲，则说明镜头的光学性能和摄像机内的修正算法都不怎么样。

- 你能保持构图稳定吗？

  你能在变焦过程中保持构图稳定吗？还是必须通过让摄影机上、下、左、右或变焦来调整构图？

- 你有找到并保持焦点的才华吗？

  在弱光和低对比度场景下呢？在 24FPS 帧速率下呢？在自动和手动模式下，变焦过程中是否都能保持锐利的图像呢？

图 6.16b

内置的伺服矩阵能否在长焦端也提供锐利的图像？

6.6   光学变焦 VS 数码变焦

虽然在人类历史上还没有人在实际拍摄中使用数码变焦[3]，但厂商们依旧喜欢在其生产的摄像机侧面贴上些冠冕堂皇的数字来宣传这一"功能"：400X 数码变焦！500X 数码变焦！700X 数码变焦！哇！

光学变焦是实际放大的图像，而数码变焦只是通过把画面中的一部分图像的像素填满整个画面实现的。

（a）

光学变焦

数码变焦

（b）

图 6.18 a,b

高倍的数码变焦基本没有什么实际可用性。

图 6.17

700X？哇！有些人可能会被这样的变焦数据唬住。你大可不必成为其中之一。

图 6.19

这种 2X 光学增距镜会减少 2 挡左右的进光量并损失画面对比度，请谨慎使用。

---

3   我确实有点儿言过其实了。有些摄影机会采用 2X 数码变焦来辅助对焦，还有些拍摄者喜欢用数码变焦代替光学变焦，尤其是在低光照条件下。

6.7 更广、更远

有时候我们在拍摄特定题材时，也会使用视野最广、图像最扭曲的鱼眼镜头，比如说拍摄因迷幻剂导致的心理扭曲时。而在拍摄一级方程式赛车或科幻片时，只有使用最长的1200mm 长焦镜头才能完成任务。这些特种镜头之所以特殊，并不是因为它们有多精妙，而是因为我们在日常拍摄中为了让视觉故事流畅而不突兀，会尽量选择常规焦段的镜头。因此，在使用特种光学镜头表达极端的视点时请务必谨慎。

对于新闻和真人秀类节目而言，广角变焦镜头才是日常拍摄的主力。它在不受控制的空间里简直就是个多面手：像是在《摇滚皇帝的一家》（*Gene Simmons: Family Jewels*）里的厨房中或是《动物警察》（*Animal Cops*）中宠物救护车的后座上。它既可以增加《致命捕捞》（*Deadliest Catch*）中捕捞船上灾难的戏剧性和稳定性，也可以极大提高泰格·伍兹在美国公开赛中挥杆的壮观和美感。总之，这些广角变焦镜头可以为我们的日常拍摄、制作提供足够的焦段覆盖，是我们日常工作中的好伙伴。我爱我的广角变焦镜头！

然而，广角和超广角镜头在使用中也会遇到一些问题。撇开美学和极端视角对视觉故事的影响不论，广角镜头本身往往也是非常笨重的。2/3 英寸广角变焦镜头的广角端经过十几年的发展已经从 5.5mm 进化到了今天的 4.3mm，在体积和重量增加的同时，也带来了其他很多让人头疼的问题，包括暗角 [4]、呼吸效应、跟焦问题和画面亮度不均匀等。

即便是最好的镜头，在图像的四角也会出现较为明显的亮度衰减现象。在最大光圈和广角端时，这种暗角会尤为明显。在使用高速镜头和使用遮光斗拍摄时，由于到达镜头四角的离轴光线更少，这种亮度衰减会进一步加剧。

随着成像器件正朝着大型 CMOS 传感器的方向发展，这个问题正变得愈发严重。有些 CMOS 传感器是利用凹陷的"小桶"进行成像，当这些"桶"过深时，本该进入到"桶底"进行成像的光线就会被"桶壁"所遮挡。由于传感器四角的入射光线角度更大、更容易被"桶壁"遮挡，因此也会产生亮度衰减。

我们对镜头更广、更轻、更快的需求，对厂商而言是则一连串自相矛盾的要求。我们当然希望我们的镜头是全能的。我们希望它拥有顶级的光学性能，而且是恒定光圈，我们希望它的像场平整没有失真，也没有暗角，并且四角也能像中心一样拥有超高的对比度。在现实中，我们可能得依靠 2X 增距镜、内对焦、微距对焦、跟焦器和跟焦员等协力工作，才能把镜头玩儿转。现阶段如果厂家能让镜头别那么贵，我们就已经知足了！

4　暗角通常指图像四周边沿的亮度或饱和度衰减。有些轻微的暗角是可以接受的，只要它们看起来别像是透过舷窗往外看那样明显就行了。

图 6.20

多广的广角才够广？导演特里·吉列姆在影片《巴西》（1985）[5] 里通过扭曲的广角透视帮助演员融入他身后的环境中。

图 6.21

乔治·卢卡斯的影片《THX1138》（1971）[6] 最后的高潮场景中，超级长焦镜头记录了主角从极度压迫的地下世界逃生的画面。

图 6.22

有些采用集成镜头的摄像机可以对镜头前的元素进行对焦，这大大地增加了故事讲述的可能性。

（a）

（b）

图 6.23 a,b

给我看看我从未见过的世界！图中这种 360° 镜头就可以为你提供这种前所未见的体验。

6.8   低档镜头的现状

市面上大多数准专业摄像机平庸的镜头，给那些一心想拍摄一流作品拍摄者们造成了

---

5   Cassavetti, P.（制片人），Milchan, A.（制片人），& 特里·吉列姆（导演），英国 Embassy International Pictures 公司 1985 年出品的影片《巴西》（*Brazil*）。

6   Coppola, F. F.（制片人），Folger, E.（制片人），Sturhahn, L.（制片人），乔治·卢卡斯（导演），1971 年美国 American Zeotrope 公司出品的影片《*THX* 1138》。

不小的挑战。摄像机厂商在镜头光学素质上的妥协并不令人感到意外，因为高品质的光学镜头制造是一项成熟的工艺，需要极其昂贵而复杂的工序。然而入门级摄像机制造商用来制造镜头的那几个小钱根本不可能造出什么好镜头。

因此，让我们先忘了是 CCD 好还是 CMOS 好，该用 HD 高清还是用 4K、5K、6K 分辨率。我们已经讨论了太多摄像机的最低亮度等级、14-bit DSP，以及各种 4：2：2 或 4：2：0 色彩空间。然而事实上，光学素质，也就是你的镜头好坏，才是你摄像机上最重要的属性——它直接关系到观众们在银幕中看到的内容。

我记得我曾经测评过一台 JVC GY-DV500 摄像机，实事求是地讲，这台售价 5000 美元的摄像机的图像质量在当年还是过得去的。但当我给它换上价值 10000 美元的镜头以后，它的图像质量就不再只是"过得去"了，简直就是非常棒！这就是一流光学镜头的威力，它可以明显改变一台摄像机的成像质量。

从逻辑上讲，你不可能在一台售价 2500 美元的摄像机上找到价值 25000 美元的专业广播级镜头。当然，我们可以抱有美好的愿景。而一些摄像机厂商也很高兴在它们的镜头侧面印上那些令人神往的传说中的镜头品牌。但你可千万别被骗了。当你只花费了区区几千美元购买一台摄像机时，有些东西是你得不到的。而这个你得不到的东西，很可能就是那个能让你自豪地罩上遮光罩的好镜头。

我们当然希望我们的镜头重量轻、速度快，又有很大变焦范围，并且售价低，还支持近距离对焦。问题是这些需求本身就是自相矛盾的。例如，变焦范围大的镜头速度就不可能快；速度快的镜头也往往很难做到重量轻[7]。

任何复杂的光学镜头都存在种种不足之处，更何况是低成本镜头。我对低成本镜头的各种缺陷并不感到吃惊。它们的镜片镀膜很差，甚至都没有镀膜；色差严重；锐度低下；边缘对比度差。这些缺陷都会对我们的图像质量造成负面影响，尤其是在高放大倍率的大尺寸等离子电视或电影银幕上。

图 6.24

不要等到事后才想起你的镜头——它应该是你最先考虑的因素！这只猴子会想到它将以什么样的形象示人吗？

7　增加镜头的速度——也就是说增加镜头的光通量——主要依靠扩大镜片的直径，这通常意味着镜头重量和体积的增加。大多数拍摄者更喜欢使用轻便的镜头和设备。

图 6.25

大多数准专业摄像机配套的低档光学镜头一直是拍摄者恐慌的源头。近年来，制造商们一直采用摄像机机内数码矫正来改善这些镜头的光学性能。

6.9   为何廉价的镜头看起来档次低？

在我的摄像机与照明研讨会上，有时我会用分辨率图表演示如何通过在廉价的镜头表面涂上一层自己鼻子上的油来增强它的光学性能。这个方法如果使用得当，镜头前镜片上的一层薄薄的油脂形成的镀膜可以有效提高镜头的透光性以及减小眩光。

通常情况下，当光照射在硬质的玻璃表面时，光线中会有一部分被反射出去。尤其是在多镜组的复杂光学镜头中，这种入射光损失现象更为严重，也就造成了镜头速度的进一步下降。然而，使用更多、更好的镀膜可以使光传输的损失降低至 0.1%，从而使复杂的镜头也能做得更小、更轻，同时仍然保有较高的透光性。

出色的镀膜极其昂贵，因此多半的消费级摄像机都会在镀膜上偷工减料，甚至根本就没有镀膜。镜头内部反射，又名眩光，它的出现会明显降低镜头的锐度和对比度，无论当时你用的是什么传感器和什么压缩格式。

作为拍摄者现在面临的问题是：一方面我们的 HD、2K 或 4K 摄像机理论上已经可以拍摄出惊人的画面细节，这是我们想看到的；但另一方面，摄像机也受限于廉价镜头的各种缺陷，这是我们不想看到的。解决这个问题的唯一方法就是使用高质量的镜头，这样一来就能解决我们使用高分辨率拍摄时的镜头性能问题。

色像差（Chromatic aberration，CA）是最令人反感的镜头缺陷，无论是什么价位、

用拇指
给镜头
镀膜

图 6.26

通过给低端镜头的表面涂上一层自己鼻子上的油脂，可以提高该镜头的速度及光学性能。高品质镜头自带高级镀膜，不再适用于这种低级且有点儿恶心的技巧。

什么档次的镜头，都会出现某种程度的色像差。色像差也叫明暗失真，在数码相机领域，人们也喜欢叫"紫边"，它经常出现在过曝的光源边缘，例如路灯或日落时的地平线。色像差在镜头的长焦端更为明显，因为在长焦端，随着拍摄对象被放大，色像差也会被一起放大。色像差一直都是个令人头疼的问题，但在标清格式下，画面中物体粗糙的边缘在一定程度上会掩盖这种缺陷。然而 HD 高清中平滑、清晰的边缘就没那么幸运了。因此，对于 HD 高清拍摄者来说，色像差是廉价镜头看起来档次低的一个主要原因。

6.10 对小光孔说不

当光线穿过针眼一样小的光孔时，弯曲的光线会形成无数个微小的光源，它们会在镜头的内部形成反射，增加眩光。在阳光明媚的白天使用小光孔拍摄会造成图像清晰度和分辨率的降低就是基于这个原因。1/3 英寸或更小传感器的摄像机在光圈小于 F5.6 时容易出现严重的衍射现象。大型传感器摄像机和数码单反 DSLR 也会在小光圈时出现对比度下降的情况，但一般直到 F11 到 F16 才会发生。

重要的是要在拍摄时保持适当的光圈，因为在 1/3 英寸 HD 高清摄像机上使用 F5.6 或以上光圈拍出来的图像不会比标清强多少！因为这个原因，一些入门级摄像机会通过自动中密度灰镜来避免使用过小的光圈导致的分辨率和对比度损失。

图 6.27

这个明亮的雪景是用小光孔记录的，由于镜头内部剧烈的衍射现象，画面看起来像是褪色了一样。

图 6.28

在使用很小的光圈时，光圈边缘看起来像是在发光的小型光源，这些散射的光线会降低画面的对比度。镜头光学性能的限制是很多拍摄者喜欢选择在清晨或傍晚进行拍摄的一个很好的理由，因为在这两个时段可以使用光学性能更好的光圈范围。

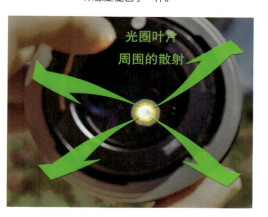

光圈叶片周围的散射

6.11 为什么一体式摄像机通常能拍出更好的画面

有些拍摄者希望他们的摄像机是可以更换镜头的。他们希望可以灵活地换装长焦镜头、短焦镜头、广角镜头或其他符合项目需求的特种镜头。

这个理由听起来似乎很合理，但我们在研究中发现，只有一小部分拍摄者能够真正用到可更换镜头摄像机可以更换镜头的优势，然而当他们这么做时，也只是把一个低档镜头换成另一个低档镜头。大多数售价低于 10000 美元的可更换镜头摄像机都会在配套镜头的性能上做出巨大的妥协，因此跟一体式摄像机比起来会显得尤其缺乏性价比。

其实，一体式摄像机的实际表现往往比同级别的可更换镜头摄像机更好。例如集成了 22X 光学变焦镜头的松下 HPX160 摄像机，它在对焦时几乎不会产生常见的呼吸效应。为什么呢？这是因为一体式摄像机会把该集成镜头的呼吸效应、跟踪错误和色像差等缺陷通过机内运算进行数字校正和补偿。这种策略在廉价的可更换镜头上是根本不敢想象的。

6.12　色像差补偿

有些摄像机中的色像差补偿（Chromatic Aberration Compensation，CAC）功能可以改善可更换镜头的性能表现。例如，松下 HPX600 可更换镜头摄像机上装备了可识别数字签名的 CAC 滤镜，它可以根据所安装镜头的数字签名在查找表（Lookup Table，LUT）中找到适用的修正参数并进行色像差补偿。CAC 功能并不能对跟踪错误、失焦或眩光进行修正[8]，但它确实能有效抑制长久以来一直困扰着使用廉价镜头的拍摄者的色像差现象，尤其是在高放大倍率的长焦焦段产生的严重色像差。佳能和富士最新的变焦镜头都已经支持 CAC，在有合适的可更换镜头摄像机时，这是一项非常值得期待的功能。

图 6.29

高清晰度摄像机都非常棒！它们展现更多的画面细节，让观众们浮想联翩。不幸的是，它们同时也展现了更多的镜头缺陷。CAC（色像差补偿）功能可以有效地抑制画面中高对比度区域的色像差。

图 6.30

色像差（CA）严重是廉价镜头看起来档次低的主要原因！色像差可不是艺术！

图 6.31

在配备 CAC（色像差补偿）功能的可更换镜头摄像机中，CAC 功能会从储存在摄像机内存中的查找表（LUTs）自动应用。真希望今后的 2K 和 4K 摄像机都能标配 CAC 功能。

6.13　试着和你的普通镜头和平相处

为了弥补平庸的镜头素质，摄像机厂商通常会使用一些低成本的小把戏，例如，通过

8　跟踪能力描述的是镜头在变焦时把被摄物体保持在画框中心的能力。呼吸效应说明镜头在变焦时无法持续准确对焦。眩光是指会造成画面对比度和清晰度下降的镜头内部反射。

把摄像机默认的细节参数调高来造成增加画面锐度的错觉。在第九章中，我们将会看到降低细节参数如何使画面看起来更有机，更不"数码"。然而降低细节参数的时候要谨慎，如果摄像机的细节参数设定得过低，拍出的画面可能会显得浑浊、缺乏生命力，尤其是在所用镜头本身对比度就比较低的情况下。

我们讲过，在许多变焦镜头的长焦端画面会损失细节或变暗。我们还列举过镜片缺乏合适的涂层会造成画面对比度下降或产生眩光。除了吹毛求疵和人工给镜头镀膜外，我们还能做些什么来提高一枚平庸镜头的性能呢？

6.14 找到镜头的最佳性能区间

我们摄像机上的廉价镜头拍出来的画面可能在小尺寸监视器上看起来还不错，但放在大银幕上看就不是那么回事儿了。那么有什么办法能提高廉价镜头的光学性能呢？幸运的是，我们可以通过找到镜头的最佳成像区间来提高它的性能。事实上，大多数摄像机的镜头在特定的焦距和光圈下都有着不错的成像质量。

找到镜头最佳性能区间的方法就是在测试环境下拍摄测试标板，并在大屏幕上回放拍摄结果。大银幕投影可以让你瞬间发现诸如对焦呼吸效应、对比度缺失、跟焦不准和其他严重的图像问题。所有的这些问题在大银幕上都无处藏身，在这种审查环境下，大多数镜头的瑕疵会一览无余。

你也可以使用水平分辨率 1000 以上的监视器进行镜头成像评估。这种监视器是你可以做出的最好的投资之一，它所提供的优秀显示精度可以在很多方面为拍摄者提供帮助。这种高分辨率监视器通过串行数字接口（SDI）[9] 进行连接，不再像老式模拟监视器那样在安装时需要额外的调整和校正。

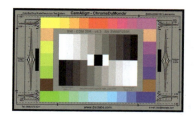

图 6.32

Chroma Du Monde 色彩测试卡（左图）是业界参考颜色和分辨率的标准。你也可以通过把几张不同部分的报纸贴在墙上做一张自己的测试卡（右图）。

9　串行数字接口（SDI）是专业摄录一体机常用的视频接口。它可以通过单根线缆传输未压缩的红、绿、蓝数据流，并支持多路复用。

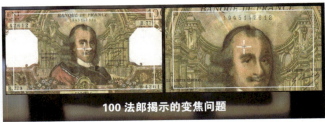

100 法郎揭示的变焦问题

图 6.34

请把你摄像机取景器里的十字线对准一张纸币的中心，然后变焦放大。现在看看数字线还在刚才的位置吗？如果还在的话，恭喜你！

图 6.33

镜头存在"呼吸"问题？入门级摄像机附带的镜头在对焦时或多或少都存在明显的呼吸效应。镜头在对焦时，镜头的视场不应该发生明显的变化；同样，镜头在变焦时，焦距也不应该发生明显的变化。

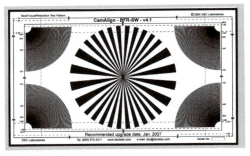

图 6.36

我们一般通过拍摄星型测试板，并在高分辨率监视器上观察细格栅的焦点变化来调整后焦。

图 6.35

为了保证拍摄的图像清晰锐利，再加上摄像机取景器太小，本身就看不太清楚焦点，我们每天最好都检查镜头的后焦。后焦调整器的样式根据镜头的不同也并不相同。

后焦调整

学会检查、评估你的镜头

　　评估镜头是你作为有实力的摄影工匠最关键的技能之一。你可以使用以下流程来评估可更换镜头摄像机配套的变焦镜头及镜头刻度准确性：

1. 首先我们把摄像机固定在三脚架上，拍摄远处的物体。我个人喜欢拍摄电线杆，你也可以选择任何具有清晰垂直边缘的对象。把镜头焦点调至无限远，然后观察。你的摄像机能找到清晰锐利的焦点吗？如果焦点超过了"无限远"，这套设备就不能要了。我最近在拍摄一则汽车广告时，镜头的跟踪性能没问题，只是焦点超过了无限远一点点。这个小缺陷差点儿把我的助理（摄影助理主要负责跟焦）逼疯，而且为此重拍了很多次。

2. 现在把摄像机和三脚架布置在一面墙前，摄像机距墙 6 英尺（1.7 米）。记得用卷尺测量并确认距离，并确保你是从摄像机的成像平面开始测量的。许多摄像机会把成像平面的位置在机身一侧标记出来，如果没有这个标记，你就只能估算了。

3. 接下来，如果你有测试标板就用测试标板，如果没有测试标板从垃圾桶里找几张昨天的报纸用胶带贴到墙上也可以。确认被摄对象从中心到四角都完全处于画框之内。在 1/3 英寸传感器摄像机的 6mm 标准镜头的情况下，被摄图像大致需要覆盖 5 英尺宽、3.5 英尺高的范围（1.5 米 x 1.1 米）。

4. 用两盏灯以 45° 打在墙上。调整灯光的角度，避免在墙上出现高光过曝或灯出现在画框中。

在标板或报纸上对焦并检查镜头筒上刻度是否准确。有些镜头上并没有 6 英尺（1.7 米）的参考刻度，如果是这样的话，就只能估算甚至干脆换个距离。刻度和焦距不一致会导致在实际拍摄、生产过程中对焦不准或跟焦失败。

5. 现在慢慢变焦，同时眼睛死死盯住监视器。留意报纸上的文字有没有变形（呼吸效应）。大部分镜头都会有轻微的呼吸效应。注意观察被摄对象锐利的程度，留意寻找最佳成像区间。如果找到了，就在镜头的变焦环上记录一下。同时还需要观察画面的中心点是否有偏移现象，因为廉价镜头经常会有跟踪问题。

6. 检查后焦！我再重复一遍：检查后焦！变焦镜头的后焦每天都需要进行检查。如果后焦不准，你可能无法聚焦到"无限远"。后焦不准同时可能会在广角端、最大光圈时造成焦点不实。酷热、严寒、震动和对镜头的常规操作都可能让镜头产生百万分一英尺的变化，导致后焦不准。也就是说，一天的常规拍摄就足以影响后焦的精度。你可以使用低成本，甚至免费的星型测试标板，各大镜头厂商或者 DSC 实验室（http://dsclabs.com/）都可以提供这种标板。在高分辨率监视器上观察镜头在这种渐变、对称的星型细线标板上对焦，这对检查后焦有很大帮助。

6.15　不靠谱的对焦环和变焦环

　　由于精密镜头的制造成本很高昂，有些制造商为了节约成本，偷工减料时首先就想到了对焦环和变焦环。特别是对焦环，要么根本就不存在，要么基本都是粗制滥造的。这给拍摄者的对焦和跟焦工作造成了很大的麻烦。

图 6.37

我的天呐，这么小的标记是怎么个意思？电影级的镜头通常都会把参数和标尺做得很大、很明显，以方便现场场记和摄影助理记录拍摄数据。

6.16　电影镜头

　　拍摄者的专业技能受限于摄像机的廉价镜头的例子屡见不鲜，在这种情况下，拍摄者可以考虑使用电影镜头替代性能差劲的廉价镜头。电影镜头和电影级镜头普遍采用优质的涂层、精密加工的齿轮和最顶级的光学玻璃。电影镜头的透光度、分辨率和对比度通常都要明显好于拍摄者们常用的廉价镜头，而且关于速度（光圈）和变焦范围的标示也更加准确和真实。

　　另外，电影镜头的可操作性也更具优势。除了对焦、变焦和光圈标示更加清晰可见外，商业级电影镜头通常还配备了精密的对焦和变焦齿轮，以便外接跟焦器进行更精确的操作。胶片拍摄者早就习惯了使用这种精确的操作功能，但直到最近这一功能才开始在现代数字拍摄者中普及开来。

　　请记住，老式的胶片电影镜头往往并不适用于现代数字摄影机。由于胶片上颗粒、表面不平整和杂质的随机性，再加上胶片摄影机片门的机械误差等因素，这些老胶片摄影机镜头的瑕疵几乎都被掩盖了。但在现代高分辨率 CCD 或 CMOS 传感器上，这些大大小小的缺陷都会被清晰地揭示出来。

当然，跟本书中其他所有的事情一样，故事才是所有创意和技术的最终裁判，因此作为拍摄者你必须了解电影镜头在数字环境中的优劣。这些老式电影镜头可以拍摄出如梦如幻的电影感，而这可能正是你的故事所需要的！

为何使用老式镜头可能得不偿失

使用老式镜头前，你需要对它进行彻底的清洁、润滑和调整。老式镜头可能会因为结露、润滑剂或涂料老化蒸发而显得雾蒙蒙，这在数字图像中非常明显。这种模糊感可以被维修并消除，但拆卸和重新组装一枚老式镜头的费用可不小。一些老式镜头，特别是蔡司的镜头还可能会升值，因此翻新保养这类镜头所花费的成本通常是值得的。

6.17   诱惑力和纠结的根源

由于相对低廉的价格和全面的焦段覆盖范围，照相机镜头越来越多地被应用到专业视频拍摄领域，尽管这其实是一种对相关性能和操作性的妥协。大多数单反镜头的对焦环并不能在常用的 6 ～ 8 英尺（2.2 ～ 2.7 米）拍摄距离提供足够的调节圈数。甚至有些镜头在全焦段的对焦范围从最近距离到无限远也都只有可怜的 1/8 圈。

6.18   过大的景深

小尺寸传感器摄像机最明显的缺点就是无法捕捉到明确的焦平面。因为大尺寸传感器摄像机和数码单反（DSLR）通常需要相对更长焦距的镜头来覆盖普通的视野，因此许多拍摄者便利用这种组合的浅景深优势，帮助引导观众在画面中的注意力。

图 6.38

左图是电影《伟大的安伯逊家族》（1942）[10] 中的场景，这个镜头很好地说明了大景深可以统一多个不同平面内的元素。右图则是现如今流行的、由数码单反 DSLR 引领的浅景深风格。

10   Moss, J.（制片人），Schaefer, G.（制片人），奥逊·威尔斯（制片人 & 导演），Fleck, F.（导演），& Wise,R.（导演），美国 RKO Radio Pictures 公司 1942 年出品的影片《伟大的安伯逊家族》（ *The Magnificent Ambersons* ）。

图 6.39

如果我们没有什么像样的背景，浅景深可以很好地帮我们渡过难关。

图 6.40

7.3mm 镜头在 1/3 英寸传感器摄像机上可以提供和 50mm 镜头在全画幅数码单反相机上一样的"标准"视角。但焦距更长的"标准"镜头在大型传感器上的景深明显更浅。

图 6.41

通过测量传感器的对角线长度可以确定它的"标准"焦距。

为什么光圈值越大（光孔越小）景深就越大？

光圈值越大（光孔越小），到达摄像机传感器的焦内光线相对就越多【图（a）】，因为焦外光线大都没有到达传感器，所以拍摄出的画面就都很清晰，景深也就越大。相反，光圈值越小（光孔越大），到达摄像机传感器的焦内光线相对就越少，到达传感器的焦外光线相对就越多，因此产生的景深就越浅。

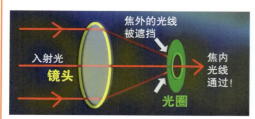

（a）

图 6.42 a,b

（b）

图 6.43

通过 35mm 适配器可以把电影镜头安装在小尺寸传感器的摄像机上，从而实现浅景深。

6.19   镜头适配器

在数码单反 DSLR 和大尺寸传感器摄像机出现之前，35mm 镜头适配器一直是行业内实现浅景深的首选解决方案。大多数镜头适配器采用旋转或摆动的毛玻璃接口，因此对拍摄者实现持续而稳定的对焦是种不小的挑战。使用镜头适配器几乎没有什么优势可言，它会导致分辨率损失并降低至少两挡曝光。如果必须要有浅景深，那么在当前环境下直接使用大尺寸传感器摄像机显然会是更经济、更高效的方案。

教学角：思考题

1. 探索屏幕空间，思考镜头的选择会如何影响画面构图及拍摄对象的距离感。另外，思考镜头的选择是如何影响演员的面部特征的。

2. 列举理想的镜头应该具备的功能和特性。其中哪些功能或特性是你在实际应用中最期望拥有的？你可以在镜头的设计、功能或价格中做出哪些妥协？

3. 解释一下过大或过浅的景深分别会怎样影响视觉故事。讨论一下你会怎样使用景深技术适当地引导观众们在画面中的注意力。

4. 快速镜头（大光圈）比慢速镜头（小光圈）更好。你同意这种说法吗？

5. 大变焦镜头比小变焦镜头更好。你同意这种说法吗？

6. 集成镜头的摄录一体机可能比可换镜头摄像机表现得更好。无法更换镜头会对你要讲述的故事造成怎样的影响？

7. 假设你在拍摄《拯救大兵瑞恩》中 D-Day 诺曼底登陆的场景。思考一下你会选择哪种镜头表现这场精彩的抢滩桥段。在拍摄特写时，你会选择广角镜头近距离拍摄还是会选用长焦镜头在远处拍摄？哪种选择更能表现出影片预期的视觉冲击力？

8. 假设你富有的远房舅舅去世了，他留给你 10000 美元供你购买新设备。这笔钱你会如何分配？你会花多少钱买摄像机？会花多少钱买镜头？你会选择集成镜头的摄录一体机吗？根据你要讲述的故事，解释你选择设备的原因。

立体拍摄者

从某种意义上讲，我们一直都在拍立体。从摄影诞生的那一天起，我们就一直面对如何把立体的世界更好地记录在平面介质上这个问题。我们生活的世界是有深度和维度的，我们通常也想把这种立体感体现在我们的影视作品中，让角色在我们拍摄的世界中栩栩如生。

图 7.1

无论是否是有意为之，2D 拍摄者通常都习惯利用景深制造 3D 立体错觉。图中焦内高光的台球和柔化的背景都在暗示这是一个有纵深的、真实的、确实存在的场景。

图 7.2

图中会聚的地平线有助于加强场景的 3D 立体感。

图 7.3

无论是在平面拍摄中还是在立体拍摄中，拍摄者都会尽最大可能表现场景中的质感。质感是一种强力的深度线索，因为只有在立体空间中的物体才拥有质感。

图 7.4

在表现立体感方面，处理面部质感时请务必谨慎，要避免强调不想要的面部细节。但有时候，面部细节本身就是故事！

7.1　3D 立体的本质

我们把分别来自左眼和右眼的两幅画面放在同一个画框中，把它想象成是由两台摄影机同时拍摄的两组画面，并让它们同时出现在一个屏幕上，这就是立体视觉。

电影摄影师和立体摄影师之间有些不同。2D 平面摄影师更专注于帧内的画面内容：当画面边缘和背景中有削弱视觉故事传达的元素时，他们会利用焦点、构图和灯光适当地引导观众的注意力。

图 7.5

立体拍摄者把左、右两组图像交替显示，利用视觉残留让观众产生立体感。

（a）

（b）

（c）

图 7.6 a,b,c

当菜鸟立体拍摄者第一次拿到 3D 立体摄录一体机时，一定会对其与传统摄像机相似的大小和形状感到亲切，并着手准备去拍摄那些根本没法看的垃圾。随着经验的累积，立体拍摄者们会很快意识到，关于立体拍摄他们还有很多要学习的地方。通过练习，立体拍摄者的能力可能会得到一定提高，但他（她）只有经过数年不断运用并积累大量的经验后，立体拍摄手艺才会炉火纯青。这就像是学习演奏小提琴和驾驶手动挡汽车一样，熟能生巧。图（b）是荷兰黄金时代画家 Jan Miense Molenaer 的油画作品《小提琴演奏者》（约 1640 年）。

立体摄影师在拍摄中关注的重点是"窗口"。与传统平面拍摄者关注画框不同，立体拍摄者需要关注的是"窗口"后面及前面多个平面的内容，这个"窗口"又叫汇聚面，汇聚面前、后所有涉及观众立体体验的元素都是拍摄者专注的重点。

管理这种额外维度需要一种新技能，拍摄者在拍摄立体时要用与以往不同的全新方式观察和捕捉这个世界。虽然我们积累了多年的 2D 拍摄经验，但令人沮丧的是在拍摄立体时，我们必须忘掉这些技巧的 90%。忘了过肩镜头和面包黄油的特写吧，这些镜头在立体里根本没法看。立体中景极其难拍，这需要与以往完全不同的拍摄技巧。

请记住，我们拍摄的并不是真正的三维画面——我们拍摄的是立体画面。真正的三维是像现实生活那样身临其境的体验，是我们走在 7-Eleven 便利店的过道中被各式糕点、商品包围、笼罩的感觉。

我们所拍摄的立体格式并不是这种身临其境的体验，但它仍然可以为观众提供角色跃然于银幕之上的亲密体验和互动。

图 7.7
平面拍摄者给世界加了一个框，然后指示观众"看这！这个画框里的所有内容都很重要。"而立体拍摄者会给同时出现在观众面前的银幕前、银幕上和银幕后多个场景建立一个"窗口"。

图 7.8
立体拍摄需要我们以一种全新的方式观察和捕捉这个世界。对此，我们还有很长的路要走。

7.2　立体是一种技术障眼法

立体里没什么是真的。观众们的大脑通过融合银幕上的两组图像创造出立体视觉。而这之中通常还伴随着策略，问题在于：大脑的前部明白这只是一部电影，没什么可怕的；但负责我们最基本的生存和物理感知的大脑后部对此却不那么肯定。当与我们相同的物种在各种被砍掉的脑袋和身体部分之间奔跑时，我们大脑的原始部分会产生恐惧。如果这些吓人的东西在焦外或者扭曲在一团血色中，那么在 2D 影片中会很难被注意到，但在立体电影中，这些元素会让我们的大脑不由自主地感到害怕。大脑这两个部分的冲突可能会引起头疼、恶心，甚至是癫痫发作。我认为没有哪个 2D 制片人会比凯文·史密斯更会给观众带来痛苦。因为立体视觉主要靠观众的大脑实现，因此立体影片的技术问题会对故事带来严重的影响。像是如果左、右眼的图像垂直、没对齐或旋转不同轴，都会对大脑合成立体视觉造成困难。松下出品的立体摄录一体机利用机身内的一系列伺服电机组控制这种错误，这在高端制作中甚至比常用的复合光学立体支架更具优势。

（a）

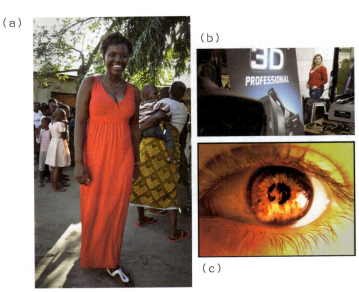

（b）

（c）

图 7.9

作为立体拍摄者，必须对这种介质的生理影响有充分的认识。有大约 12% 的观众都不能或不愿意观看立体图像。

图 7.10 a,b,c

立体场景里出现的大红色会立刻提高观众的血压和恐惧感。作为拍摄者，你无法改变这种反应，因为它是与生俱来的、原始无意识的、真实存在的。红色在动物大脑里意味着火焰、鲜血和危险——它会促使我们想要转身就跑。

7.3　深度线索

　　我们对世界物理空间感的认知在日常生活中一直保护我们远离危险，无论是穿越繁忙的街道还是躲避时速 100 英里的棒球。幸运的是我们大脑的这部分功能是自动处理的。对于威胁我们生存的危险，大脑会有意识地在一瞬间做出判断。

图 7.11

当我们面对骚乱或超速的车辆时，我们会不断评估周围世界的深度线索以迎接即将到来的危险。

图 7.12

图 7.13

人们只用一只眼睛时，尽管会损失一部分周围视野和在狭小空间里的定位能力，但仍然可以拥有良好的深度感知和驾驶机动车。

7.4　平面视觉深度线索

　　线性透视和空中透视这两种平面视觉深度线索可以显著地帮助我们感知第三空间维度。阴影的方向和特点以及它们的相对尺寸也是深度的有力线索之一。例如，在图 7.15 中，演员距离镜头比火车距离镜头近得多。但如果演员在画面中看起来仍然比火车大得多，那一定是因为火车距离镜头非常远。这种大小关系线索可以有效地传达深度信息。

图 7.14

图 7.15

火车和演员的相对小大可以有效地传达深度信息。

图 7.16

一个对象对另一个对象的部分遮挡也可以传达深度信息，这并不需要融合两组图像。

在图 7.16 中，一位演员部分遮挡了另一位演员。我们从这个世界运作的方式可以知道，如果后面的演员离得够远，那么他可能不会被前面的演员遮挡住一部分，而现在他被遮挡部分身体并没有消失，而是被更靠前的演员挡住了。遮挡线索属于平面视觉，因此并不需要对两组单独的图像进行融合，但是在立体视频中，长时间观看这种遮挡镜头会令观众感到疲劳。

增加画面内的平面视觉深度线索数量有助于产生出更舒适的视觉体验。我们可以把一个我们熟悉大小和形状的物体放置在场景中，或让摄影机沿着滑轨横向移动。摄影机跟踪运动可以帮助产生深度线索，这有助于观众适应陌生且不自然的立体环境。

图 7.17

根据常识，观众首先会假设图片上部和图片底部的石块都是相同尺寸的。如果顶部的石块正不断变小，那么一定是因为它们越来越远。

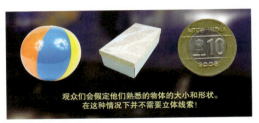

（a）

（b）

图 7.18 a,b

深度感受我们对这个世界认知的影响。我们都知道沙滩球是圆的，因此我们并不需要通过立体视觉来了解它的形状。我们也不需要看见鞋盒和硬币就知道它们的样子。图（b）是 2010 年在我的布里斯班讲习班上，我的学生考虑把大家都熟悉的平面视觉深度线索——沙滩球加入到场景中。

图 7.19

我们通过观察高光和阴影的相互作用来了解这个物体的真实性，只有三维的物体才会拥有这种质感。

图 7.20

动态线索也可以提供非常强大的深度表达。这架飞机以每小时数百公里的时速静态地出现在天空中。这也说明不了它有多快呀，到底怎么回事儿？你的观众都知道飞机能飞多快。这只是为了表达这架飞机离得很远。

7.5 立体视觉深度线索

尽管平面视觉线索可以有效地保护我们免受 15 米（50 英尺）外的威胁，但我们处理立体视觉深度线索的能力仍是必不可少的，它可以从更直接的危险中保护我们。换句话说，在 15 米内，单眼提供的平面深度线索会受到限制。而在 15 米之外，因为我们的双眼不能分得足够开，瞳距不够，因此观察不到远处物体的立体深度线索。

图 7.21

移动的机位可以提供大量易读的深度线索。因此使用摄影滑轨或斯坦尼康拍摄立体的效果很不错。

图 7.22

这个在罗马街头叫卖的小女孩离画面左侧的汽车非常近。但是究竟多近？立体视觉可以通过看到一小部分这辆汽车的侧面来揭示小女孩真正的危险。

　　立体线索非常强大，因为它可以提供平面视觉无法提供的透视关系。成功的立体拍摄者懂得如何适当地利用平面深度线索尽可能地加强立体体验。

　　请记住，拍好立体的关键是控制好场景的立体深度，在踩油门之前一定要管好刹车。立体技术是一把双刃剑，用好了，你就拥有了创造极富娱乐性的神奇故事的力量，但用得不好也可能会让你一败涂地。无论如何，你想成为哪一种立体拍摄者终归都是你自己的选择。

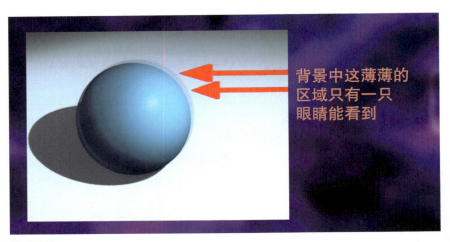

背景中这薄薄的区域只有一只眼睛能看到

图 7.23

图 7.24

立体视觉中对象的侧面细节并不能靠后期制作创造出来。这也正是立体拍摄者必须正确拍到它的原因：图像的立体深度细节在摄影机记录的那一刻就被固定了。

图 7.25

在拍摄立体时要多用"刹车"——稍微给点儿"油门",谨慎控制立体深度。不断使用强烈的立体效果会让你的观众痛苦万分。

7.6 轴距 VS 瞳距

让我们说得直白一点儿:瞳距就是指两眼间的距离,而轴距就是指立体摄像机两个镜头光轴之间的距离。立体摄影机的轴距对感知立体对象的形状和尺寸起决定性的作用。较窄轴距允许摄像机更接近被摄物体并提供更近的视角,但会减少立体效果,同时需要更短焦距的镜头。相反,更宽的轴距可以展示距离更远的被摄物体的立体感,但需要使用更长焦段的镜头,像场也会被压缩,同时可能导致立体关系显得不自然。

装备 60mm 镜头轴距的摄像机拍摄的立体通常被叫作正立体,因为它们在 3 ～ 15 米(10 ～ 50 英尺)的范围内非常接近人眼的视角。而对于那些习惯在 1.5 ～ 2.5 米进行拍摄工作的拍摄者而言,使用更短焦距且轴距在 25 ～ 45mm 的立体镜头则更加适用。

图 7.26

瞳距?轴距?虽然有些拍摄者交换使用这些术语,但作为一位立体拍摄者和手艺人,适当地参考并了解这些概念可以帮你更好地进行立体拍摄。

轴距一览

58mm 固定镜头
PANASONIC AG-3DP1

45mm 固定镜头
SONY PMW-TD300

42mm 固定镜头
PANASONIC HDC-Z10000

可变轴距
半透半反立体支架

图 7.27

哪种轴距更适合你？58mm？42mm？28mm？轴距对于立体故事的影响是决定性的。

图 7.28

人类对于距离超过 15 米（50 英尺）的立体感知微乎其微，因此对于城市景观这类广阔场景的立体拍摄，通常使用非立体 2D 摄像机即可，效果差不多。

（a）

约 1.2 米

（b）

图 7.29 a,b

我们现在是在用谁的视角在看？当观众们通过金刚的眼睛俯瞰时，整个城市就像是玩具模型，那是因为金刚的瞳距导致它无法像人类那样观察建筑物。[1]如果一个人能看见 2 英里外的建筑物，那么大脑会假定建筑物是微缩的。

1　其实我也不知道金刚的瞳距是多少。1.2 米是我猜的。

（a）

（b）

图 7.30 a,b

立体题材制片人往往要求每一个镜头都表现出立体感，特别是在体育运动中，例如拍摄立体足球赛时，因为场地太大，远距离拍摄的立体效果并不好，球员都像是玩具小人！其实，你看看四周，抬头凝望天空，你会发现，在我们的生活中，有些东西本身就看不出立体感。

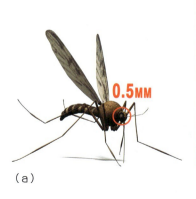

（a）

（b）

图 7.31 a,b

观众如果通过蚊子的眼睛观察世界，其实并不会像你想象中那样：周围的世界都极其巨大！这个在《明斯特一家》中明斯特先生（Fred Gwynne 饰）右边的伙计是伟大的布鲁克林道奇队的经理 Leo Durocher。因为Durocher 先生的两眼分得不够开，还不足以适配明斯特先生伟岸的身材，因此明斯特先生看起来十分巨大！

7.7 汇聚面应该设置在哪儿？

汇聚面应该设置在哪儿呢？著名的立体制片人、"世界之王"詹姆斯·卡梅隆的答案很简短："汇聚在钱上。"如果场景里有汤姆·克鲁斯，就把汇聚面设置在汤姆·克鲁斯上。如果你在给奔驰车拍广告，就汇聚在奔驰车上。在立体视觉中，观众们的目光首先会注意在汇聚面上，因此把你的大部分故事留在汇聚面上是非常合理的。

观众们会首先用自己的眼睛观察汇聚面，随后才会寻找汇聚面之前或之后的其他对象。在立体电影的每一个镜头中，观众们都会对多个平面的内容进行检索和融合，这可能会中断立体故事的完整性。出于这个原因，拍摄者在立体拍摄中应该尽量避免拍摄对象在屏幕中相对位置的较大变化。实现这一要点的方法就是在原始拍摄时把景深控制在相近的范围内。这一策略可以缓解整个立体视觉融合中的很多问题并避免后期制作中的大量图像水平调整（Horizontal Image Translation，HIT）[2]。

大多数立体插件都具备 HIT 功能，能够调整左、右眼图像的重叠程度。注意，通过 HIT 重新定位的画面并不会影响遮挡关系和场景的实际深度。

另外，那些原生分辨率为 1920×1080 的高清摄像机在不略微差值扩充像素的情况下，也不具备使用 HIT 功能的额外冗余像素。这就是 2K（及更高）分辨率摄像机更适合立体拍摄的原因。作为立体拍摄更适用的格式，2048 水平分辨率格式在不损失分辨率的情况下，比 1920×1080 格式多了大约 10% 的像素冗余。

图 7.32

非线性编辑系统通常需要额外的插件来进行立体剪辑。左右眼分离、垂直汇聚、旋转和放大倍率都可以在插件的设置菜单中进行调整。

图 7.33 右侧内容：

图 7.33

在观看立体影像时，眼睛会先聚焦在汇聚面，随后才会在其他维度寻找潜在观看对象。跃然于屏幕之外的对象（负视差）通常带有一定幽默或娱乐性质，可能并不适合在严肃的戏剧中出现。

图 7.34

正如在生活中一样，把眼睛或摄像机聚焦在过近的物体上会引起不适和疲劳。

图 7.35

立体视觉利用了我们的生理漏洞，是一种非自然的视觉体验，它可以通过汇聚面引导我们的注意力。但对有些人来说，这个过程需要练习。

2　图像水平调整（Horizontal Image Translation，HIT）是立体制作中对左、右眼图像的水平调整，HIT 能让观众在屏幕上观看得更舒适。HIT 也可以在最初拍摄时通过能够调整镜头视差的立体摄影机进行调整。

图 7.36

立体拍摄者在拍摄时面临的第一个问题就
是：汇聚面在哪儿？我应该把汇聚面放在
哪儿？

图 7.37

在立体观影中，观众们会穿越一切"迷雾"先去寻找汇聚面。

作为立体拍摄者你必须记住的三件事

1. 焦点跟汇聚面是两码事。

2. 焦点跟汇聚面是两码事。

3. 焦点跟汇聚面是两码事。

7.8　立体摄像机设置

在立体摄像机设置中，基本功能设置跟常规摄像机类似——白平衡、曝光、快门速度和对焦。关于扫描格式，应该尽量避免隔行扫描，隔行扫描会让颜色校正和后期处理变得更复杂，并且不同场的左、右眼图像会妨碍观看者对立体图像的视觉融合。尽管使用24、25、30 或 60FPS 的逐行模式拍摄可能会影响立体影像在广播电视网播出的兼容性，也要尽量避免使用隔行模式进行拍摄。

随着 48FPS 影片《霍比特人：意外之旅》[3] 的问世，使用高于 24FPS 拍摄立体正越来越得到业界的重视。虽然分辨率很重要，但它也没法像提高帧速率那样能更直接地增强观众的观影体验。立体高帧率（High Frame Rate，HFR）能提供更平滑的动态画面，从而使双眼合成立体视觉时更舒适、更顺利。这部电影就影片类型和观众体验提出了很多新的议题，我们将在本章结尾进行相关的讨论。

3　Blackwood, C.（制片人），Boyens, P.（制片人），Cunningham, C.（制片人），Dravitzki, M.（制片人），
Emmerich, T.（制片人），Horn, A.（制片人）等，彼得·杰克逊.（制片人＆导演），美国 New Line 影
业 2012 出品的影片《霍比特人：意外之旅》（*The Hobbit: An Unexpected Journey*）。

立体视觉需要每只眼睛的图像都对应匹配。这在立体摄录一体机上是自动完成的——但也并非总是如此。最常见的问题是垂直失准，尤其是在用长焦镜头拍摄时。大部分立体摄像机都具备手动校正垂直失准的调节功能。

图 7.38

集成镜头的立体摄录一体机在机身内部配备了一系列复杂的伺服电机组，用来锁定左、右两路图像系统。考虑到变焦镜头的复杂性，这种左、右图像的匹配真是一种微妙的过程。

图 7.39

在设置立体摄影机的白平衡时，请务必确保两路图像都设置了同样的白平衡！有趣的时，如果左、右两路图像的白平衡像图中一样出了岔子，我们的大脑在观看立体时会选择左图的白平衡，无视右图的白平衡。

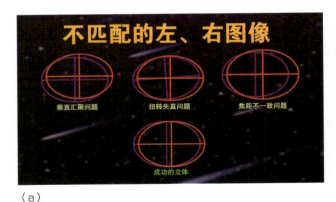

（a）

（b）

图 7.40 a,b

类似图（b）那种垂直汇聚问题是最令人讨厌的立体图像缺陷之一。垂直汇聚问题在某些立体摄像机中可以通过手动设置进行校正。

7.9　避免"耐药性"问题

一方面，我们可以通过增加立体效果来平衡错误的垂直定位或过度的视差缺陷。但另一方面，我们意识到拍摄立体跟服用药物非常像，随着时间的推移，我们往往为了得到同样的立体效果就需要使用更多的立体手法，因为我们已经产生了"耐药性"。但请你记住，我们的观众几乎都没有立体"耐药性"或习惯了观看立体视觉。

在使用立体摄像机进行拍摄时，很重要的一点是必须使用立体监视设备看到实时的立体图像，并确保立体效果一切正常。但是，我们同样也不应该在小尺寸的立体监视器上做重要的拍摄决定。同时，现场监视器的立体效果可能会产生误导，不应作为拍摄者或客户

对项目最终效果的参考。在监视器上看起来不错的立体效果，只能说明其在这种尺寸监视器上的效果。这对影像在任何大于（或小于）当前监视器的屏幕上的效果都没有参考意义。

拍摄立体时，为了确定汇聚面，立体摄像机的取景器或监视器应该设定为混合模式，这样就能看到左、右眼重叠的图像了。其中很重要的技巧是关闭峰值对焦和 EVF[4]，以便能更清晰地观察左、右眼图像的边缘轮廓。切换到基础视图（只有左眼图像）进行构图、对焦和跟拍。别忘了对焦，这很重要。

立体辅助网格

图 7.42

某些监视器可以提供立体辅助网格，这种网格可以帮助拍摄者检查过大的视差。

图 7.41

拍摄者必须学会在重叠的混合图像中评估正确的视差——这看起来可不是立体的。

图 7.43

不要依赖立体监视器上的效果进行拍摄，它只能反映立体影像在和它相同尺寸的屏幕上的效果。

图 7.44

在监视器处于左、右图像重叠模式时，可以通过观察重叠的图像进行视差的评估。

4　电子取景器（Electronic Viewfinder，EVF）的峰值功能在大多数摄像机中可以通过外部开关或控制按钮关闭。

7.10   屏幕尺寸至关重要

成年人的瞳距大约是 65 毫米。这意味着为了避免眼睛产生痛苦或不舒适感，无论屏幕大小，立体图像左、右眼的分离度都不宜超过 65 毫米（2.5 英寸）。在平板电脑或移动设备上，65 毫米相对屏幕尺寸来说比例较大，而在电影院中，65 毫米的相对尺寸小于投影图像尺寸的 1%，因此对于同一片源，观众在小屏幕上获得的立体感要明显强于大屏幕。

基于这个原因，立体拍摄者在拍摄和制作中必须考虑在最大屏幕下获得适度的立体感，哪怕冒着在小屏幕上损失立体感的风险。为了在多个平台获得一致的立体体验，詹姆斯·卡梅隆为不同的屏幕尺寸、不同格式分布和不同显示设备一共准备了 34 个版本的《阿凡达》（2009）[5]。

如果你对项目最终放映的场地并不确定，为最大屏幕进行准备总是没错的。一个保守的方案是为广播电视网的播出做好准备。天空电视台目前把立体节目的正空间（负视差）限制在 2%，而负空间（正视差）只有 1%。这在电视屏幕上实际只有不到 20 个像素！

图 7.45

大多数观众在观看立体影像时的立体融合能力都不强。保守的视差设置可以帮助观众更平滑地融入这个陌生的三维世界中。

图 7.46

对观众要温柔体贴。无论屏幕尺寸多大，为了确保观众的舒适观影，65 毫米的左、右眼分离度是我们的上限。

---

5   詹姆斯·卡梅隆（制片人＆导演），Breton, B.（制片人），Kalogridis, L.（制片人），Landau, J.（制片人），McLaglen, J.（制片人），Tashjian, J.（制片人），Wilson, C.（制片人）等，美国 20 世纪福斯影业 2009 年出品的影片《阿凡达》（*Avatar*）。

7.11 正确获得视差

　　有很多种工具可以帮助我们确定左、右图像适当的分离度。集成式立体摄录一体机配备的立体融合功能可以设置汇聚面的相对位置及视差大小。在松下立体摄像机中，汇聚调节功能被整合到立体向导中，上面有一个关于拍摄对象在"观众舒适区"内的距离读数。"观众舒适区"是根据不同屏幕尺寸、镜头轴距、镜头焦距和当前焦点科学计算出来的区域。在焦距较长时，"舒适区"可能会减小到只剩几厘米！

图 7.47

在拍摄过程中，我们仍然可能需要对焦点和汇聚面等参数进行调整，以确保演员不会出现在错误的立体空间中！

（a）

（b）

图 7.48 a,b

一名立体拍摄者必须时刻顾及观众的舒适度。像是图（a）中的拳头或者沙滩排球这种冲出"舒适区"飞向观众的未融合对象不宜在屏幕前停留过长时间。如图（b）所示，屏幕后面的离散对象同样会给观众带来不适。

（a）　　　　　　　　　　　　　　（b）

图 7.49 a,b

（a）松下立体摄像机的立体向导功能可以针对 77 ～ 200 英寸的屏幕进行设置。例如图中的数据显示当先的"舒适区"是 3.1 米到无穷远。像图（b）中这种智能手机应用程序可以对多种格式的传感器、轴距和屏幕尺寸进行立体计算。

拍好立体的 10 个步骤

1) 设置白平衡和曝光
2) 打开立体向导，设置为最大屏幕尺寸
3) 选择混合显示模式
4) 关闭电子取景的峰值显示
5) **设置汇聚面**
6) 确认舒适区
7) 关闭混合模式，回到单眼显示
8) 对焦
9) 检查构图内是否有"窗口干涉"
10) **开始拍摄**

图 7.50

图 7.51

给演员留点儿喘息的空间。把汇聚面设置得过于靠近演员可能会让他"掉"到屏幕外面。

7.12　窗口干涉

　　视窗或屏幕边缘把位于立体正空间内的对象截断的现象就是窗口干涉。这种位于对象后面的窗体把对象遮挡的现象是不合逻辑的。窗口干涉把人体截断时尤其使人感到不适，因为我们的大脑对悬浮在正空间内的部分头和躯干很难适应。

　　窗口干涉的严重程度在很大程度上取决于观影屏幕的尺寸。20 多米长影院银幕前的观众会对窗口干涉宽容得多，因为他们并不太会注意到屏幕的边缘。但如果是在移动设备或其他更小的屏幕上观影，窗口干涉带来的影响和干扰则要严重得多。

图 7.52

并不是所有的窗口干涉都需要采取补救措施。如果观众在大银幕影院里观影，他们并不会在意屏幕的边缘，这时候窗口干涉就不是问题。

7.13　关于立体故事的思考

　　如果立体影片真正得以蓬勃发展，而不再是一种噱头，那么第三个维度中的感情线索对故事来说就是至关重要的了。就如同色彩可以作为角色的感情线索一样，角色的三维立体感或圆度也同样可以以某种方式影响他的电影化旅程。

在策划立体项目时，每个场景的立体深度都必须从角色的视角彻底地进行探索。故事板应该充分考虑对象和人物在正、负空间中的相对位置，并且要留意多个平面内的立体连续性，因为观众的注意力可能不仅限于汇聚面。

对演员的立体深度设计非常重要。在拍摄对话这种不需要强烈立体效果的场景时，要注意抑制立体效果；而在拍摄追逐或动作场景时，则应该放大立体效果。这种级别的细致立体强度控制可以提升作品品质，并提高观众观影的舒适度与满意度。

图 7.53

立体故事板详尽地记录了每个场景的可用立体深度，并可以帮助拍摄者建立相对连贯的屏幕汇聚面。

图 7.54

在设计立体场景时，我们应该整合尽可能多的平面深度线索，以便提供更舒适的立体观影体验。

图 7.55

强迫观众对屏幕后面过度分离的图像进行立体融合会给观众带来极为痛苦的观影体验。

7.14 圆度因素

立体拍摄者和普通拍摄者一样，也必须明白善待演员的重要性。当我们的演员、新娘和新郎、共和国总统或 CEO 在屏幕上看起来变形或扭曲，作为拍摄者的我们准没有好果子吃。我们会失去客户、失去工作机会、失去收入。

为拍摄对象保持适当的圆度是立体拍摄者的主要职责之一。在平面拍摄中，长焦望远镜头会把演员的面部特征压平。

图 7.56

立体拍摄对象的头部和脸部必须保留适当的形状体积。把女主角的面部拍得怪诞变形对你的职业生涯来说可不是什么好事。

相反，超广角镜头在拍摄特写时会产生过多的圆度，表现出一种不那么美的"妖魔相"。

有些时候，这种妖魔化的处理是根据故事要求的有意为之。在立体中，这种头部和面部失真尤为让人感觉不安。对于原始男女来说，这种像是外星人水晶球一样的夸张圆度往往意味着危险。它好像在说："跑！快跑！"这种不熟悉的另类视觉会让人觉得惶恐。

轴距与人眼类似的立体摄像机在保留面部的正确圆度方面做得不错。但长焦镜头用在这些摄像机上会减少画面内人形的圆度，产生一种硬切边缘的 Colorforms 儿童粘贴画[6]效果。

7.15　抛弃极端的 2D 拍摄方式

这种情况一直都在发生。我就见过拍摄者蜷缩我工作间的地板上贴地拍摄，或在楼梯间追求极致的拍摄角度。我还见过他们变焦到那种令人窒息的特写[7]、过肩拍摄或手持拍摄。然而这些拍摄方式在立体拍摄中都是不可取的。

这些拍摄方式之所以不可取，是因为立体成像对于大脑来说是原始的、有所畏惧的、保守的。20世纪 80 年代 MTV 的摇晃摄影风格在立体领域也存在问题——现在把书放下，反正你也不一定买，环顾一下四周，无论你是在大学图书馆、机场卫生间，还是在书店的过道上，你发现什么了吗？

是的，除非你喝醉了、吃错药了，或者生活在南加州，否则我们生活中的墙壁是不会动的！我们

立体的思维流程

构思立体感情故事
考虑立体体积构成
继承立体深度的连续性
调整立体强度
避免立体噱头和未融合对象

图 7.57

的大脑本能地排斥那些"摇滚"的房间，会第一时间寻找更安全稳固的庇护所。

同样的问题也出现在焦点上。在平面拍摄中，虚焦部分是很高效的技巧。它可以告诉观众："别看这儿，这儿的内容对故事并不重要。"但在立体拍摄中，虚焦的作用却正好相反。在现实生活中，几乎我们看见的一切都是在焦点内的。如果我们看见什么人或者什么东西并不在焦点中，我们会把注意力都集中在它身上，极力寻找其中的潜在威胁，试图一探究竟。观众在观看立体时，出于对安全的担忧，观众很难把视线从虚焦处移开。

其他方面也要注意，如在缺乏深度线索的场景中，在过曝或曝光不足的区域中大脑也很难进行立体融合，同样，在缺乏纹理的墙壁或桌子等宽阔的平面上立体感知也很难顺利进行，同样的情况在镜子、玻璃、波浪或水坑反射出来的影像上也存在。

6　Colorforms 是 Harry 和 Patricia Kislevitz 在 1951 年发明的一种儿童玩具粘贴画。它通过把塑料薄片粘贴在塑料板上以创建各种富有想象力的场景。

7　令人窒息的特写，顾名思义就是那种构图很紧，卡着演员额头和下巴的特写。

图 7.58

还有 2D 拍摄的臭毛病改不掉？真该找人打你的屁股。

图 7.59a

这种贴地机位画面中的地面部分在舒适区之外，在立体拍摄中，这种强行透视会使观众痛苦不堪。

图 7.59b

这种水坑中的重复图案让观众很难判断出各个元素的位置。这种没有明确深度线索的画面出现在汇聚面上是不符合逻辑的。

图 7.59c

虚焦部分的立体通常都不是明智的选择。基于这个原因，拥有更大景深的小尺寸传感器立体摄像机就成了首选。詹姆斯·卡梅隆拍摄《阿凡达》时使用的就是 2/3 英寸传感器的摄像机。

图 7.59d

拍摄立体时，应该对缺乏深度线索的大面积过曝或欠曝区域进行补偿。

图 7.59e

手持立体在拍摄动作场景或酒吧争斗时非常有优势，因为个别的晃动镜头都很简短，观众不用特意对左、右眼图像进行立体融合。但固定镜头要避免手持拍摄。

被切掉头顶的女人

图 7.59f

粗心裁掉的头或其他身体部位在银幕前仿佛在告诉大家："危险！快跑！"

图 7.60

图中爱迪生先生的平面剪贴画在立体中看起来就是平面剪贴画。但你拍摄的立体中的对象必须得是真正立体的！

7.16   裸眼立体是大势所趋

观众们并不喜欢戴着眼镜观看立体。除了不方便和不好看之外，在漆黑的电影院里戴着"墨镜"本身就不合常理。事实上，除了眼睛本身会不舒适，立体眼镜导致的亮度衰减正是影响观众享受立体电影的主要障碍之一。

立体眼镜的主要作用是提供立体成像所需要的左、右眼独立影像。主动式立体眼镜通过与放映机或显示器同步的电子快门来交替显示左、右眼图像。立体眼镜通常是家庭立体观影的首选，因为它们能提供更好的离轴立体体验。这是对那些想一边叠衣服或准备意大利肉丸面一边观看立体的人们的最佳选择。

主动式立体眼镜可以提供比被动式立体眼镜更明亮的画面，因为观众每只眼睛看到的画面都是全高清、全像素的。而且主动式立体系统也不需要特殊的屏幕，图像可以被投射在走廊、教室或公寓里的任何白墙上。

图 7.61

和正常太阳镜的原理类似，无源的被动式立体眼镜靠左、右不同的偏振镜片来分离左、右眼图像，但会使每只眼睛的图像亮度和分辨率降低50%。被动式立体眼镜由于没有电子元件，其制造成本要低的多，也不需要电池或进行充电，因此更适用于商业院线和公共场所。

另外，必须使用特殊的偏振显示器或偏振光学银幕才能使用被动式立体眼镜观看立体。

当没有更好的立体系统可用时，旧式红蓝立体系统可以提供简单、低成本的立体观看方式。红蓝立体系统通常把左、右图像编码成互为反色的红色和青色。在平面笔记本屏幕或电视上使用红蓝系统可以简单、有效地检查立体内容的视差、汇聚面位置和立体平滑性。很多没有立体监视器的编辑都使用这种方法来检查他们的工作成果。

最终，随着立体观影从大尺寸银幕逐渐让位给移动设备，裸眼立体将成为主流。手持显示设备的亮度逐

图 7.62

不同厂家互不兼容的立体眼镜也是公众对于立体渐渐失去兴趣的原因之一。图中这些布里斯班研讨会上的新生拍摄者们看起来对他们华而不实的新立体眼镜还挺喜欢。

年提高，并且可以利用柱状透镜液晶光栅[8]分离左、右图像，这样一来观看立体就不再需要立体眼镜了。而另一方面，低成本的宽可视角度自动立体（裸眼）电视机的普及可能还需要几年的时间。

不要想着享受立体电影

如果你作为一名正在探求立体电影诀窍的拍摄者外出约会观看立体电影，那你最好不要想着享受立体电影或享受约会，这可是个学习立体的好机会！经常把立体眼镜抬起、再放下，观察银幕上的视差。当立体效果好时，记下当时的分离度，当立体效果不好时，同样要记录下来，特别要记住立体效果不好时的分离度。

大屏幕上的裸眼立体？

图中这张三维立体画（Magic Eye）® 中众多重复印刷的玫瑰后面隐藏着一张三维场景。你能摆脱融合焦点看到隐藏的图像吗？我的一些学生甚至隔着一个房间远不戴眼镜就能看见这些图像。

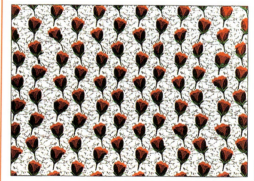

图 7.63

7.17　立体就此止步了吗？

在 2012 年的一个调查中，大约 4/5 的美国人对立体电影和电视[9]表示出了负面的看法。到 2012 年中期，全美国 3 亿 3000 万台电视机中只有 2% 能播放立体节目。《阿凡达》本想把宏伟的立体佳作带入到全世界的千家万户，但事实上并没有成功。不管你通过什么技术观看立体，无论是主动系统还是被动系统，立体画面并不好看……难道不是吗？

8　柱状透镜技术通过把左、右眼图像叠加镶嵌在屏幕上的微小柱状透镜里，通过左、右眼的不同观看角度分离左、右图像。这种技术需要观众的精确位置来确保良好的立体效果。将来的柱状透镜电视机将可以跟踪观看者在屏幕前的位置，并对左、右图像做出相应的调整。

9　"有人在看立体吗？立体电视并没有打动观众。"《今日美国》（2012 年 9 月 29 日），知名市场调查研究公司 Leichtman Research Group：Durham,NH。

图 7.64

图中这部立体摄像机拥有与人眼接近的的轴间距。这让它可以在小型屏幕上提供出色的视差。

（a）　　　　　　　　　　　　　　　　　　（b）

图 7.65 a,b

你必须意识到，图中这种价值 25 万美元的重型立体摄影机支架（3D RIG）将会在短短几年之内，像猛犸巨象一样灭绝。

图 7.66

少即是多。这不仅是照明技术的真谛，也是生活的真谛，对立体摄像机也同样适用。

图 7.67

采用双镜头的立体摄像机使用了很多复杂的技术来保证两组图像拥有同样的光轴、图像尺寸和焦点。图中的索尼单镜头立体原型机使用反射镜代替快门来创造左、右两组图像。这种更简单的方案可以在 240FPS 高速拍摄的情况下保证良好的精度。

7.18　立体的后期制作与输出

　　立体项目的数字编辑工作仍然可以使用我们熟悉的工具来完成。像 Final Cut Pro、Adobe Premiere 和 Avid 等常用软件允许我们对基础视图（左眼）进行简单的编辑，同时用插件自动匹配右眼的时长、颜色校正、几何形变等属性。

　　立体剪辑师明白立体节目的节奏必须比平面节目要慢，必须给观众足够的时间去适应每次切换镜头后的立体变化，必须让观众找到每个镜头的汇聚面以及它前前后后的所有元素。立体转场带来的困惑可以通过调整汇聚面位置或是使用类似 Dashwood Stereo3D 这类插件来缓解。它的 HIT 功能还可以把突出屏幕之外的物体推回屏幕或屏幕后面，有效抑制严重的窗口干涉现象。像前文提到的一样，如果直接用 1920×1080 拍摄立体，那么在后期制作中就没有额外的冗余像素来调整左、右眼图像的重叠程度了。这时只能放大其中一组图像甚至把左、右眼图像都放大，但这样做会导致无法挽回分辨率的损失。

图 7.68

在使用立体监视器进行编辑时要格外小心。在小尺寸屏幕上适用的立体图像，其节奏、视差和立体深度并不一定适用于大型场所。

编辑左眼，再与右眼匹配

图 7.69

立体内容的后期数字编辑工作简单而且直接——这也是现在立体仍在存在的主要原因之一。

图 7.70a

尽管左－右格式（SbS，Side by Side）会让每只眼睛损失 50% 的水平分辨率，上、下格式（T&B，Top and Bottom）会让每只眼睛损失 50% 的垂直分辨率，但这些格式在观看有大量横向运动的体育节目时反而会更适用。立体商业光碟为了给左、右眼都保留全部分辨率，会使用帧堆叠打包策略。这是一种全分辨率立体光碟才会用到的特殊编码器。

图 7.70b

左－右（SbS）格式多用于派发的一次性光碟、Demo 演示项目、婚礼录像和小型企业宣传片等。

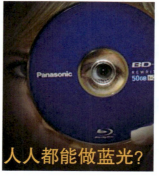

图 7.70c

Adobe Encore 软件允许蓝光创作者在 Mac 或 PC 上以 SbS 和 T&B 格式直接编码和刻录蓝光碟片。也可以把蓝光内容刻录在 DVD 上，但并不是所有的蓝光播放机都能识别这种 DVD，除非把它编码成"H.264 long-GOP"格式。

尽管会损失 50% 的水平分辨率，但左 – 右格式（SbS）仍然是把立体内容发布到广播电视网、网络和蓝光光盘的首选。需要注意的是，立体蓝光（3DBD）是一种每只眼睛都拥有 1080P 全分辨率的特殊交付格式。3DBD 需要特殊的播放器和特殊的编码器，这种编码器非常昂贵且用途并不广泛。SbS 或上 – 下格式（T&B）需要的带宽并不比普通 2D HD 高清更多，SbS 格式对有带宽限制的广播电视网或其他带宽较窄的工作环境而言极富吸引力。

7.19　立体再次来袭！

这次我们谈论的不再是影院里的立体。影院立体这艘摇摇欲坠的大船早就已经下水开始航行了。如果照目前的趋势继续发展下去，主要制片厂目前的计划不变的话，一直到 2015 年，立体故事片只占总出品电影数的不到 10%。与此相比，在 2011 年超过一半的制片厂都出品了立体电影。这就意味着无论你怎么切分它、汇聚它或者水平调整它，立体电影在大屏幕上的表现都不会是什么大问题。

尽管公众对立体电影和立体电视正逐渐失去兴趣，但立体的下一个发展点将会是致命的、影响深远的。这个即将到来的新浪潮将会影响非影院用户，从企业、工业、教育领域到婚礼、活动、旅游和诸如音乐电视或电视剧大结局这类紧凑的娱乐形式。这种转变的催化剂正是即将推出的立体平板和立体手机，试想一下，立体 iPad 的推出会在一夜之间增加数百万潜在的移动立体观众。

图 7.71
新型立体移动设备将会在企业、工业培训、远程教育和娱乐等非影院应用环境下创造出强劲的需求。这才是未来！

7.20　2D 转 3D

我们能不能用 2D 拍摄，然后再转换成生动的 3D 立体？这得看情况。虽然通常高质量的 2D 到 3D 转换价格昂贵且仅适用于高成本的大制作，但有些时候，在可以实时转换，并且立体效果大致可以接受的情况下，例如在美式足球的转播中，由于球员、球场和帧的边缘的相对空间关系很容易分辨，2D 转 3D 也是可取的。毫无疑问，特写镜头是 2D 转 3D 中最难的，原因就是 2D 特写镜头缺乏优秀立体画面所需的遮挡提示和深度线索。

图 7.72

图中这种售价 40000 美元的转换器可以利用场景内的平面深度线索产生出类似于立体的图像。

7.21 制片工艺的进化

《霍比特人：意外之旅》挑战了诸多沿用至今的立体电影技术规范。人们刚看到它 48FPS 的高帧率画面时会感到不自然、做作，像是在看高中体育比赛的录像带。但过了大约 10 分钟之后，观众们就开始适应这种超级真实的画面，就开始享受立体故事和它清晰、平滑的图像了。

这部影片挑战了长久以来观众们只能在电视上观看并感受大于 24FPS 的画面的现状。同时，《霍比特人》也证明了拍摄立体并没有什么神奇的公式。被像我一样的立体培训师所鄙夷的虚焦背景在大银幕上看起来也并没那么糟糕。同样，观众们对中速和快速的镜头剪切节奏似乎也并不在意。

因此我们可以把立体的瑕疵分为两大类：一类是美学方面的，像是虚焦和快速剪切的运用，以及我们的大脑对立体成像的适应性；另一类是技术问题，例如严重不匹配的左、右图像，垂直差异或者放映机 / 显示器的亮度不足等。后一类瑕疵显然更严重、更容易为观众带来真正的痛苦，特别是在几种问题一同出现时！

图 7.73

从帧速率、虚焦，到材质的运用和剪辑节奏，《霍比特人：意外之旅》挑战了立体电影制片工艺的许多方面。随着观众们越来越多地接触立体内容，关于这类技术的争论也会继续持续下去。

7.22 展现未曾见过的世界

立体透视可以帮助我们以一种独特而迷人方式观察这个世界。随着数以千万计的移动设备进入市场，未来几年对于立体拍摄者的需求必然成倍增长。

图 7.74

不要胆怯。用你所有的热情拥抱立体世界吧。

图 7.75

探寻立体新视野。

图 7.76

教学角：思考题

1. 请解释一下，为什么说："其实我们一直都在拍立体。"

2. 描述三个平面拍摄者和立体拍摄者之间的差异。每种拍摄者的手艺又是如何不同？

3. 列举五种平面拍摄常用的深度线索。相同的平面深度线索在立体环境中还会起作用吗？

4. 找到三种影响汇聚面放置位置的因素。

5. 为何"把汇聚与对焦区分开"对于立体观看和立体叙事十分重要？

6. 立体成像是一种蒙骗大脑的技术障眼法。描述三种可以给观众带来痛苦体验的立体缺陷。

7. 在立体拍摄中，把拍摄对象置于负空间，也就是银幕之前时，会如何影响影片叙事？

8. "立体视觉与有效的故事叙事是相对立的。它会不断地提醒我们，现在是在看电影，并完全避免情绪的介入。"你同意这种说法吗？请大家讨论。

9. 在立体故事中要充分考虑物体和角色的圆度。从摄像机的角度出发，列举三个影响演员头部和面部在场景中的尺寸和形状的因素。

10. 糟糕的立体体验有可能归咎于观众吗？

掌握与控制

如果我们是歌者，我们会通过调整音调和音色来控制声音。如果我们是作家，我们会通过锤炼单词和短语来控制我们的文字。而如果我们是视频拍摄者，我们就必须控制我们所拍摄图像的样式和感觉。

对于那些使用最简单的消费级摄像机的拍摄者而言，这一章的内容可能看起来并没有什么实际意义，因为这些家用的消费级摄像机都缺少最基本的设置选项。摄像机的主要成像参数——曝光、白平衡和对焦——在消费级摄像机中都被那些自以为无所不知的工程师们预置成特定的程序，并不能自由调整。

主流大众市场的需求对入门级摄像机的功能产生了深远的影响。几十年前，据传柯达公司在设计它们著名的 Kodachrome® 胶片时，就假设粗心的消费者会把胶片留在炎热的汽车手套箱里。这种对用户愚蠢行为的预期在产品的工程设计中起到了关键的作用，对于今天的很多消费级摄像机来说仍然是这样。大多数低端型号的摄像机会设计得尽可能的傻瓜。

图 8.1

按下这个按钮，看看会发生什么。最引人入胜的故事往往需要你投入更多的精力和创造性。天上掉不了馅饼。

这就好像是拍摄者想让高科技替他们讲故事一样！自动对焦、自动曝光、自动白平衡——与其说这些是功能，不如说它们是噱头，因为把如此重要的参数设置交给自动程序可不是一个专业的、天赋秉异的拍摄者会做的事情！

主要摄像机厂商终于跨越了全自动的概念，开始为摄像机增加手动控制功能，例如手动对焦、手动白平衡、手动曝光和手动音频电平。有些摄像机更进一步增加了手动伽马调整、细节级别调整和颜色矩阵调整等功能[1]。现如今，对于那些计划使用最新一代摄像机的拍摄者而言，机内创造性的设置选项可谓多到令人不知所措。

1　详见第九章中关于摄像机菜单的关键设置选项的讨论。

8.1   谁会需要全自动?

　　自动对焦,自动曝光,自动白平衡——这是多么愚蠢的概念啊!一台摄像机怎么可能知道应该把焦点放在哪里?一台摄像机怎么可能知道我们需要的曝光是什么样的?一台摄像机怎么可能知道我们这个场景需要拍得偏暖一些?

图 8.2

为了拍摄出引人入胜的视觉故事,你需要严格控制摄像机的成像能力,尽量选用那些提供丰富手动控制功能的的摄像机。

图 8.3

菜单控制杆可能确实帮制造商省了几毛钱,但它差劲的手感很快就会把你逼疯。特别是你戴上手套之后就更难操作它了,因此你的摄像机最好足够坚固,至少保证在项目完成前不会被抓狂的你砸坏。

图 8.4

这个位于你摄像机侧面、能让一切设置全自动的推杆就是罪魁祸首,把它关掉!

8.2   打倒自动曝光

　　正确的曝光是构建场景气氛的关键,那么什么才是正确的曝光呢?正确的曝光不只是技术上的问题,更是一个创意层面的问题。刻意的曝光不足往往可以让场景看起来更富戏剧性、更有神秘感。而有意的过度曝光往往也可以在故事讲述中扮演重要的角色，例如在拍摄科幻、浪漫的金星表面或戈壁沙漠中一个快要渴死的旅行者时。然而摄像机的自动曝光功能会纠正这些曝光不足或曝光过度，因此，除非你的片子统一要求使用中性灰度，否则你最好关闭摄像机的自动曝光功能。最让人讨厌的是，在场景的光线变化时，自动曝光功能会不断调整光圈并产生类似呼吸效应的现象。当把摄像机设置为自动曝光时，摄像机会把这世上的一切都拍成 18% 的灰色。纯白的墙壁会被拍成灰色，纯黑的墙壁也会被拍成灰色，然而它们本身显然不是灰色的。工程师们，赶快解决这个问题吧！这个世界是丰富多彩、充满活力的，它绝不是 18% 的灰色！

（a）

（b）

图 8.5 a,b

这个世界本该五彩缤纷，但你摄像机的自动曝光功能可不这么认为。许多拍摄者在每次设置摄像机后都会先拍摄一组彩条或灰度图。这样做可以为后面的拍摄提供有价值的色阶参考，从而节约时间和金钱。

（a）

（b）

（c）

图 8.6 a,b,c

用上你的斑马纹！摄像机内置的斑马条纹辅助功能可以帮你确定合适的曝光。当斑马纹设置成 70% 时，演员面部高光处就应该有细微的条纹出现。有些摄像机可以设置两套斑马纹，可以分别自定义两套参考值。

（a）

（b）

（c）

图 8.7 a,b,c

（a）曝光不足导致暗部太黑，暗部细节都被深色调掩盖了。（b）曝光过度导致褪色的天空和细节丢失。（c）对于一些乏善可陈的场景，刻意曝光不足可以增加场景的戏剧性和吸引力。

图 8.8

在低光照下拍摄时，可以尝试加入一些强光源，例如高速公路的警示灯，这能有效分散观众对于画面暗部噪点的注意力。

摄像机的 ISO

图 8.9

摄像机在"原生"ISO 在理想情况下的成像最好，因为对于数字拍摄者而言，模拟其他感光度的胶片都是在长长的设定菜单中完成的。

一台摄像机的 ISO[2] 可用范围在很大程度上取决于拍摄者对噪点的容忍程度。就像胶片颗粒一样，有时候少量的噪点可以接受，但有时就不行，因此说摄像机的 ISO 是一种主观的性能。包括索尼的大部分型号在内的一些摄像机降噪功能比较强大，对拍摄者来说可用的 ISO 就更高。

高 ISO 下表现出色的摄像机往往被用来捕捉最大的暗部细节。通常情况下，当今摄像机的额定 ISO 都被定为 ISO320，一些传感器尺寸相对其分辨率较大的摄像机（如松下 AF100）的额定 ISO 会更高。标清摄像机因为其相对较大的像素尺寸，通常拥有更好的低光照性能和更高的 ISO——大概平均比 HD 高清摄像机高两挡。

ISO 跟伽玛曲线、增益值一样，是由用户选定的影响场景灰度等级的参数。该参数表明了一台摄像机在相同曝光下相对胶片的感光度。

8.3 "中国姑娘"

许多年来，"中国姑娘"（谁也不知道她到底是谁，也不知道她是已婚还是单身，或者到底是不是同一个人）一直被电影制作者作为白种人肤色的参照。很显然，大部分电影制作人都忽略了其实世界上的大部分人都不是白种人这个事实。视频工程师们普遍也存在这种偏见，他们大多生活在北纬地区的国家，在这些地方，使用"中国姑娘"作为肤色参考已成为常态。

我并不是要聊胶片配方、CCD 或 CMOS 传感器的正确性，或者是摄像机设计者的文化倾向。我只是想说，摄像机的自动曝光功能会竭尽全力把每一张脸都渲染成我们熟知的"中国姑娘"[3] 的肤色。

---

2 ISO 在这里并不是"国际标准化组织"的缩写，而是源自希腊单词 iso，意为"相当于"。ISO 评级反映了胶片或视频摄像机的相对感光度。

3 在英国电视台内部，相传被广泛作为参考的这个女孩是 BBC 首席视频工程师的女儿。同时她还出现在英国的标准测试卡上。不过，她现在可能已经长大了，结婚了，或许已经有了自己的孩子。

图 8.11

工程师们在设计摄像机时只考虑了白种人的肤色，而没有考虑多元化人群的肤色范围。

图 8.10

这个姑娘可能根本就不是来自东亚，但几十年来，这种鲜活的亚洲女性肤色一直被当作电影制作者和实验室技术人员的视觉指导。

图 8.12

图中是专业测光表上的白色感光球体。

图 8.13

其实不论什么种族或民族，我们的肤色都相近，但是我们皮肤的相对亮度却可能有很大的区别。

8.4 驾驭波形图

过去，你只有在广播电视台总控室里才能找到波形监视器。但今天，拍摄者在很多摄像机、监视器里都能找到示波器功能，示波器可以有效防止高光削波和高光细节损失。对于绿屏拍摄而言，示波器也非常有用，它可以用来确认绿屏上照明的均匀性。

(a)

(b)

图 8.14 a,b

图（a）中因为高光削波导致高光细节的损失会让整体画面看上去非常业余。使用某些摄像机内置的示波器（b）可有效避免这种尴尬。

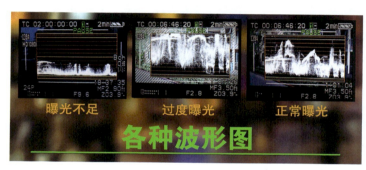

图 8.15

从左至右：左图的波形表明画面曝光不足，可能是黑暗的场景；中图的高光部分已经被削波，明显曝光过度；右图的波形有着较宽的动态范围，属于正常曝光的画面，可能这才是你想要的。但是，任何波形都可能是正确的，这完全取决于你的故事。

8.5　考虑快门问题

　　大部分视频摄像机都有两个快门：一个是可选多种速度的快门，例如 1/25 秒、1/50 秒、1/100 秒等；另一个是用于在海外拍摄时同步电脑显示器或荧光灯、霓虹灯的同步快门。使用慢于 1/60 秒的快门拍摄时增加的模糊效果可以给画面增添超现实感；而使用快于 1/60 秒的快门则可以拍摄到清晰的图像，但同时也可能增加连续画面产生卡顿感或帧间频闪的风险。改变摄像机的快门速度（或角度）可以对你的视觉故事产生巨大的影响。

图 8.16

由慢速快门引起的运动模糊非常适合用来拍摄极度活跃的纽约街头。

图 8.17

通过快速快门拍摄可以消除运动模糊，但同时可能产生令人厌恶的不流畅感，尤其是在使用 24P 进行拍摄的时候。同时使用高速快门和高于常规的帧速率进行拍摄可以消除这种风险。

马车轮效应

逐行视频通过快速播放一系列静止图像来形成运动画面。如果马车车轮与摄像机快门的速度都是 24FPS，那么画面中的车轮看起来就几乎是静止的。如果车轮的转速是摄像机快门速度的整两倍，也就是 48FPS，那么车轮看起来仍然是几乎静止的。但是假设车轮转动的速度是 45FPS，那么在画面中看起来车轮可能是在倒转，因为它的转速尚未达到快门速度的整两倍。

（a）

把快门角度设为 210°
（b）

图 8.18 a,b

有些场景天生就有问题。拍摄飞驰的马车或沿栅栏平移拍摄时，极易产生不流畅感或闪烁现象。为了避免这些问题，此时应该使用慢速快门或更宽的快门角度。210°的快门通常就足以降低这些风险（常规的快门开角是 180°）。

图 8.19

快门同样也是一种非常有力的创作工具。有些摄像机用"角度"表示快门，习惯传统胶片摄影机机械快门的拍摄者们很容易接受这种表示方式。

8.6 同步快门

摄像机的同步快门，又称同步器或清晰扫描，它可以帮助拍摄者拍摄不同步的电视、显示器等显示设备，而不会产生滚动条或闪烁现象。这些屏幕上的滚动条或闪烁现象往往会破坏视觉故事的流畅性。

在海外拍摄时，因为制式不同的缘故，我们可能经常会遇到电视屏幕上、霓虹灯上或其他不连续光源产生的闪烁现象。拍摄者应该特别留意那些来自超级市场和其他公共场所的日光灯闪烁，这些图像缺陷在摄像机的小取景器里往往很难被发现。

图 8.20

在 50-Hz 的国家里拍摄 24p 时，使用 1/100 秒的快门就可以消除荧光灯的闪烁。172.8° 的快门开角设置也可以完成同样的任务，同时又不用使用更快的快门和损失曝光量。[4]

8.7 帧速率与故事的关系

　　帧速率与视觉故事是相辅相成的关系。一旦确定了故事的分辨率（720,1080 等），接下来就该选择帧速率了。如果我们打算拍摄数字电影、DVD 或 Blu-ray 蓝光，那么无论是从前期图像拍摄，到后期制作，甚至到最终输出、压制光盘来说，24P 通常都是最好的选择。如果我们的项目是新闻或体育类电视节目或互联网内容，那么使用 25P、30P 或 60P 显然更合理，因为这些格式都很容易下变换为互联网内容常用的 15FPS 的帧速率。

　　在使用帧内压缩的高端摄像机上，60P 拍摄通常被限制在 720 分辨率；目前 1080p60 仍然不是主流的拍摄标准，但松下 AF100 摄像机已经可以在 AVCHD 压缩下支持这种格式。

　　我通常会在可变帧速摄像机上使用非标准帧速率来进行创作。例如在拍摄带有情绪的场景时，我可能会把帧速率稍微提高 1、2 帧，来为演员的表演增加分量、提高作品品质。相反，如果拍摄追车戏，我通常会把帧速率降低 2、3 帧来增加追逐的速度感和危险性。但无论哪种情况，此类调整的效果都很细微，观众们很难察觉得到。

图 8.21

在高放大倍率下，如果用"正常"速度拍摄这只火烈鸟，那么它的动作会显得过快，看起来不自然。但如果用 40FPS 拍摄，24FPS 回放的话，画面看起来就会自然得多。

图 8.22

相反，稍微降低摄像机的速度拍摄可以增加追逐的戏剧性。使用 20FPS 或 22FPS 拍摄，再用 24FPS 回放，就可以既把速度加快到让人感觉危险的程度，又不会让观众察觉到人为处理的痕迹或产生滑稽感。

4　在美国或其他 60-Hz 的国家拍摄 25p 应该怎么设置呢？把摄像机的快门角度设成 150° 就行了。

图 8.23

使用略高的帧率拍摄，可以为画面增加一丝梦幻的感觉。图中的一幕是我的女儿在夏威夷的莫纳罗亚，我用30FPS拍摄，24FPS进行回放。额外捕获的帧放慢了她的转身和动作，为她的表演增加了分量。

图 8.24

在夜晚使用稍低的帧速率可以捕获令人惊叹的城市夜景。降低帧速率可以显著提高摄像机的低光照性能！

8.8　聚焦在重要的对象上

我们很轻易就能列举出自动对焦功能的无用之处——它很愚蠢，它是为业余爱好者开发的功能，它简直就是人类的祸害——在大多数情况下，这些评论都是准确的。在画面中，焦点的选择和对观众视线的引导对于视觉故事的讲述是至关重要的，它是如此重要，以至于你绝不能把它交给那些设计摄像机的朴实工程师们。

8.9　这些人并不是演员

基于一些未知的原因，设计摄像机的工程师们始终认为画面中央才是一直应该被聚焦的地方，自动对焦功能就是这样。他们从来都不会考虑经典的大师理论和三分法则。在大多数摄像机上，拍摄者们都只能背负着工程师们这种不合逻辑的自负，他们根本无法针对画面的特定区域进行对焦。

对焦是我们作为拍摄者最基本的技能之一。当我们把摄像机的对焦从自动切换为手动时，就像是我们在申明：我们是手艺人，我们是人类。我们绝不能把自己的手艺活交给一台没有灵魂的机器！现在不能！以后也不能！在手动对焦时，我们可以把变焦镜头先推上去，在放大状态下进行精确对焦，再把镜头拉出来重新构图。在没有手动对焦环的摄像机上，我们甚至可以使用自动对焦按钮进行对焦，再根据你的故事对画面重新构图。

图 8.25

大多数摄像机的设计都是在画面中心持续对焦，这与大部分艺术家对视频故事的创作理念背道而驰。作为拍摄者，我们通过聚焦或模糊画面内相对重要的对象来引导观众的视线。只有我们这些富有灵感的拍摄者才能做出这种决定，而不是机器！

图 8.26

把摄像机的对焦模式切换为手动对焦（MANUAL），以避免摄像机在画面中心进行无止境的自动对焦。

图 8.27

这台摄录一体机的触摸屏可以方便拍摄者对所需要的区域进行自动对焦。

8.10　分辨率越高对焦越难！

美国掌机摄影师协会（Society of Operating Cameramen）里有一句话是这样说的："我们看到的画面最早！"但随着配备小尺寸取景器的高清晰度摄影机的普及，一位沮丧的掌机摄影师半开玩笑地把他们的这句座右铭改成了："我们看到的画面最糟！"

在高分辨率拍摄中，作为摄影师的我们很难在小尺寸的低分辨率屏幕上找到准确的焦点。极具讽刺意味的是，我们的观众却很可能在更大的屏幕上看到同样的图像，而且很可能还是在电影院的大银幕上看到的。观众可以比我们在现场更清晰地观看拍摄内容，这令我们感到非常不安。

对于一名手艺人来说，能清晰地看到我们正在做什么是至关重要的。有的人觉得这是理所应当的，因为在我们所从事的行业中，"看见"就是一切，但其实并非总是如此。该死，我们一直在浪费时间讨论 2K、4K 甚至是 6K 分辨率的优劣，却从没有想过摄像机取景器的尺寸和成像质量以及我们的视线变模糊之间的关系这种更有实际意义的问题。把图像拍好其实远比有能力把图像拍好要重要。

尽管现在新型 LCD 和 OLED[5] 可以提供更清晰、更明亮的取景视野，但是在这些 1 或

5　OLED 又称为"有机发光二极管"（Organic Light-Emitting Diode）技术。这种显示材料拥有近乎于绝对的黑色和更广的色域。而且由于其刷新频率比传统 LCD 快 1000 倍，因此 OLED 取景器可以提供清晰且毫无拖影的画面，从显示效果和感觉上，可以说它已经非常接近光学取景器了。

2 英寸的取景器上苦苦挣扎对于拍摄者们来说仍然是个不小的挑战。摄影机厂家们其实也知道这个对焦困难的问题，它们也试图通过各种不同的技术策略来解决这个问题。有些摄影机使用局部放大辅助对焦，有些使用手动对焦指示条辅助对焦，还有些使用直方图来辅助对焦。后者利用焦内物体的高频细节辅助对焦。JVC 摄像机还采用一种三色峰值辅助对焦系统，它可以显示单色图像，并在焦内物体的峰值[6]边缘以特定颜色高亮显示。但所有这些方案都存在着一个共同的缺点：它们都不适用于节奏紧张的纪录片拍摄。

对于纪录片这类项目，我通常使用简单的局域对焦系统，并参考摄像机 LCD 上的测距仪读数估焦拍摄。当使用手持拍摄时，我会从下方握住摄像机，并把拇指放在对焦环上，同时从外置取景器上观察测距仪的读数以便随时进行调整。这种操作方法十分快速和高效，因为除非是推满最大焦距或极低光照的情况下，我根本不需要考虑焦点的问题。

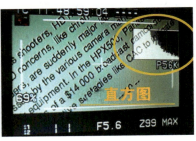

（a）　　　　　　　　　（b）　　　　　　　　　（c）

图 8.28 a,b,c

在可怜的 1 或 2 英寸屏幕上进行高清对焦是件非常痛苦的事情！不过好在大多数摄像机都提供对焦辅助功能。

图 8.29

在拍摄纪录片时，参考摄像机的测距仪估焦进行拍摄是最快速、最有效的方案。用手掌支撑摄像机并把拇指放在对焦环上。

图 8.30

老式摄像机上的对焦环很难用，在正、反两个方向上都能无限旋转。最近的摄像机有些带有图中的这种机械式限位环，可以帮助拍摄者重复之前的焦点，这是一个非常受欢迎的功能！

6　为了方便进行手动对焦，很多摄像机的取景器都提供了峰值对焦辅助功能来帮助拍摄者增加图像的锐度。峰值辅助对焦功能本身并不会对摄像机记录或输出的信号造成影响。

不要被烤焦了！

图 8.31

当心！正午的太阳直射可以在数秒内摧毁你摄像机的取景器！

8.11　跟焦

在过去的很多年里，低预算甚至无预算的拍摄者们经常会为无法准确、可靠地跟焦而苦恼。在挑选跟焦器时，要尽量找那种带有大旋钮的型号，以便那些神经紧张、八成还被雨水淋透了的跟焦员可以更轻松地进行跟焦工作。另外，跟焦器上最好能有白色的可擦写焦点标记环。

像精密跟焦器这种高品质的配件一点儿也不便宜。这种装置通常包括安装杆、安装板和驱动齿轮，它们的售价可以轻松突破 1500 美元。

那么，它值吗？

我觉得值。因为即使若干年后你的新款摄影机被淘汰了，但像高端的遮光斗和三脚架这种配件还能继续服役很多年。如果你真的打算以拍摄和制作节目为生，那么尽可能地购置高端配件是非常值得的。它会让你的专业技巧如虎添翼，使你受用终生 [7]。

(a)

可擦写对焦环

(b)

图 8.32 a,b

典型的跟焦器是通过安装在摄影机和镜头上的专用齿轮来工作的。

7　详见第 11 章《支撑你的故事》。

 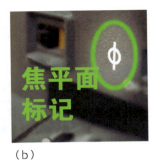

（a）　　　　　　　　　　　　　　（b）

图 8.33 a,b

佳能镜头的焦距是从镜头上的红圈开始测量的——不是从焦平面开始测量的！

图 8.34

因为很多摄像机的变焦推杆都不好使，因此拍摄者很难做出高品质的变焦动作。使用图中这种专业变焦控制器就可以避免产生民用设备的变焦反冲或其他问题。当然，聪明的拍摄者在没有充分理由的情况下是不会进行变焦拍摄的。

8.12　故事的白平衡

我们的眼睛可以自适应感知白色。当我们进入到满是荧光灯的超级市场或银行时，我们察觉不到荧光灯讨厌的绿色。当我们吹生日蛋糕上的蜡烛时，我们也注意不到偏暖的橙色色调。这些白平衡不准确的场景之所以呈现出"白色"，是因为我们的大脑进行了很多颜色补偿工作——荧光灯发出的绿色被大量的品红色所补偿，烛光的橙色被补偿了很多蓝色——而这一切，我们都察觉不到。

图 8.35

过度偏暖的画面在我们的眼睛看来可能还不那么明显。但是摄像机可能就受不了了。

8.13　到底用不用预置白平衡

到底用不用机内预置白平衡？这确实是个普遍的问题。对于大多数纪录片创作来说，我建议在钨丝灯和接近钨丝灯的室内环境使用摄像机预置的 3200°K 白平衡；在日光和接近日光的环境中使用 5600°K 预置白平衡[8]。请大家记住，白平衡也可以是一种创造性的选项。在荧光灯下拍摄的画面看起来应该有些偏绿，而在日落时拍摄的场景应该有些偏红，不要在你的故事中把这些微妙的偏色去掉！

　　一般来说，我们没必要把过多的精力消耗在调整摄像机的白平衡上。因为 Apple、Adobe、Avid 等流行的后期编辑软件都具有强大的色彩校正功能，拍摄者可以在后期对白平衡进一步进行改动和调整。颜色的调整可以极具戏剧性，但如果想把日景调成夜景，或把夜景调整日景，那就是另一码事了，因为过度提高单一色彩通道的色彩值会引入大量的噪点[9]。

更多关于白平衡的知识

　　为了便于在相对常规的环境下进行白平衡设置，大多数摄像机都针对典型的室内、外环境预置了几种常用的白平衡。其中，室内预置白平衡是为了准确捕捉标准演播室的 3200°K 色温的卤素钨丝灯环境而设置。[10] 这是钨丝在真空的玻璃灯泡里点亮的色温。这种钨丝灯泡也正是 ARRI、Lowel 和其他专业的照明器材厂商所常用的光源。因为金属钨在被加热到 3200°K 时会散发出非常稳定的光谱色—— 一种近乎完美的白光。

图 8.36

钨灯在 3200°K 时能散发出近乎完美的白光。摄像机的传感器和处理器都是为这种理想的照明环境所设计的，因此摄像机在这种照明条件下的性能普遍较为理想。

图 8.37

除了室内 / 室外预置白平衡外，典型的白平衡预置切换推杆还可能支持 A 和 B 两组可存储的白平衡预置。

图 8.38

在晴朗的天空下记录的场景可能会带有明显的冷色调。在冬季，画面中暗部的色温甚至会超过 20000°K！

　　在自然界中，只有少量光源的色温能达到 3200°K。家用白炽灯的色温大概在 2600 ～ 3000°K，这就意味着在此种环境中，如果摄像机只是使用钨丝灯预置白平衡拍摄，而不额外使用

8　摄像机的预置白平衡和自动白平衡可不是一码事，自动白平衡可千万用不得。

9　如想了解更多关于色彩校正的技术，可以参阅《数字校色》（*The Art and Technique of Digital Color Correction*，Steve Hullfish 著，黄裕成、周一楠 译，人民邮电出版社）和《*Color and Mastering for Digital Cinema*》（Glenn Kennel 著，Focal Press 出版）。

10　色温的计量是用°K 开氏度表示的，开氏度是根据英国著名物理学家开尔文 Kelvin 命名的，开尔文制定了用加热到不同温度的物体来量化色彩的方法，因此色温的单位是开尔文。开氏度等于摄氏度再加上 273°。

滤镜或进一步调整的话，那么拍摄出来的画面就会带有不自然的暖色调。在这种情况下，可以调整摄像机的基准白平衡，通过增加蓝色偏移来进行修正。

　　对于室外场景而言，摄像机的日光预置白平衡是一种假定的天光和日光混合的"平均"色温，这种色温被定为5600° K。从根本上来讲，太阳直射的光会增加暖色调，而湛蓝的天空反射下来的光则会增加明显的冷色调。

图 8.39

在单一场景中有多种复杂的混合照明的情况也很常见，如果你想保留这种画面感，使用摄像机的预置白平衡往往是最好的方法。

常见光源的色温

人造光：	
火柴的火焰	1700° K
烛光	1850° K
钠气街灯	2100° K
家用白炽灯	2980° K
标准演播室（卤素钨丝灯）	3200° K
摄像用泛光灯	3400° K
日光蓝泛光灯	4800° K
荧光灯（冷）	4300° K
荧光灯（暖）	3050° K
HMI 通用型摄影灯	5600° K
氙气灯	6000° K
太阳光：	
日出或日落	2000° K
日出后一小时	3500° K
清晨 / 傍晚	4300° K
平常的中午（华盛顿）	5400° K
仲夏	5800° K
混合日光（天光与太阳光混合）：	
多云的天空	6000° K
平常夏日的阳光	6500° K
夏日的轻微阴影处	7100° K
夏日的阴影处	8000° K
局部多云的天空	8000° ～ 10000° K
夏天 / 冬天的天光	9500° ～ 30000° K

来源：《美国电影摄影师手册》1986 年第 6 版

图 8.40

8.14　设置手动白平衡

　　无论采用哪种方式，我们必须"告诉"摄像机白色在当前场景里的样子。使用手动白平衡功能，我们就可以利用白纸、白板或任何白色的平面作为参考来校正白平衡。使用时，先通过变焦让白色平面充满画框，然后按住摄像机的白平衡按钮或拨杆。此时取景器中的白平衡图标会开始闪烁，随后停止闪烁表明摄像机已经应用了新的白平衡补偿。

图 8.41

在为图中这个圣马可广场的黄昏场景调节白平衡时，我们只需要缓解场景中过度的暖色调即可，千万不要矫枉过正，过度调整会破坏场景的感觉和戏剧性。我再重申一下：我们不能因为白平衡而牺牲故事！

8.15　不可理喻的自动白平衡

随着科技的进步和时代的变迁，我们的摄像机正在变得越来越智能，但即便如此，也没有什么摄像机会知道拍摄者在当前场景到底需要什么样的白色。在自动白平衡模式下，摄像机会对任何不准确的色温进行"纠正"，而不会考虑这些"纠正"到底有没有必要。暖色的场景会被直接加入蓝色调，相反，偏冷的场景会被直接加入红色调。自动白平衡功能会持续对拍摄内容进行校正。不难想象，在后期制作中，当我们努力要建立一个视觉上协调一致的视频序列时，由于前期使用自动白平衡功能而造成的白平衡不断变化会给我们带来怎样的灾难。

图 8.42

白平衡可以对故事的讲述造成深远的影响。当前场景应该用暖色调还是用冷色调？拍摄这位名人应该用哪种色调比较合适？图中的场景来自 2010 年河内，第一届越南国际电影节。

自动白平衡对于好的故事而言简直就是一个诅咒。我们才是故事的讲述者，我们应该"告诉"摄像机如何记录这个世界，这个世界看起来远不是自动白平衡功能下的无聊中性色调。因此，我们必须要通过使用预置白平衡或手动白平衡，"告诉"摄像机白色到底应该是什么样。请记住，无论你在拍什么，你的故事所需要的"白色"都可能会需要一丝暖色调或冷色调。

聪明的拍摄者们都知道，使用白平衡就像使用我们的其他技艺一样，都必须为故事服务。那些拍摄《走进好莱坞》（*Access Hollywood*）的拍摄者们非常善于捕捉红毯上的明星，他们为特定的明星提前准备好特定的白平衡预置，以便在第一时间进行快速白平衡切换。往往一点点红色调或一点点蓝色调就能刻画出非凡的效果。

带着一点儿冷色调白平衡的摄像机会为拍摄对象注入一丝温暖的感觉，从而产生美化的效果；相反，以浅红色为白平衡的摄像机会给拍摄对象加入冷色调，这位演员八成在他（她）的上一部戏里饰演了一个坏人。

起初，拍摄者们会为拍摄工作，特别是拍摄明星准备很多彩色美术纸，通过定制的白平衡为拍摄对象加入独特的气质。这张是用来拍摄卡梅隆·迪亚兹的，那张是用来拍摄安吉丽娜·朱莉的……

现在，我们可以直接购买到各种冷、暖色调的现成卡纸。使用这些卡纸，是一种非常简单、廉价、有效的控制白平衡和场景基调的方法。

（a）

（b）

（c）

图 8.43 a,b,c

（a）温暖、温柔的朱莉娅·罗伯茨。（b）冷峻的查理·辛。（c）冰冷的大坏蛋。

图 8.44

使用有色参考卡调整白平衡可以帮助拍摄者获得更接近预期的色调和情绪。另外，通过摄像机的设置菜单也可以进行白平衡微调，虽然不那么方便，但也能达到相同的效果。

图 8.45

摄像机的内置矢量示波器可以提醒拍摄者当前场景的色温是否偏暖或偏冷。示波器中的图形也许是正确的，也许不是，这取决于你的故事需求。

（a）

（b）

图 8.46 a,b

（a）自动黑平衡（ABB，Auto Black Balance）可以确保摄像机记录的每个通道都有合适的色彩和阴影细节。某些摄像机 ABB 功能还能借用相邻的未损坏像素遮盖损坏的像素。如图（b），ABB 功能一般通过摄像机前方的拨杆来实现。在便携式摄像机中，ABB 功能通常会在启动过程中进行，或随着自动白平衡（AWB，Auto White Balance）功能同时进行。

8.16 自动黑平衡

拍摄者应该定期使用自动黑平衡（ABB）功能，以确保摄像机能精确地重现黑色。当关闭摄像机光圈或盖上镜头盖时，ABB 复位功能可以有效地调整 RGB 三通道的零电平。很多专业摄像机在进行 ABB 时会自动关闭光圈。

通常没有必要在每次拍摄前都进行自动黑平衡（ABB），但在下列情况中，必须执行 ABB 操作。例如摄像机长时间没有使用；环境温度变化过大；摄像机的快门被关闭，或摄像机在逐行扫描模式和隔行扫描模式进行切换后。

在长途飞行之后，也应该进行 ABB 操作，如此可以帮助遮盖传感器上被高空宇宙射线损坏的像素。当然，只有 CCD 传感器摄像机会存在这种情况。使用 CMOS 或 MOS 传感器的摄像机不易受到宇宙射线的影响，至少程度没那么严重。

8.17　没有增益，就没有痛苦

一般来讲，使用增益并不能获得多少收益。CCD 摄像机通过放大传感器的信号来提供增益[11]。提高增益可以让摄像机在低光照情况下对细节和灰阶的捕捉能力得到改善，但不幸的是，随之而来的是大量的图像噪声。随后当节目被压缩到网络、DVD 或蓝光格式时，这些图像噪声会变成丑陋的失真，因为编码器无法区分正常的图像细节和意外产生的图像噪声。

图 8.47

减格拍摄（Undercranking）可以让摄像机在低光照条件下提供出色的图像质量。图为泰伦斯·马力克的代作《天堂之日》[12]，这是一部 24FPS 的影片，图中的演员们正在放慢动作来适应摄影机 6FPS 的拍摄速度。

图 8.48

从 −3dB 到 +18dB 的增益值通常会被分配到摄像机的 L/M/H 切换拨杆上。我一般把低增益 L 设为 −3dB，中间增益 M 设为 0dB，高增益 H 设为 +3dB。当然，并非所有的摄像机都支持设置负增益。

11　相对于 CCD 传感器通过放大传感器信号来提供增益而言，CMOS 传感器的增益是位于芯片表面的像素级应用，但无论是哪种传感器，提高增益都伴随着图像噪声的增加。

12　Brackman, J.（制片人），Schnieder, B.（制片人），Schneider, H.（制片人），泰伦斯·马力克（导演），美国派拉蒙影业出品的影片《天堂之日》（*Days of Heaven*）。

图 8.49

在使用高增益时要格外小心，因为这可能会增加大量的图像噪声，对视觉故事造成损害。包括索尼在内的很多种摄像机内置了能在高增益下降低图像噪声的功能。

在光线不足的条件下拍摄时，提高增益只能作为为了提高灰阶细节时计无付之的办法。大多数摄像机可以提供高达 +18dB 的增益，但在这种增益下拍摄的画面会满是噪波，通常只适用于新闻题材或监控应用。

每 +6dB 增益可以提高一挡曝光。在使用数字超级增益的摄像机中，增益可以高达 +48dB，这种数字增益所产生的噪声可以更好地被从图像数据中分离。

有些拍摄者喜欢使用负增益进行拍摄，这样做有助于掩盖暗部的图像噪声。使用 −3dB 和 −6dB 进行拍摄，并不会影响图像的对比度和动态范围，这样做只是降低了摄像机的整体灵敏度，相当于电影摄影所采用的低 ISO。

当在极低光照环境下拍摄时，我经常使用减格拍摄，也就是使用比正常帧速率更慢的拍摄速度拍摄[13]。这种拍摄策略并不适用于有台词的对话场面，但它确实非常适用于使用独立帧和固态存储的新一代摄像机。在拍摄 24FPS 的项目时，降低传感器的扫描速度、使用 12FPS 减格拍摄，可以让摄像机的低光灵敏度（ISO）翻倍。

8.18 控制好噪点

虽然想要完全消除噪点是不可能的，但作为拍摄者，我们依然可以利用摄像机设置、物理滤镜或软件滤镜、控制照明等手段有效地减少噪点。

噪点是图像数据中随机产生的单个像素，它们一直都客观存在，但是并不一定很明显。标清摄像机由于其单个像素的尺寸较大，因此标清摄像机在暗部的表现比高清摄像机更好，噪点也更少。在第九章，我们会详细讨论如何通过调色来加深暗部的颜色，从而有效地遮盖部分噪点。虽然这样做可能会对画面风格产生一定影响，但如果你真的特别在意噪点，那么这种"为了胜利不惜一切"的方法还是非常可取的。

另外，降低摄像机的整体细节（DTL）参数，可以模糊噪点像素的边缘，从而使噪点变得不那么显眼。

还有一个降低噪点更有效的方式，就是提高摄像机的细节降噪（Detail Coring）参数，

---

13 减格拍摄（Undercranking）就是使用比正常回放速度（24、30 或 60FPS）慢的帧速率进行拍摄，再加速回放的拍摄技术；相反，使用比正常回放速度快的速度进行拍摄叫作"升格拍摄"（Overcranking），升格拍摄的素材在使用正常速度回放时会产生慢动作效果。

这个参数的作用是降低摄像机的图像底噪，是专门针对暗部噪点作用的。有些摄像机会把 Detail Coring 和降噪作为标准流程的一部分，在拍摄时自动执行。如此一来，无需拍摄者刻意设置，就可以拍摄出干净的图像。

　　调整 Detail Coring 参数时要格外谨慎，不能设置得过高。因为 Detail Coring 功能会把暗部噪点和其附近的图像细节一同进行抑制，因此要适当调节 Detail Coring 参数，避免暗部图像细节损失，画面缺乏生命力。需要注意的是，Detail Coring 参数是基于图像细节进行降噪的，如果摄像机的 DTL 细节参数已经设置得很低，Detail Coring 就基本没什么作用了。所以说，细节降噪 Detail Coring 只适用于细节参数正常或高细节参数的情况。

　　演员脸上的暗部噪点尤其令人反感。在这种情况下，降低皮肤细节可以有效抑制噪点，但同时也会降低皮肤的质感。跟其他涉及细节的调整一样，降低皮肤细节要适可而止，不要把演员的脸拍糊了，那样的话，倒霉的可不只是演员。

　　在拍摄纪录片和新闻题材时，最好避免使用摄像机的"电影伽马"或电影模式，因为这种模式会扩展画面的暗部以获得更多的暗部细节，同时也会急剧增加画面的噪点。但记住，在优秀的故事和充满活力的场景里，噪点并不是什么大问题。

图 8.50

不入虎穴焉得虎子！在光线不足的环境下拍摄可以提高你的技艺，拍摄出最好的作品来！所以请不要害怕黑暗！

8.19　时码的沼泽地

　　时码（时间码）在整个视频制作流程中非常重要，它主要用来为视频与音频的同步提供参考。在欧洲、亚洲、中东和澳大利亚等地区使用的 PAL 制电视系统 [14] 中，时码很简单：视频按照每秒 25 帧播放，时码也走 25 帧，时码和视频帧是 1:1 对应的。而在 NTSC 电视系统中，由于 30FPS 的标称帧速率与 29.97FPS 的实际帧速率存在差异，因此我们面对的是两种时码标准。即丢帧（DF，Drop Frame）和非丢帧（NDF，NonDrop Frame）两种格式，这两种时码的共存正是数十年来视频工作者痛苦的根源。

图 8.51

小心，不要陷入时码的沼泽地里。时码包括四个部分：小时，分钟，秒钟，帧。在软件中，带分号的时码表示该时码是丢帧时码。

14　PAL 制式（逐行倒相制式）是一种基于 NTSC 制式演化的 50Hz 电视制式，它的光栅尺寸为 720×576，最早于 1967 年在欧洲推行。PAL 制的垂直分辨率比 NTSC 制的 720×480 更高，但 NTSC 制拥有更高的帧速率（NTSC 制的 29.97FPS 高于 PAL 制的 25FPS），因此每秒能向观众传递更多的采样。

图 8.52

正如同地球每转一圈不是精确的 24 小时一样，NTSC 制式也不是精确的按照 30FPS 来运作的。丢帧格式的实际帧速率是 29.97FPS，该格式每分钟会在计数器上忽略 00 帧和 01 帧（除每 10 分钟外）。并没有实际的帧被丢弃，只是在计数器上忽略显示！同理，对于图中日历而言，我们每四年补偿一天，这就是 2 月 29 日的由来。

图 8.53

可悲的是，时码的沼泽地已经蔓延到了高清领域。为了能方便地转换为标清格式，在高清拍摄时，通常使用 29.97 或 59.94FPS 丢帧（DF）时码。当拍摄 24p 或 23.976FPS 时，通常使用非丢帧格式时码。

图 8.54

那么到底应该使用哪种时码呢？如果你是为了广播电视播出而拍摄，需要精确的时间参考，丢帧格式时码是较好的选择（NTSC）。如果你要操作字幕，需要时码与帧一一对应，那么非丢帧格式时码比较合适。在大多数情况下，只要你在同一项目中始终使用同一种时码，就没什么问题。

时间码发展史

20 世纪 50 年代，随着空间项目的展开，时间码也应运而生，这个时期对于时间码来说既是最好的时期，但也是最糟糕的时期。时间码在空间项目中的主要作用是为排查太空传回的飞行数据起参考作用。因此很有必要把每天的时间细分为小时、分钟、秒钟和帧。这种 1:1 的时间码系统很容易就可以把每一帧的图像和确切的时间点相对应。但是，该系统并没有考虑 NTSC 制式的实际帧速率并不是 30FPS，而是 29.97FPS。因此这套系统的时间码并不能确切地反映实际的运行时间。而掌握实际运行时间对于需要精确插播广告和串联节目的广播电视行业是非常重要的，此后便诞生了作为 NASA 等其他 30FPS 方案的替代者——29.97FPS。

图 8.55 a,b

20 世纪 50 年代，时间码随着空间项目诞生。当时，为了追踪飞行控制器，美国宇航局使用的是一种 24 小时制、每秒 30 帧的时间码系统。

当你感觉不同步的时候

在排查不同步故障时，首先需要检查的就是是否使用了错误的时码模式。使用 NDF 非丢帧设置采集 DF 丢帧格式素材或相反的情况，都会导致节目的声音与画面不同步，漂移量大概是每小时差 3 秒 17 帧。这个小常识会在你遇到此类问题时为你节省数千美元的开支，甚至会挽救你的职业生涯。

时间码自由运行（F-RUN）模式

当使用多台摄像机同步拍摄时，自由运行（F-RUN）模式的时间码会不断更新，即使摄像机不拍摄，时间码也不会停止。相反，对于单机拍摄而言，使用记录运行（R-RUN）模式的时间码是比较实用的选择，在这种模式下的时间码，只在摄像机进行记录时才会进行更新。

图 8.56

自由运行（F-RUN）模式和记录运行（R-RUN）模式的开关一般位于摄像机的侧面。

8.20　串行数字接口与高清晰度多媒体接口

高清晰度多媒体接口也就是我们熟悉的 HDMI（High Definition Multimedia Interface）接口。HDMI 接口最初设计用来更方便地连接各种消费电子设备和外围设备。HDMI 可以通过单根线缆传输每通道 8-bit 的 sRGB[15] 图像和无压缩音频。虽然带宽偏低和对时间码的支持不佳严重限制了 HDMI 接口在专业领域的适用性，但依然有很多专业人士愿意用 HDMI 连接监视器或无线视频发射器。

HDMI 线缆是出了名的不结实，而且由于缺少卡扣或其他锁定装置，它很难提供牢固的连接。好在美国悦世（ACCELL）[16] 等品牌已经推出了安全牢固的 HDMI 线缆，所以在选择 HDMI 线缆时最好尽量找可以牢固连接的型号。

相对而言，SDI（串行数字接口）则是更为专业的传输手段，它同样可以输出未压缩的复用信号[17]。但与只能传输 8-bit 信号的 HDMI 相比，SDI 或 HD-SDI 可以支持从摄影机输出到后期制作、色彩校正，乃至最终交付的全 -10bit 工作流程。

15　sRGB 色彩空间是一种与我们熟悉的 709 色彩空间类似的 HDTV 色彩空间。

16　ACCELL 的可锁定 HDMI 线缆适用于任何标准的 HDMI 插槽，它通过在接头表面延伸出额外的卡扣固定 HDMI 线缆，效果很好。详情请参见 http://www.accellcables.com/。

17　多路复用有效避免了对视频、音频、时码、机械控制分别进行连接的繁琐设置，只需一根线缆即可。

　　有些摄像机的 SDI 输出能力并不完整，当你想绕过摄像机内部记录单元通过 SDI 连接外部记录单元采集图像时，摄像机的 SDI 接口可能达不到 10-bit。例如松下 AF100、索尼 EX3 和佳能 C300，它们的 SDI 输出就只有 8-bit，极有可能会拖后腿。相反，像松下 HPX255 和索尼 F3 的 SDI 接口都能输出 10-bit 图像，用这些摄像机连接类似 KiPro、nanoFlash 等外部记录单元就可以记录高品质图像。

图 8.57

用胶布粘？这样可不好！快去找带锁定装置的 HDMI 线吧。

图 8.58

单根 SDI 线缆支持时码、机械控制信号、音频以及 10-bit 视频的传输，带宽高达 1485Mbit/s，大约是 HDMI 的两倍。新型的 SDI 版本 3G-SDI 的带宽更是高达 2970Mbit/s。

（a）

（b）

图 8.59 a,b

图（a）是 AJA 公司的 KiPro 多功能录像机，它可以采集未压缩的视频和音频，支持标清 SD 和高清 HD 格式相互之间上变换、下变化、交叉变换。图（b）是现在流行的 nanoFlash 录像机，它可以通过 SDI 或 HDMI 接口在 CF 卡上记录索尼的 XDCAM HD422 格式。

8.21　互连性与视频流

　　现在，视频记录的性质已经发生了戏剧性的变化，基于文件的工作流程势不可挡。录像带已经被固态存储所代替，人们更愿意使用 USB 而不是 Firewire 火线连接，最终采集的数据也变成了独立的帧，而不再是视频流。

　　摄像机现在的角色更像是一个媒体中心，更像是一个可以通过 WiFi、USB 以及千兆以太网互连互通的服务器，内容创作者不再需要卸载记录媒体对拍摄元数据 [18] 进行编辑和

18　元数据可以说是用来描述数据的数据。

处理。摄像机的功能正更多地通过遥控实现，如果启用了代理文件格式，人们甚至可以使用 iPad 这种支持联网功能的设备远程通过 FTP 服务器传输拍摄素材并进行编辑。

图 8.60

新式摄像机服务器支持无线串流、元数据传输，并支持通过笔记本电脑或平板电脑进行机内编辑。编辑后的代理视频可以被上传到转播车或 FTP 服务器上。

图 8.61

图中这种摄像机可以在把视频记录在插槽 1 里的 SD 卡里，同时通过插槽 2 里的支持无线传输功能的 SD 卡实时进行无线传输。

图 8.62

图中这种 LiveU 传输器装备的无线发射器通过蜂窝网络可以从几乎世界上任何地方进行视频直播。

8.22　监看你的工作

对于大多数应用而言，用于检查焦点、色彩平衡、构图和图像合成的外置监视器都是必不可少的。显示的黑色不纯对于传统液晶显示设备来说一直是个死穴，原因是荧光背光在透过液晶面板时会对色彩和对比度造成一定的干扰。新式的显示设备通过在刷新周期加入一个额外的黑色周期来降低这种背光的干扰。另外，把显示设备的刷新率从 60Hz 加倍到 120Hz 也能改进暗部表现，加深黑色的显示，同时还可以在监看体育节目和其他高速运动的应用中减少动态模糊。

近年来，有机发光二极管（OLED）技术的应用大大提高了摄像机取景器、监视器以及大屏幕电视的显示质量。OLED 技术使用了一个响应时间几乎为 0 的快门和一系列滤镜，从而可以实现接近绝对黑色的显示，并且具有极宽的色域和超过 1000000 的对比度！

图 8.63

在夜晚或其他光线较暗的环境下，外接监视器很可能是你对于实际拍摄内容的唯一参考。

（a）

（b）

图 8.64 a,b

有些型号的监视器提供了内置的波形示波器和矢量监视器图（a），以及图（b）中红色的峰值对焦辅助功能。

8.23　更长时间的续航

　　锂电池是非常高效的。虽然锂电池也很少能使用 5 年以上或循环充电超过 500 次，但它们极易维护，把锂电池放在旅行箱里或架子上闲置时的损耗电量很少，下次任务直接拿上就能用。这对于需要四处奔走的职业拍摄者而言是个非常大的优势，锂电池的自放电率只有镍电池的一半。

　　如今，我们身边的很多小发明和小工具都是由锂电池供电的。从手机到无线手电钻，再到我们的摄像机，我们生活在一个充满锂电池的世界中。我们都喜欢锂电池。锂电池万岁！

　　但同样，高效的锂电池也有它的阴暗面。2006 年的一个晚上，一个住在威斯康辛州的家伙在睡觉时给手机充电，结果手机里面的锂电池过热发生了爆炸，把他家夷为了平地。

几年后，弗莱彻相机公司在一次舞台音响电池热失控后，他们把整个库存的锂电池全都替换成了镍氢电池[19]。据说，在电池组爆炸时，火焰10英尺外的空气温度都至少有1000华氏度！

锂电池在搭乘飞机长途飞行时尤其危险，因为发生意外后燃烧的锂电池碎片可以融化并穿透飞机的货舱。

电池搁置不用时会缓慢地放电，这是最温和的放电方式；电池也可以进行可控的放电，正如它在摄像机里被正常使用时那样；电池也有可能把电能瞬间释放，也就是发生爆炸或起火，发生这种悲剧的原因可能是电池内部短路、电池过度充电或电池受到物理损伤。一旦电池起火，世界上并没有哪种灭火剂能阻止它。电池内部每发生一次故障，都是在为发生爆炸积蓄能量。鉴于我们为专业拍摄准备的电池的数量和容量都很大，一旦发生火灾，火势会迅速蔓延到货舱内的其他货物，如果这一切不巧发生在我们搭乘的飞机上，将会产生灾难性的后果。

锂电池需要适当的使用和保养。尽量避免使用电量过低的锂电池，使用电量过低的锂电池会加速它的老化，这会增加电池爆炸的风险，因为给电量完全耗尽的电池充电时可能会产生巨大的热量。

携带电池旅行的安全提示

备用电池小贴士

□ 后备电池应放在随身行李中，以便乘务人员检查其安全状况，一旦失火，也方便使用灭火器。

□ 将后备电池装进原装电池包中，以免发生短路。

□ 如果电池没有包装，用胶带缠好并隔离其电极，防止它发生短路。

□ 如果找不到电池的原装电池包，应该把后备电池和金属或其他电池隔离保存。把每块电池放进单独的保护盒或塑料包中。不要把没有包装的电池和金属物品放在一起，例如硬币、钥匙或首饰。

□ 确认电池可以重复充电前，千万不要给电池充电！不可充电电池不能充电，把这种电池放在充电器上是非常危险的。永远不要随便就给一块未知的电池充电。

□ 如果你已经给一块不可充电的电池充过电了，千万别把这块电池带上飞机。

□ 只使用专为你的电池设计的充电器，如果你不确定电池和充电器是否兼容，请咨询设备制造商。

□ 避免电池发生磕碰、穿刺或对电池施加过大的压力，这会造成电池内部短路，并导致过热现象。

图 8.65

关于携带锂电池乘坐飞机的规定总是不断变化。在美国现行的法规规定中，容量超过100wh的后备电池只能通过水路运输，托运行李中不允许携带后备电池。后备电池应放置在塑料密封袋或原厂包装中，以防短路。

详情请参阅运输安全管理局或相关部门的最新更新。

http://www.tsa.gov/travelers/airtravel/assistant/batteries.shtm

http://www.iccnexergy.com/regulatory-updates/1195/us-dot-lithium-battery-rulemaking-overview

---

19 镍金属氢化物电池，也就是我们常说的镍氢电池（NiMH）。镍氢电池并不容易起火或爆炸，因此它们更适合进行长途飞行。同样体积的镍氢电池比锂电池更重，而且镍氢电池自放电也比较严重，电量也只有锂电池的60%。新一代的镍氢电池目前正在开发当中。

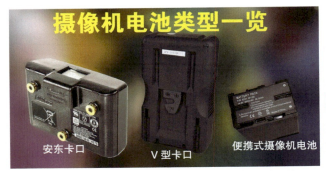

摄像机电池类型一览

安东卡口　　Ｖ型卡口　　便携式摄像机电池

图 8.66

北美的全尺寸摄像机电池通常使用三点式的安乐卡口（Anton Bauer Gold Mount），而亚洲和欧洲的摄像机一般标配 V 型卡口。索尼和松下的便携式摄像机电池互不兼容。

（a）

图 8.67 a,b

为了避免发生火灾，绝不要把锂电池的电量彻底用完。从租赁公司租赁的电池很容易发生故障，因为这些电池经常被滥用而且在充电器上的时间过长。

（b）

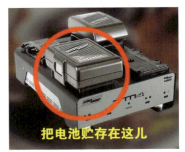

把电池贮存在这儿

图 8.68

当电池不使用时，应该贮存在专用充电坞上，专用充电坞的涓流充电功能可以帮助电池维持最佳性能，同时减少电池发生危险的可能。

8.24　驾驭杂乱的取景器

　　焦距、变焦指示器、时间和日期、电池状态等许许多多的标示让本来就不大的取景器内变得杂乱无章。虽然这些杂乱的元素实际上并不会遮挡取景器内的图像或是构图的边缘，但我还是更喜欢纯净的取景器，取景器里只需要显示基本功能：FIZ（对焦 Focus，光圈 Iris，变焦 Zoom）、时间码、电池电量、记录时长、帧速率和音频电平。取景外框或安全框非常重要，使用它可以保证精确地取景并留出足够的扩展空间。动作安全框的范围是在画面的每个边缩进 10%，标题安全框则是缩进 20%。标题安全框以及动作安全框的概念现在已经过时了，它的出现是为了应付 19 世纪 50 年代部分家庭的电视机可能会对传输的电视信号进行裁切的现象。然而在现代的观看环境中，包括笔记本电脑在内的窄边框顶多会裁切画面内容的 1% 到 2%。在现在看来，20% 的标题安全框似乎是矫枉过正了。

　　取景器内置的测距仪是一个非常重要的创作工具。对于纪录片和纪实题材作品而言，你永远不知道下一秒会发生什么，这时你就可以参考取景器内的测距仪直接进行对焦。这也是我个人最常用的创作手段之一。故事片拍摄者有充足的时间来对焦，但他们往往也会参考机内测距仪来保证镜头间焦点位置的连贯性。在变焦设置中，这个测距仪的单位一般可以被设置为毫米或百分比。

图 8.69

摄像机的取景器里几乎什么信息都有。但取景器本该是设计来方便拍摄者取景、对焦和构图的。这种凌乱似乎违背了它设计的初衷。

图 8.70

拍摄特写时，摄像机的中心标记一般放置在演员的鼻孔附近。

别笑，这种情况有可能也会发生在你身上！

图 8.71

　　在拍摄时一定要确认红色的 REC 录制指示灯是亮着的！在硝烟弥漫的战场上、在关键时刻，拍摄者忘记按下摄像机的录制键并不是什么新闻。这种情况经常发生，而且以后还会继续发生，尤其是在那些运行安静的固态存储摄像机上。

8.25　逐格摄影与延时摄影

　　从自然题材纪录片到令人眼花缭乱的晚间新闻片头，逐格动画和延时摄影等特技摄影手段越来越多地出现在如今的作品中。定时曝光是一种非常巧妙的增加时间速度的创作手段，像是流云从海上涌入到陆地上，或是太阳的光线在建筑物间舞动，都是通过这种手段创作的。典型的定时曝光功能的时间设置范围可以从每半秒拍一帧到每十分钟拍一帧。

为了确定正确的拍摄间隔，通常需要大量的拍摄经验和精确的数学计算，其中的数学计算部分现在可以交由 iPhone 的程序来进行。你还需要一个坚固的三脚架，以及一套可以持续供电几天、几周，甚至几个月的电力系统。摄像机的自动曝光功能在延时摄影中可能会派得上用场，因为自动曝光功能可以很好地适应拍摄期间广泛的光照范围。

（a）

（b）

图 8.72 a,b

向我展示一个我未曾见过的世界！右图的 PCAM iPhone 手机程序可以帮助拍摄者对延时拍摄的时间间隔进行精确计算。

8.26 神奇的预录制功能

预录制（PRE-REC）是一个极富科幻情节的功能，它可以保存拍摄者按下录制按键之前几秒的图像和声音。预录制功能能保存的内容长度为 3 ~ 15 秒不等，取决于该摄像机的机内缓存容量和当时的记录格式[20]。

图 8.73 a,b

预录制功能可以记录像是大象突然冲出丛林或是加州法院门口暗杀未遂事件这种不可预知的情节。只要把摄像机对准拍摄目标，摘掉镜头盖并对好焦点，那么在你按下拍摄键之前几秒的内容就会被记录到摄像机内部的缓存当中，随后合并进正式素材。

（a）

（b）

20 预录制功能（PRE-REC）并不是在所有帧速率和拍摄格式下都有效，其中也包括24p格式。使用这种功能前，一定要仔细查阅摄像机的操作手册。

8.27 循环录制功能

循环录制功能（LOOP）可以在储存卡或者硬盘上不间断地录制内容。这是唯一一种可以在 P2、SXS、SD 和 CF 卡等介质上覆盖现有文件的记录方式。

图 8.74

这是在"等待戈多"[21]吗？循环录制功能（LOOP）可以让摄像机永远录制下去。储存空间用尽之后，会使用较新的素材覆盖之前较旧的素材。

8.28 在极端环境下进行拍摄

有时候，拍摄者们不得不面对极端的拍摄环境，从下雪、下雨，到正在闹革命的街头，甚至是拍摄狂躁不羁的野生动物。

过度的震动或颠簸可以通过光学图像稳定系统（Optical Image Stabilization，OIS），也就是我们常说的光学防抖进行自动补偿。当手持拍摄或在移动的车辆上进行拍摄时，摄像机内置的光学防抖 OIS 是非常有效的。但是，使用光学防抖 OIS 功能时需要谨慎，因为光学防抖可能会错误地修正有意识的摄像机平移或仰俯动作。因此，在非特殊情况下，光学防抖功能应该处于关闭状态。

在高温和高湿度环境下拍摄也会出现问题，特别是那些对于自身发热量大的处理器密集型摄像机。热量聚集在传感器附近可以导致图像噪波或其他的性能问题，因此摄像机都设计了大型散热片或风扇来散热。另外，镜头基座周围的高热量可能影响后焦距，导致图像不锐利，这种情况多发生于使用广角拍摄和（或）使用最大光圈拍摄时。

在潮湿环境下进行拍摄，特别是进出空调房间后，湿气很容易渗进镜头内部并雾化镜片。镜头内部的湿气可能会增加光斑、降低成像对比度，还会促进腐蚀镜头镀膜的真菌的滋生。我心爱的蔡司 10–100 电影级变焦镜头就是在中美洲的丛林中被这种真菌摧毁的，这件事给我上了惨痛而昂贵的一课，从那之后，我在热带进行拍摄时都会加倍小心。

基于固态存储的摄像机在极冷和极热环境中的表现要比传统磁带摄像机好得多，因为不再需要磁带机械传动装置，也就不会产生结垢或磁头堵塞的问题了。极寒条件下，摄像机的内阻增加，需要更多的电能，同时寒冷也会令电池电量减少，真可谓雪上加霜。同时，极寒天气导致的摄像机性能下降还包括丢帧和其他记录异常等现象。

---

21 译者注：萨缪尔·贝克特的悲喜剧《等待戈多》写的是发生在两个黄昏的事情，但是没有什么情节可言。主角是两个流浪汉，背景是一片荒野，路旁只有一棵枯树，两个流浪汉就在树下等待着一个叫戈多的人。他们一边做着无聊的动作，一边语无伦次地梦呓。最后有一个男孩来说戈多今晚不来了，第二幕就是第一幕的重复，只是当知道戈多又不来的时候，他们就想上吊，结果裤带一拉就断，于是只能毫无希望地等待下去。写于 1948 年的两幕剧《等待戈多》历来被认为是荒诞派戏剧的经典之作。

图 8.75

当拍摄者手持拍摄，或在运动的火车、船舶、汽车上拍摄时，光学防抖（OIS）可以有效地降低震动带来的影响。光学防抖（OIS）功能的开关通常位于摄像机或镜头的侧面。

（a）

（b）

图 8.76 a,b

虽然摄像机也可能在比厂家规定的最低温度更冷的环境下正常工作，但长期在极寒条件下工作会降低摄像机的性能甚至缩短它内部部件的寿命。在极地环境中，储存卡非常容易出现故障。图（b）中这种按照军事标准设计制造的松下 P2 储存卡可以在严酷的环境中工作。

（a）

（b）

图 8.77 a,b

由于没有了脆弱的走带系统，基于固态存储的摄像机非常适合在阴雨天或潮湿的环境中工作。当然，出入空调环境时依然要格外小心，避免结露现象。为了防止摄影机和镜头出现冷凝结露，你最好把设备放在塑料袋中，尽量挤出空气并扎紧。动动脑子，你可以使用图（b）中的浴帽当作塑料袋，这些浴帽并不是无缘无故出现在酒店房间里的。

图 8.78

老镜头里的真菌和霉斑实际上也可能只是凝结或蒸发后的油脂、油漆或黏合剂。镜头被暴露在高温环境后，其内部经常会变得模糊。

关于在飓风中进行拍摄

水本身带来的问题远没有空气湿度带来的问题大。在进出车辆和酒店房间时摄像机就可能会起雾或结露。防雨罩可以抵御倾盆大雨，你最好同时在防雨罩下面再放些吸湿除潮包，它们可以有效降低周边空气的湿度。这种吸湿除潮包可以在当地的潜水用品店找到。

图 8.79

恶劣天气
着装指南

防雨罩
心情不好
冲锋衣
聚丙烯手套
雨靴

图 8.80

在冬季，轻薄的聚丙烯手套可以在手与寒冷的金属表面接触时提供保护，同时也保留了操作摄像机上那些小按键时的手感。

图 8.81

摄像机保护套不但让摄像机看起来更坚固，也确实可以有效防止物理冲击。在选购摄像机保护套时，最好选这种操作方便的。

图 8.82

当同机兴奋的旅客把他们的行李箱塞进行李架时，这种可充气的摄影包可以有效保护摄像机。

图 8.83

理想情况下，你选择的摄影包应该足够容纳配置齐全、带着遮光斗的摄像机。如此一来拿出机器就可以第一时间进行拍摄了。

糟糕！摄像机泡进海水里了！

如果你的摄像机不小心泡进海水里了，不要慌，淡水可以稀释海水并削弱海水的腐蚀能力。所以在这种情况下越早把它抢救进淡水越好。我们首先要第一时间关闭电源，然后把它泡进淡水里赶快拿去维修。如果悲剧发生在海上，赶紧找个桶，把泡了海水的摄像机放进去用淡水或酒泡起来。主流的美国啤酒喝起来很糟糕，很淡，但它却非常适合抢救泡过海水的摄像机。

8.29 拍摄狂热的生命和野生动物

当你在孟加拉国拍摄音乐会、在开罗街头拍摄革命或在赞比亚拍摄冲锋犀牛时，自我保护意识是非常重要的。纪录片拍摄者们为了捕捉到精彩的时刻，经常会有意无意地把他（她）自己置身于致命的危险之中。摄像机取景器内受限的视角很容易让人忽视危险的存在，专注的拍摄者们很可能无法识别画框之外的致命危险。

（a）

（b）

图 8.84 a,b

我们追求的是拍摄引人入胜的故事和自己存活的平衡。大多数拍摄者都赞同这个观点：没有哪个镜头值得为之付出生命。图（b）中的摄像机损伤报告来自洛杉矶一位被帮派袭击了的新闻摄影师。

图 8.85

教学角：思考题

1. 像自动对焦、自动曝光和自动白平衡这些功能是如何坑害富有创造力的拍摄者的？例举三种自动功能可能会很有益处的情况。

2. 摄像机的斑马纹功能是做什么用的？当设置斑马纹时会对演员的肤色造成什么影响？

3. 描述快门速度快和慢的不同效果。当使用 24FPS 时，拍摄者可以采取哪些措施来减少摄像机平移拍摄时画面的卡顿感？

4. 思考帧速率带来的影响。每秒 1、2 帧的微妙变化如何能更好地帮助故事叙事？在什么情况下，你可能会使用 2FPS 进行拍摄？10FPS 呢？26 FPS 呢？40FPS 呢？60FPS 呢？

5. 回想一下你的影视学导师，还有你家附近的干洗店员工，以及其他在生活中给你留下深刻印象的人。为他们抓拍几张快照并尝试给每个人加入独特的色温。谁是酷酷的 5000°K？谁是温暖的 2850°K？这是个很有趣的实验，但不要想着丑化别人。

6. 恶劣的天气成就伟大的拍摄者。你同意这种观点吗？请以下列三本书中的观点为背景探讨这个问题：（1）排除，排除，排除！（2）让观众们受点儿苦；（3）给我展示一个我未曾见过的世界！

7. 为什么 24p 的摄像机实际却以 23.976FPS 运行？在什么情况下需要真正的 24FPS？在 50Hz 电网的国家用 25FPS 进行拍摄时，摄像机的实际帧速率是多少？

8. 噢，对了。还有最后一个问题：有什么题材的镜头是值得为之付出生命的？当然，30 年前我那在格但斯克造船厂的波兰朋友是准备为拍摄付出生命的。你能假想出一种你会为拍摄付出生命的情况吗？

调整拍摄的图像

节目里优秀的图像质量也是一种强大的叙事线索。通常来讲，喜剧的图像看起来更锐利、更蓝、更直接。而戏剧看起来则更加梦幻、更加温暖、更加"过去时"。拍摄者的任务就是让作品的图像从第一帧开始就符合其预期的风格。

许多拍摄者习惯用思维定式看待这个问题：我们拍的是电影还是普通视频？电影和普通视频，这两种媒介表达了两种截然不同的感觉。在电影中，图像传达的是一种更为梦幻、更超自然的感觉，而普通视频传达的则是一种更即时的"现在时"，更适用于新闻和纪实类作品。

我时刻把这种区别铭记于心，在每次拍摄前，我都会选定一种画面风格，并相应地调整摄像机参数。如今，随着数码摄像机的日益强大，我们甚至可以为每一个项目都创建不同的胶片模拟效果。在数码时代，我们再也不必依赖柯达或其他胶片生厂商，就能拥有不同的画面风格。其实这是一把双刃剑，它同时也带来了很多困惑，就像在前文提到的 In-N-Out 汉堡店一样，往往没有选择的简单汉堡更令人快乐，同样，对拍摄者来说，过多的画面风格选择很容易让人不知所措，降低工作效率。

从前，传统磁带摄像机的功能掣肘于其必须以恒定速度工作的机械传动系统。苹果公司在 1990 年发明了低成本的串行数字接口——火线（IEEE1394）技术，从而让拍摄者可以轻松地把数字视频采集到台式计算机上。但随着使用独立帧和固态存储的准电影摄影机的涌现，火线技术作为一种视频接口正逐渐被人遗忘。

这种看似电影摄影机的准电影摄影机相对传统胶片摄影机确实有其独特的优势，尤其是在使用多帧率进行逐行拍摄方面。这可以大大拓展拍摄者的创作空间，并能减少至少 50% 的储存空间需求，要知道，储存卡现在仍然很昂贵。另一方面，如今的非磁带式摄像机在工作时不再是在拍摄视频——而是在采集数据，这是一种基于文件的、以 IT 为中心的工作流程。

（a）

（b）

图 9.1 a,b

选择太多了？如今的摄像机通过参数调整可以创建出几乎无数种画面风格。而在过去，影片的风格和感觉则是由胶片（b）替你决定的。

图 9.2

拍摄电影还是拍普通视频？这两种媒介传达的画面风格和情感可是截然不同的。有些摄像机的菜单中带有拍摄类型的选项：VIDEO CAM 是普通视频，FILM CAM 则是电影。

图 9.3

许多摄像机在默认设置下拍出的是这种偏黄铜色的画面风格。拍摄者可以通过摄像机的设置菜单进行调整，来减轻这种生硬的感觉。

9.1　开始创建自己的画面风格

要创建自己的画面风格，第一步是设置摄像机的细节（DTL），DTL 会通过加强拍摄物体的边缘来增加画面锐度。如果 DTL 设置得过高，拍摄对象会呈现出很强的塑料感，观众们会觉得看到的是"普通视频"。而当 DTL 设置得过低时，画面会看起来模糊、缺乏清晰度。但将细节参数彻底关闭则更不可取[1]，特别是在那些低端摄像机中，因为厂家用尽一切办法，清晰度和对比度才勉强够用。

在确定合适的细节值时，我们主要得参考该项目的最终播放场所。如果该项目主要针对的是像 iPod、手机、网络等小屏幕场所，那么可设置的细节参数就可以稍高；相反，如果该项目被设计在大银幕上播放，过高的细节带来的粗糙边缘也会被一起放大，这可是观众们不想看到的。因此对于大银幕项目，细节值不能设置得过高。

当使用电影模式或电影 gamma 进行拍摄时，拍摄者通常会提高 DTL 细节值来补偿该模式下较低的对比度和清晰度。许多摄像机支持单独降低肤色部分的细节，该功能有助于遮盖你最喜爱的明星的肤色缺陷。但你可要小心，别把肤色细节调过头了！我认识一位非常痴迷于肤色调整功能拍摄者，有一次他把一位女主角的脸调花了。那位拍摄者现在在斯塔滕岛卖鞋为生。

对于新式摄像机来说，拿到手后你就应该首先降低其 DTL 细节值，因为最近摄相机厂商普遍喜欢把默认细节值设置得很高[2]。一个很重要的原因，就是制造商想用高细节值设置来补偿他们采用廉价光学器件导致的分辨率和对比度损失。有些制造商甚至认为，缺乏经验的拍摄者喜欢高细节值时那种"伪锐利"的超现实风格，我听说在日本还真是如此。但我认为在世界范围内可绝不是这样。

1　彻底关闭细节参数和把细节参数设为 0 并不一样，把细节值设为 0 时，细节增益实际上是个中间值，介于最大值和最小值的中央。

2　最近这几年索尼新出的摄像机就是这样。

在自然界中，我们看到的高对比度场景的边缘都是柔和过渡的，例如图中以明亮的傍晚天空为背景的滑板少年的剪影。在设置 DTL 细节值时要保守一些。在拍摄叙事题材时，建议使用较低的细节值设置；在拍摄纪录片时，建议把细节值设为 0，以创造出温和过渡的细节，当然也可以稍微调高一点。还是那个观点，画面风格应该以你的故事需求为出发点，为故事服务！

（a）

（b）

温和的
自然过渡

图 9.4 a,b

在高对比度场景中，过渡平滑的边缘可以让图像显得更加自然。

过多的细节

图 9.5

如果画面中物体周围出现丑陋的硬边，则说明产生了多余的细节，细节值设置得过高。

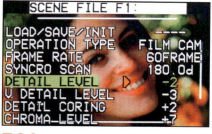

图 9.6

图中的 DETAIL LEVEL 就是细节水平参数，你通常可以在摄像机的设置菜单中找到它。在有些索尼摄像机中，默认值是 "-30"。需要注意的是，"0" 是代表中等细节的中间值。

（a）

降低肤色细节

（b）

图 9.7 a,b

图中的 SKIN TONE DTL 就是肤色细节调节功能。适当降低肤色细节可以帮助拍摄者遮盖演员肤色的缺陷。

9.2　主消隐电平：定义黑色

主消隐电平是负责定义黑色的参数，降低主消隐电平会加深黑色并强化画面的对比度，提高主消隐电平则会提高暗部细节，降低画面的对比度。虽然灰阶过渡良好的图像对于大多数纪录片和企业宣传片来说是可取的，但那种黑色更深、色彩更柔和的风格可能更适合用来拍摄戏剧。总之，黑电平是非常高效的故事线索，它可以把画面风格、性格和色调的本质直接传达给观众。

图 9.8

黑电平具有极强的叙事性。影片《Mdundiko》（2012）[3] 中较低的黑电平压缩了画面的暗部，表达出一种强烈的不祥预感。

9.3   标清的遗产

可悲的是，即便到了 HD 高清时代，我们依然要继续受限于 NTSC 的颜色体系。8-bit 的 HD 高清摄像机可以捕捉到 0 到 255 的所有颜色，其中 0 表示纯黑色，255 表示纯白色。标清的 NTSC 和 PAL 制式为了顾及当时主流的阴极射线管（CRT）显示设备不能显示低于 16 的黑色和高于 235 的白色，在标准上做了相应的限制。超过这个 NTSC 安全值会增加画面的噪声，特别是在红色通道里，因此 CRT 显示设备的广色域显示能力很难让人满意。出于这个原因，即便我们记录的是像 AVC-Intra 这样的 10-bit 图像，其颜色范围也会被限制在 64 ～ 940 之间，而不是理论上的 0 ～ 1024 区间。

9.4   了解你摄像机的动态范围

高光过曝或暗部没有细节是业余视频最显著的标志。摄像机的动态范围，就是它同时能捕捉的最亮点到最暗点之间的色调层次表现能力，通常用挡数表示。以索尼 F3 摄影机为例，据说它的动态范围约为 12 挡；ARRI Alexa 的动态范围有 15 挡；而佳能 5D MKII，只有 8 挡。

（b）

（c）

图 9.9 a,b,c

事实上，任何摄像机在如图（a）的展会里那种精心设计的照明环境下都能拍摄出高质量的图像。如图（b）的大光比场景可以用来测试任何摄像机的动态范围。在如图（c）那样的"魔幻时刻"进行拍摄，可以让你和你的摄像机都表现得更出色。

（a）

包括单反相机 DSLR 在内的很多入门摄像机在极亮环境下的动态范围都小的可怜。在这个问题上，几乎是一分钱一分货。因此 Alexa 摄影机凭借出色的功能和其极宽的动态范

---

3   Kabirigi, J.（制片人 & 导演），Riber, J.（监制），坦桑尼亚 Media for Development International（MFDI）2012 年出品的影片《*Mdundido*》。

围赢得了专业拍摄者们的青睐，他们非常愿意花至少 6 万美元投资这台摄影机。

9.5　设置伽马值

摄像机的伽马值决定了它的特性响应曲线的直线部分所能表现的色调范围。低伽马值可以保留更多的色调层次、动态范围，从而使图像的暗部细节更丰富，代价是图像可能会缺乏生机，因为中间色调细节和高光细节也随着暗部细节一起被提高了。相反，过高的伽马值设置所增加的对比度可能会让拍摄对象的面部肤色呈现超现实的蜡状。当然，如果你拍摄的是入侵地球的邪恶外星人，那么这种设置恰到好处！

图 9.10

虽然摄像机的"电影伽马"是模仿电影胶片的响应曲线设计，拥有同样平缓的趾部（暗部）和较低的拐点，可以提供丰富的暗部细节，但这种伽马设定会在照明不足的区域引入大量的图像噪声。

图 9.11

许多摄像机会提供几种不同的伽马预设供拍摄者选择。电影伽马 CINELIKE 的优势是动态范围的最大化并能提供更白的白色，但同时也会增加削波和暗部噪声的风险。相反，高清 HD NOR 或标清 SD NOR 拍出的图像比电影预设拍出的图像对比图更高，更容易讨人喜欢。在拍摄纪实作品时，我更愿意使用标准伽马，因为它能以最小的图像噪声在各种不同条件下提供相对最佳的性能。

图 9.12

在支持设置伽马数值的摄像机中，大部分拍摄者喜欢把伽马设置为 0.45。在使用胶片伽马模式或电影伽马模式拍摄时，我个人喜欢把伽马设置得稍微高一点，大概 0.50。

图 9.13

选择不同的伽马还可以帮助拍摄者抑制黑暗场景中的图像噪声，尤其是在拍摄夜景时。

9.6　留意高光部分

　　为了重现胶片的图像风格，"电影伽马"的拐点设置得比较低，以便能容纳更多的高光细节。虽然更丰富的高光细节可以让图像更像胶片风格，但"电影伽马"也有可能创造出发灰的图像风格，就像是洗衣服时没放够漂白剂，白色并不是那么白。

　　相反，如果把拐点提高到 95% 的位置，那么很轻易就能得到真正的白色，但随之而来的是削波，也就是高光部分被切平的风险大大增加。高光部分发生削波导致的细节丢失在后期制作中几乎是不可能被找回来的。

图 9.14

"电影伽马"降低了响应曲线的拐点，因此高光部分能容纳更多的图像细节。

9.7　自动拐点

　　高光溢出是新手拍摄者最容易出现的问题之一。为了尽量避免这种尴尬的情况出现，摄像机厂商会动态设置响应曲线的拐点，以保留尽可能多的高光细节。

　　对于大多数情况下的大多数拍摄者而言，使用自动拐点功能是最明智、最现实的选择。不过，这种功能有一个明显的缺点，就是它会影响整个画面，把本不该拉低的白色也一起拉低。松下摄像机通过动态范围扩展功能（DRS）有效地解决了这个问题，该功能可以只对画面中需要的部分区域应用自动拐点。例如在强烈的日光下拍摄体育场馆，当镜头从黑暗的看台摇到明亮的场地时，动态范围扩展功能（DRS）会压低明亮场地的高光峰值，以确保曝光的平滑过渡，反之亦然。

（a）　　　　　　　　　　（b）　　　　　　　　　（c）

图 9.15 a,b,c

开启自动拐点功能可以保留更多的高光细节（图片来源：JVC）。自动拐点功能的缺点是白色可能不是那么白，就像洗衣服时忘了加漂白粉（clorox）。

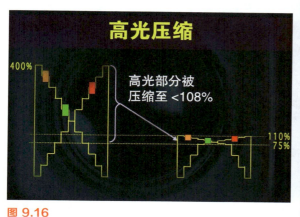

图 9.16

拐点的设置会直接影响过采样原始图像被记录为 8-bit、10-bit，甚至 12-bit 格式后保留的图像细节。

图 9.17

动态范围扩展功能（DRS）可以有效地防止在明媚的体育场这类高对比度场景下拍摄时发生高光削波。

9.8　控制色度

　　就像黑色和层次细节一样，色彩饱和度同样有助于传达故事的意图与类型。高色度通常与戏剧或讽刺题材相关。而低饱和度或低色度多用于"过去时"的故事，例如 20 世纪 30 年代的历史剧。

　　跟其他摄像技艺一样，使用色彩饱和度时要讲究技巧。把色彩饱和度调高一两挡可以为场景注入活力；而在讲述传奇故事时，你最好把它降低一两挡。高色度可以增加场景的锐度，能帮助拍摄者掩饰廉价镜头的低素质，但这样做的缺点是会在后期补偿调色时增加图像噪声。因此，最好的方案就是在拍摄中[4]直接把摄像机设置成你最终想要的风格。相比通过后期调色生成的同样图像，这种直接拍摄的图像不会有额外的图像噪声。

图 9.18

影片《扎布里斯基角》（1970）[5]中爆炸性的色彩为影片注入了非主流的主题。

4　拍摄 RAW 格式可以为影片制作提供最大的灵活性，尽管 RAW 会让工作流程更复杂，文件的体积也会更大。RAW 格式文件相当于胶片负片，它包含了摄像机传感器最原始的像素信息。RAW 数据包含每个像素位置的红、绿、蓝值。

5　Ponti, C.（制片人），Starr, H.（制片人），& Antonioni, M.（制片人），美国 Metro-Goldwyn-Mayer 影业 1970 年出品的影片《扎布里斯基角》（*Zabriskie Point*）。

图 9.19

影片《逃狱三王》（2000）[6]中的去饱和风格非常符合美国大萧条的社会背景。

图 9.20

生动有力的色彩非常适用于新闻类节目。有些摄影机提供的"news gamma"可以直接实现这种色彩风格。

9.9   色彩矩阵

在普通日光灯下，我们的肉眼可能察觉不到那令人讨厌的偏绿色调，但偏绿色调是客观存在的，尤其是我们的摄像机可以捕捉到。摄像机的色彩矩阵功能可以像我们的大脑一样降低这种偏色。在这种情况下，如果我们不改变色彩矩阵，那么这种偏绿色调可能会毁了整个场景。现在，许多摄像机都提供色彩矩阵自定义功能。我们可以根据故事的需要，在特定场景中加强或降低某种颜色。

拍摄者也可以巧妙地利用色彩矩阵功能来抵消由视频增益带来的轻微色调偏移。在低光照环境下，使用水银蒸气灯或类似照明带来的色彩漂移现象非常常见，因此在这种情况下使用色彩矩阵功能可以更好地帮助还原人类肉眼所感知的场景色调。许多摄像机针对不同的照明条件提供了一种或多种补偿预设方案。

（a）   （b）   （c）

图 9.21 a,b,c

图（a）中罗马街头柔和的色调和场景中的低饱和度元素很好地融合在了一起。在图（b）中，犀牛的红色被加强了，说明它才是故事的主角。在图（c）中，突出的绿伞正是故事的主题。

---

6   Bevan, T.（制片人），Cameron, J.（制片人），Fellner, E.（制片人），Graf, R.（制片人），科恩兄弟（制片人＆导演），美国试金石影业 2000 年出品的影片《逃狱三王》（*O Brother Where Art Thou*？）。

图 9.22

钠蒸汽灯照明带来的偏色现象，对于想拍摄"正常"色调的拍摄者来说是个不小的挑战。在图中的这种情况里，使用相应的色彩矩阵可以减轻这令人讨厌的偏黄色调。改变色彩矩阵并不会影响图像的白电平和黑电平。

9.10 使用滤镜

暗部一片死黑，亮部高光溢出，物体的边缘生硬——有经验的拍摄者们对这些问题都深有体会。多年来，这些问题一直困扰着低成本影片，拍摄者们并没有什么好办法来应对这些问题。今天的摄影机也在以它们自己的方式折磨着拍摄者们——光学性能低劣，色彩偏移，帮倒忙的纠错功能，有一个算一个。但无论是什么原因导致了图像质量不好，如果你想发挥低成本摄像机或数码单反 DSLR 的最佳性能，你都必须直面这些问题，而最有效的方法之一，就是使用物理滤镜或软件滤镜。

9.11 物理滤镜

虽然现在很多摄像机也能直接拍摄出看起来过得去的图像，但聪明的拍摄者知道自己想要的图像的样子，为了达到这个目的，在摄像机上使用物理滤镜是最实用的方法。这是因为物理滤镜是放置在镜片最前面的，它可以把对比度和细节优化后的图像传递到传感器上，从而最大限度地发挥摄像机的性能。

图 9.23

光线透过物理滤镜时复杂的相互作用并不能通过软件精确地模拟出来。

拍摄到不正确的图像并计划在后期制作中进行修正是一种风险很大的策略，因为错误的图像在被压缩和编码后会更难进行补救。后期修补图像几乎是不可能的，因为修补措施本身也会造成图像质量的退化。

虽然很多种摄影机滤镜效果也可以通过软件来模拟，但光线与玻璃元件之间微妙的相互作用的过程是不可能被完全模拟出来的。设想一下，一束光线透过 Schneider Classic Soft filter 柔光滤镜时，光线透过或围绕着滤镜中数千个微小

图 9.24

最新的数字摄像机可以拍摄出超高清晰度的视频，但随之而来的是大量的图像噪声。适当的图像控制和使用实体滤镜可以有效减少此类问题。

的透镜，相互作用，每一束光线的特性、颜色、方向都以各种各样的方式发生着变化。

物理玻璃滤镜对于图像的实际影响取决于很多因素，像镜头的光圈、背光的强度，以及镜头中的光源是否在焦点上等。所有这些元素都将影响场景的风格和感觉。

9.12　最后再考虑使用滤镜

有经验的拍摄者都知道，应该在最后再考虑使用滤镜，而不是在一开始就使用它。应该在照明都调整好，摄像机菜单设置都完成之后，再考虑使用滤镜。

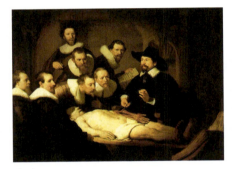

（a）

（b）

图 9.25 a,b

拍摄者应该考虑使用补光灯。伦勃朗可能从来没想过，他画的暗部如果是在数字视频里，肯定都是噪波。没有噪波的暗部才是好的暗部。来，抽支雪茄吧。

图 9.26

试着降低 DTL，可以降低图像的生硬感，尤其是在近距离拍摄时。降低 DTL 参数可以模拟柔光滤镜的效果。

图 9.27

适当调低色度参数可以在一定程度上起到低反差滤镜的效果。

图 9.28

在 1937 年，如果想用隔行格式拍摄图中我祖父的杂货铺这种高细节的场景会让人非常头疼。最好在后期制作中使用去隔行功能，或者直接使用 24p、25p、30p 或 60p 这些逐行格式进行拍摄。

9.13　为任务量身打造

　　虽然从摄影诞生的第一天起，就已经有各种各样的滤镜了。但随着各种直径只有几毫米的芯片相继诞生，数字化摄影的时代到来了，滤镜也必须与时俱进、重新设计，以适应更苛刻的数字化要求。当然，也不是说老式滤镜在数字世界就无法生存，关键还是看你如何去使用它。毕竟，拍摄的最终目标是审美艺术，只有像你这种操纵光影的艺术家才有资格判断。

　　许多老式滤镜是使用钠钙玻璃制造的，它会呈现一种绿色调，对于胶片摄影机而言，这点儿绿色算不了什么，但对于数字摄影机而言，这点儿绿色调可能导致采样数据不准确，会严重影响图像质量。

　　针对数字应用设计的现代滤镜多采用水白色玻璃制造，并且现代滤镜更精密，厂商的生产技术也更精密。如果滤镜表面不平整，那么在摄像机做缓慢摇移时画面可能会产生畸变。老式多片式滤镜也不能用，因为它往往会在拍摄中产生微小的焦点偏移和带状条纹，会导致视频在编码时出现马赛克。

　　不只是玻璃滤镜会出问题，传统的网状或丝网滤镜会和成像器件的网格相干扰，导致严重的锯齿现象。内嵌黑点或白点的雾状滤镜也会出问题，因为很多摄像机的纠错功能会误把这些黑点或白点当成是脏东西去掉，导致图像失真！

图 9.29

这种黑色雾状滤镜上的小黑点在全广角或（和）小光圈时可能会被显示在屏幕上。许多拍摄者更愿意使用没有内置图案的滤镜作为替代，例如 Tiffen Soft/FX 或 Schneider Digicon。

9.14　中密度滤镜（ND）

　　光圈全开（或接近全开）拍摄通常是个不错的选择。如此一来，滤镜和滤网不太可能被呈现在屏幕上，大光圈带来的小景深也有助于突出故事的关键元素。同时，小光圈值也有助于降低发生衍射、图像柔化和对比度降低的风险。

　　在明亮的白天拍摄时，你需要一个中密度滤镜（ND）。大多数摄像机提供内置的 2 ~ 4挡中密度镜（ND），但当光线强度过大时，你仍然需要额外的玻璃中密度滤镜以达到最佳曝光。中密度滤镜是灰色的，因此它并不会影响场景的色彩平衡。

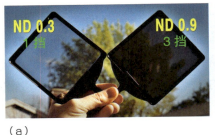
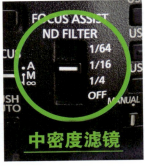

图 9.30 a,b

中密度滤镜（ND）的密度范围通常为 0.3～1.2，或等效的 1～4 挡。在拍摄外景时，这意味着在使用摄像机内置中密度镜（ND）的同时还能使用大光圈，通常这是件好事！　（a）　（b）

9.15　偏光滤镜

　　偏光滤镜大概是拍摄者工具箱里被使用得最频繁的滤镜了，因为偏光滤镜是唯一一种可以同时增加画面对比度和分辨率的滤镜。偏光滤镜是拍摄自然风景和城市景观等外景必不可少的滤镜，因为这些题材的拍摄通常会为了获取大景深而使用小光圈，并且风景中也会不可避免地包含很多层大气，这些因素都会导致对比度的降低。

　　偏光滤镜通过降低光线的散射来增加画面的对比度。通过滤镜上的水平或垂直网格，来阻挡偏离光轴的、与偏光镜片方向不一致的光波。由

图 9.31

使用偏光滤镜是一种改善低端摄像机和镜头画质的既简单又便宜的方法。

图 9.32

偏光滤镜的定向网格会减少使对比度降低的散射光线。偏光滤镜分为两大类，直线偏光滤镜效果更明显，但可能会干扰摄像机内部的对焦系统，因此大部分拍摄者更喜欢使用圆偏光的偏光滤镜。

图 9.33

偏光滤镜可以有效减少甚至消除玻璃窗的反光，从而增加场景的立体感。但记住，可别把那些会让你的故事更出彩的反光给消除了！

于北方的天空（北半球）已经经过了部分的偏光，因此适当的使用偏光滤镜可以使天空变暗并增加云彩的冲击力。

把偏光滤镜与太阳呈 90° 角是最有效的。要确定天空变暗区域一种简单的方法就是把偏光镜对准太阳，这时你的拇指方向就是天空变暗的区域。

当拍摄者在明媚的日光下进行拍摄时，偏光滤镜还可以通过减少太阳的眩光来改善演员的肤色。但同时，偏光镜增加的反差也让演员面部的瑕疵、表面静脉或其他缺陷变得更明显。因此在使用偏光滤镜拍摄演员特写时，你必须格外谨慎。

9.16 天空的控制

在明亮的白天进行拍摄时，拍摄者们经常要面对天空的亮度超过摄像机动态范围进而高光溢出的窘境。蓝天白云因为过度曝光而一片惨白的画面看起来显得非常业余。使用天光控制滤镜可以利用其软、硬或渐变的边缘缩小场景的动态范围，天光滤镜可以让拍摄者在维持暗部细节的前提下获得更丰富的高光细节。这些柔边渐变滤镜有很多种颜色可选，其中最受欢迎的是蓝色、日落色和 1、2、3 段的中密度灰镜。通常情况下，我们在使用广角镜头拍摄风景时会选用软边渐变滤镜；而在使用长焦镜头进行拍摄时，我们通常会使用硬边滤镜，以保持场景的层次感。

图 9.34

有效的天空控制是避免亮部削波和细节损失的关键。右图使用了软边的 ND 0.9 渐变滤镜，为引导观众在构图中的注意力起了至关重要的作用。

图 9.35

软渐变滤镜的渐变区域很大，非常适合大面积的天空拍摄。硬渐变滤镜多用于在长焦拍摄时为场景提供可见的渐变效果。减光镜则更多被用在一些特殊应用中，没有明确的分界线是它的最大优势。

图 9.36

你想要蓝色的天空？我可以给你蓝色的天空！图中为 Tiffen soft-edge blue#2 蓝色软边渐变滤镜。

图 9.37

在这个场景中，软渐变滤镜的分界线大概在构图的上 1/3 处。

图 9.38

图中这个家伙慵懒地伸着长脖子。使用日落渐变滤镜为这个场景增加了一抹夕阳的余晖，让场景看起来像是在日落时拍摄的一样。

9.17 高对比度的困惑

为画面保持适当的对比度是所有拍摄者拍摄工作中的重中之重，通过使用带有遮光罩的高品质镜头可以实现这一目标。然而，在明媚的阳光下进行拍摄时，若不使用反光板等辅助设备，那么画面无一例外都会出现对比度过高的情况，因此你需要准备一个降低画面对比度的方案。

低对比度滤镜通过重新分配高光到暗部的曝光量来实现降低画面对比度的作用。使用低对比度滤镜时，暗部被提亮的同时整个画面都会变暗，从而使最亮的高光部分也不至于出现削波、过曝。

但这种增加动态范围的方法是要付出代价的。黑色会变成灰色，整个画面都会显得很平、缺乏活力。这是因为使用低对比度滤镜并不能从根本上提高摄像机的成像能力，它在延展动态范围和增加色调层次的同时并不能保持纯净的黑色。

很多摄像机的"cine gamma"或电影模式的工作方式也跟低对比度滤镜差不多，都是在扩展动态范围、提高暗部细节的同时，提供灰度更高、噪波更多的整体画面。

鉴于大多数柔光滤镜也都有降低对比度的功能，所有拍摄者几乎不需要再单独购买专用的低对比度滤镜。虽然当今的摄像机已经可以提供平滑、可调整的图像，但当你顶着明媚的阳光试图获取高动态范围的图像时，你需要的可能就只是一个低对比度滤镜。

（a）

（b）

图 9.39 a,b

想拍摄有着极端对比度的场景？低对比度滤镜可以帮助拍摄者获取更能让人接受的动态范围。

9.18　柔光滤镜

　　捕捉并保留画面的暗部细节是拍摄者的重要职责。为了达到某些记录格式要求的减少98%[7]的文件体积，工程师们的目标就是去掉他们认为多余或不相干的画面细节。由于人眼对画面暗处的细节并不敏感，因此工程师们倾向于对画面暗部进行压缩，其结果常常就是在 HDV、AVCHD 这种高压缩格式画面中，画面暗部细节的损失很严重。

　　柔光镜通过提高像素亮度来增加暗部细节的相关性，从而使它们尽量减少在压缩量化[8]过程中的损失。作为拍摄者，我们应该努力创造与故事情绪一致的画面，我们应该学会活用滤镜来满足这一需求。现在很多摄像机前面都会安装 UV 滤镜，这种滤镜对成像毫无用处，顶多可以算是一种透明的镜头盖。

　　很多年前流行的那种通用尺寸柔光滤镜现在已经没法"一镜走天下了"，因为不同的摄像机有不同的传感器、不同的处理器、不同的菜单设置，一个滤镜可能在一台摄像机上效果不错，但在另一台摄像机上效果就很糟糕。

图 9.40

柔光滤镜有助于画面高光的控制和画面暗部细节的提升。但使用时要格外谨慎，因为画面对比度的减少可能会让场景看起来缺乏生机。

　　制造商在设计新滤镜时主要考虑三个方面：折射、衍射和散射。如果侧重其中某个方面的表现，那么滤镜在使用时就可能存在明显的缺陷，但这些缺陷通常都可以被改善甚至被修复。很多年前就发生过这样的事情，拍摄者们发现他们久经考验的 Betacam 模拟摄像机用的滤镜在数字领域表现得并不好。例如 Tiffen 的 Black Pro-Mist 柔焦滤镜，虽然它已经在行业中可靠地服务了十数载，但如果用在数字 DV 摄像机上，生成的图像就显得有些粗糙。

图 9.41

柔焦效果较弱的摄像机内置柔焦滤镜或最低强度的 Tiffen Soft/FX 或 Schneider Digicon 可以有效地减少画面暗部的噪波。记住，柔焦效果越弱的滤镜可能越适合你！

　　制造商通过改变嵌入的黑色小点的空隙和反射率解决了柔焦滤镜在数字设备上表现不佳的问题。通过减少这些小点的尺寸，Schneider Digicon 的柔焦滤镜在不产生光晕和不损失分辨率的情况下，重新达到了传统

7　我没写错，你也没看错。HDV 格式的压缩率可以达到 40:1 以上！

8　"量化"是压缩算法组织相似像素的过程，如果相近像素的值可以被四舍五入，那么便宣告其为冗余，并丢弃它们。量化的主要目的是仅仅保留对人眼来说显而易见的图像细节，舍掉其他"不相干"的"多余"细节。你的摄像机之所以急于舍弃那些"不相干""多余"的图像信息，有一部分原因是因为它的参数设置，其中包括黑色信号扩展、拐点、伽马等参数的设置。详细信息可以参考第五章中关于压缩原理的深入探讨。

柔焦滤镜的性能水平。

　　当然，没有哪个滤镜可以神奇地把一台入门级的摄像机变成专业的 ARRI Alexa，也没有哪个滤镜能把一名无知的拍摄者变成斯文·尼夫基斯特那样的摄影大师。尽管如此，大多数摄影师还是可以得益于在拍摄中使用滤镜，但这同时也意味着你不得不面对各式各样的滤镜并从中做出你的选择。仅 Tiffen 就有 Pro-Mist, Black Pro-Mist, Soft/FX, Black Diffusion FX, Gold Diffusion FX, Fogs, Double Fogs 和 Softnets 数个系列。而 Schneider 公司也有其独特的产品阵容，包括 HD Classic Soft, Warm Classic Soft, Black Frost, White Frost, Soft Centric 和 Digicon 等。还有英国的滤镜生产商 Formatt 也同样可以提供超过十几种柔焦滤镜供顾客选择。详见下面的表 9.1，显然，我们有很多种滤镜可以选择！

表 9.1 常见柔焦滤镜一览

类型	Tiffen	Schneider	Formatt	备注
（黑色薄雾） Black Mist	Black Pro-Mist 1/8, 1/4, 1/2, 1, 2, 3, 4, 5	Black Frost 1/8, 1/4, 1/2, 1, 2	Black Supermist 1/8, 1/4, 1/2, 1, 2, 3, 4, 5	使用这类滤镜会产生中度的耀光和导致分辨率降低。这种滤镜可以创造出非常迷人的视觉效果，其中 Black Frost 滤镜在黑色上的效果比 Black Pro-Mist 滤镜略小。效果较弱的此类滤镜可以用作一般降噪工作。不建议在使用小尺寸成像元件的 HD 高清摄像机上使用效果过强的此类滤镜。
（白色薄雾） White Mist	Pro-Mist 1/8, 1/4, 1/2, 1, 2, 3, 4, 5	White Frost 1/8, 1/4, 1/2, 1, 2	Supermist 1/8, 1/4, 1/2, 1, 2, 3, 4, 5	这类滤镜通过降低白色的曝光来降低画面对比度，他会在高光处产生轻微耀光，但不会降低画面的分辨率。这类滤镜通常会跟柔光滤镜一同使用，用来营造浪漫的画面风格。
（超低反差） Ultra Contrast	Ultra Con 1/8, 1/4, 1/2, 1, 2, 3, 4, 5	Digicon 1/4, 1/2, 1, 2		这类滤镜可以在提高黑色电平的同时降低高光，没有明显的分辨率损失，光晕和眩光也很小。这类滤镜结合适当的伽玛设置可以提供更高的动态范围。
（小透镜） Lenslet	Soft/FX 1/2, 1, 2, 3, 4, 5	Classic Soft 1/8, 1/4, 1/2, 1, 2	HD Soft 1, 2, 3	这类滤镜可以在不损失分辨率的情况下降低画面的对比度。效果较强的此类滤镜会使画面亮部柔和地发光，大多数情况下我们应该选择效果最弱的款式。
（环形柔焦） Circular Diffusion	Diffusion/FX 1/4, 1/2, 1, 2, 3, 4, 5	Soft Centric 1/4, 1/3, 1/2, 1, 2		这种滤镜可以在不产生眩光和不损失画面锐度的情况下巧妙地降低对比度。它可以明显减少特写拍摄时演员面部的瑕疵和皱纹。同时它可以为画面加入微妙的边缘衍射效果。对象的纹理在逆光和（或）使用广角镜头时才会被看到，因此这类滤镜非常适合被用在直播访谈类节目中。
（暖色镜） Warming	Nude 1, 2, 3, 4, 5, 6 Type 812	81 Series	Warm Skintone Enhancer 1, 2, 3	这类滤镜主要用来改善拍摄对象的肤色。通常暖色效果也会被集成在柔焦滤镜中。另外，暖色也可以在后期制作中通过调色来实现。

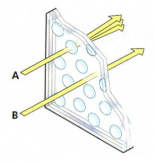

图 9.42

Schneider Classic Soft 滤镜上这些水珠般的微小透镜可以在保持画面整体锐度的前提下，柔化细小的皱纹和瑕疵。图中像 A 那样的穿过小透镜的光线会被柔化，而像 B 那样的光线会直接穿过滤镜。如此一来，同一画面中锐利像素和钝化像素就得以共存。

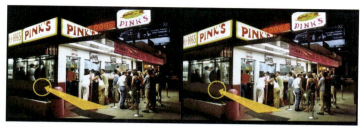

图 9.43

在城市夜景的拍摄中，使用超低反差滤镜往往可以省去补光的额外照明。右侧图像中热狗店门口的细节明显比左面的图像多。超低反差滤镜尤其适用于使用霓虹灯或钠灯作为光源的场景，它既可以提高暗部细节，又不会产生明显的光斑或光晕。

图 9.44

使用任何形式的网状滤镜都要格外谨慎。在使用广角镜头或（和）使用小光圈进行拍摄时，网格可能会出现在屏幕上。很多拍摄者更倾向于安装后置式丝网。

选择哪种滤镜？

Tiffen Soft/FX

这是一种非常实用的万能柔光镜，非常适合用来拍摄高对比度的外景。只要稍微损失一点儿分辨率就能换回赏心悦目的画面，还是非常值得的。Tiffen Soft/FX 滤镜有很多不同尺寸和规格，包括适用于消费级摄像机的旋入式滤镜。

Tiffen Black Pro-Mist

黑色薄雾滤镜可以帮助拍摄者减少暗部的色调偏移并抑制噪波。最好避免使用效果过强的薄雾类滤镜，因为它们容易产生明显的"浴帘"效应。

Tiffen Gold DFX

Tiffen Gold Diffusion/FX 滤镜非常适用于拍摄人像和采访。因其考究的光线和专业的画面素质让这种滤镜经常出现在广播电视和商业应用中。

Tiffen Softnet

这种滤镜很老了，老到现在几乎没什么人会提起他。Softnet 1B 能创造出非常有怀旧质感的画面风格，很容易让人联想到 20 世纪 30 年代的好莱坞音乐剧。Softnet 1S（S 表示皮肤）的风格类似，只是增强了对肤色的表现，这种滤镜很适合用来拍摄自恋的名人。

Tiffen Ultra Contrast

在拍摄城市夜景时使用这种超低对比度滤镜是个绝妙的好主意，它能为你省下很多额外的照明工作。对于低成本制片者来说，这种滤镜可以让他们在黑暗或高对比度场景中省去补光照明的成本。

Schneider HD Classic Soft

这款滤镜可以在不损失分辨率的前提下，提供雅致、富有品位的画面质感。它适用于拍摄肖像特写，也可以用来拍摄剧情类故事，是一种常用的通用滤镜。

Format HD Soft

HD Soft 滤镜可以在图像细节和对比度损失最小的情况下柔化图像粗糙的轮廓。

9.19　CHRISTIAN DIOR 来帮忙

有些拍摄者并不喜欢使用前置式滤镜拍摄出来的效果，他们更喜欢在镜头后面套一个真正的丝袜所产生的耀斑效果。如果你也想使用丝袜做滤镜，首先把丝袜的一部分拉伸并跨过镜头背面，再用 1/4 英寸宽的双面胶带或环形橡皮筋进行固定。使用后置式丝袜滤网可以在高光处产生非常发散的耀光，因此在使用前应该充分考虑故事的背景。

由于丝袜的颜色会注入高光的耀斑中，因此在选择丝袜时要格外谨慎，我个人喜欢使用黑色的丝袜，因为它颜色比较中性。从另一个角度来看，肉色丝袜可以增强肤色的权重，它在拍摄上了年纪的名人时有其独特的优势。

多年来，我一直选用 Christian Dior 4443 号丝网作为后置滤镜，在欧洲的高端精品店应该可以买到这种丝袜（我的是几年前在巴黎买到的）。如果你决定使用丝袜作为滤镜，要记得避免使用劣质丝袜。使用低劣丝袜作为滤镜拍出来的画面很粗糙、很不讨人喜欢。

图 9.45

把一小段丝袜套在镜头后面可以让画面产生戏剧性的高光耀斑，至于效果恰不恰当还得看看故事安排。记得在套上丝袜更换镜头时一定要检查镜头的后焦！（详见第 6 章）

9.20　遮光斗

任何镜头的性能都会因漫射光从镜头前端倾斜射入而降低。这些离轴光线在镜头内部镜头的多个元件之间反射，更加剧了炫光和对比度、分辨率的降低。

旋入式滤镜有着便于携带和成本低廉的优势，但在紧张的拍摄中，安装这种滤镜会使人手忙脚乱，还容易滑丝，你还得担心它在紧要关头会不会掉下来。考虑到上面这种种尴尬，尤其是你正准备为一位自负又爱发脾气的导演争分夺秒抢拍落日时，离这种滤镜远点儿。

方形或长方形滤镜需要配合专业的遮光斗进行工作，这种组合在操作手感上更合理，也能赋予拍摄者更大的创作空间，包括可以在拍摄天空和抑制窗户反光时更精确地放置渐变滤镜和偏光滤镜等。

图 9.46

尴尬和效率低下是旋入式滤镜的主要问题。并不是所有的专业滤镜都提供旋入款式。

图 9.47

专业遮光斗可以防止漫射光线斜射入镜头导致的分辨率和对比度降低。再强调一下！拍摄时一定要使用合适的遮光罩或遮光斗！

图 9.48

别向宽银幕妥协！一个比例适当的遮光斗可以最大限度地保障你的拍摄！

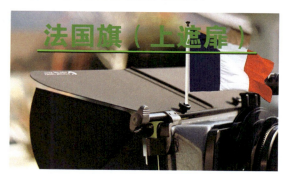

图 9.49

法国旗是一种方便固定的遮扉，它可以防止阳光或强烈的逆光直射进镜头。有些遮光斗提供了法国旗的快装接口。

杆式安装还是夹式安装？

图 9.50

夹式遮光斗既经济又方便，但额外的重量全部压在镜头前端会影响镜头的光学性能。全尺寸遮光斗系统需要安装在合适的支撑杆系统上，支撑杆系统在承担额外重量的同时还可以为拍摄者提供流畅的操作手感。

9.21   如何叠加滤镜

保持画面拥有良好的对比度在拍摄中是至关重要的。低档镜头和缺少遮光罩或遮光斗是画面对比度损失的主要因素，层叠使用滤镜则会让这个问题更加严重，因为层叠使用滤镜会增加空气与玻璃夹层的数量及潜在的内部反射，而这些因素都会加剧画面对比度的下降。

如果想同时实现暖色调和柔焦效果，我通常会使用两种功能都有的组合滤镜，例如 Warm Supermist 滤镜。当然，我也经常会把渐变滤镜和偏光滤镜叠加使用，但我一般不会同时叠加使用超过两个的滤镜。

（a）   （b）

图 9.51 a,b

星光滤镜可以说是体育比赛和大型活动拍摄者最喜欢的滤镜之一。遮光斗中的旋转机构可以帮助拍摄者获得理想的安装方向。图（b）为 Tiffen vector star 星光镜。

图 9.52

有些时候我们不可避免地要层叠使用多个滤镜。图中的例子是使用柔光镜来软化另一张星光滤镜产生的生硬感。需要注意的是，星光镜的位置更靠近摄像机，如此可以减少它的图案出现在屏幕上的可能性。

注：WARM DIFFUSION：暖色柔光镜
STAR：星光镜

数字乳剂实验

我们通常在评估一台数字摄影机时并不会进行乳剂测试，但如果我需要使用一款新的或不熟悉的摄影机进行工作时，我还是会进行"乳剂实验"。胶片拍摄者通常会在一卷新胶片上测试其在不同照度下的感光能力。同理，使用数字摄影机时，我们依然可以通过设置不同的伽马、黑电平和补光灯来更深入地了解该设备在不同拍摄条件下的成像能力。

在进行"乳剂实验"时，首先要找到合作的拍摄对象，并用正常曝光对其拍摄。用合适的监视器进行监看，并逐渐降低照明级别，同时留意细节和色调变化。充分且深入地了解摄影机的相应性能，对一名拍摄者至关重要，同时这也能帮助拍摄者对即将要面对的照明挑战做好充分的准备。

图 9.53

9.22 暖色滤镜

　　使用暖色滤镜或肤色增强滤镜可以使被拍摄对象看起来更栩栩如生，从而可以进一步拉近演员与观众的距离。为了获得正确的暖色效果，在使用暖色滤镜之前一定记得先为摄像机做好白平衡。当然，暖色效果也可以在后期制作中实现。

图 9.54

如图所示，使用暖色滤镜可以让女演员与故事跟观众建立更亲密的关系。

9.23 雾化滤镜

　　长久以来，摄影师们已经习惯了用雾化滤镜来为平淡无奇的风景增加气氛。无论你想为场景增添一丝气氛还是浓墨重彩的全面雾化，优质的雾化滤镜都能让这些效果变成现实。

　　雾化滤镜一般分为标准雾化滤镜和双倍雾化滤镜两种，其中双倍雾化滤镜的效果更接近于真实的雾。使用雾化滤镜拍摄特写镜头时，虽然画面对比度会降低，高光区域也会出现模糊，但画面的清晰度会得以保留。当然，这种有品味的效果还需要符合故事的整体感觉。

图 9.55

在图中这个威尼斯的镜头里，左面的画面使用了双倍雾化滤镜，它产生了极其自然的雾化效果，画面左侧的暖光灯也没有产生大范围的耀光。右面的画面是没有使用滤镜的效果。

9.24 后期制作

　　"为什么要在拍摄时使用滤镜和进行图像调整？为什么不把这些工作留到后期制作时使用非线性编辑系统 NLE 完成呢？"几年前，有位暴脾气的工程师把我拉到一旁如此质问我。他坚持认为我在拍摄时使用柔焦镜会降低图像的分辨率，并最终影响节目的图像质量。

　　我注意到光线穿过物理的玻璃滤镜时会产生散

图 9.56

我铺着软垫的滤镜箱曾经一度装着满满 125 个各式各样的滤镜。最近这些年，我已经不怎么会用到色彩效果类的滤镜了，因为颜色和色温的调整在后期制作中更容易，也更有效。

射、晕影、折射等微妙的变化。我也跟大家讨论过为何渐变滤镜和偏光滤镜为场景增加的细节是无法替代的。那么这一切神奇而微妙的过程可以在后期制作中进行重现吗？显然是不可能的。

同样的理论也适用于使用弱柔焦滤镜抑制暗部噪波，可以帮助摄像机达到事半功倍的效果。但我们也必须承认，在后期制作中调整图像已经越来越普遍。拍摄者们屈于制片成本和实用性的压力，正越来越多地把图像调整留在后期制作流程中。

9.25　根据需要选择后期插件

对于那些想在后期制作中寻求图像控制的拍摄者来说，现在有各式各样的插件工具可供选择。插件是一种用来扩充后期编辑系统或后期合成系统功能的小型软件应用程序。插件可以为拍摄者提供近乎无限的创作可能性。

Tiffen 的 Dfx 插件预置了很多最流行的摄像机滤镜样式，包括柔焦滤镜、渐变滤镜、红外类滤镜等。这类插件工具为拍摄者们提供了一条从我们熟识和热爱的直观世界通往抽象且难懂的数字领域的捷径。

Red Giant 公司的 Magic Bullet Looks Suite 插件包可谓是软件设计的杰作。除了能让你获得任意程度的柔焦、色彩饱和度和颜色处理外，Magic Bullet 还提供了一系列独特的外观样式。既有《甜心先生》[9]里那种温

（a）

（b）

图 9.57

Tiffen 的 Dfx 插件集提供了一系列我们所熟悉的出色滤镜。这种工具可以只对构图中特定的部分应用滤镜效果。

图 9.58 a,b

图（a）是使用夜景插件实现的白天拍摄夜景效果。图（b）是加载了夜视滤镜的北好莱坞街景。

9　Crowe, C.（制片人＆导演），Brooks, J. L.（制片人），Johnson, B.（制片人），Mark, L.（制片人),Mendel, J. M.（制片人），Pustin, B. S.（制片人），Stewart, L.（制片人）等，1996 年美国 TriStar 影业出品的影片《甜心先生》（*Jerry Maguir*）。

暖、朦胧的样式，也有《大开眼戒》[10]里那样重度柔焦的样子，想实现这些效果，你只需按一个按键。

图 9.59
Noise Industries 的 FxFactory 插件集可以为多种 2D 和 3D 后期制作工具提供大量柔化和效果滤镜。

处理后的画面

未经处理的画面

图 9.60
Magic Bullet Look Suite 提供了一系列识别度高且方便套用的画面风格。图中的上图是使用《甜心先生》温暖、朦胧的样式处理后的画面。

9.26 颜色校正

虽然并不是所有项目都会从 Magic Bullet 这类插件中获益，但事实上几乎所有的数字视频都需要进行颜色校正。拍摄的原始图像素材之间可能在颜色和密度等方面存在各种差异，但得益于当今强大的后期色彩校正工具，拍摄外景时各个镜头之间的色彩匹配已经显得没那么重要了。

10　Cook, B. W.（制片人），Harlan, J.（制片人），& 斯坦利·库布里克（制片人 & 导演），1999 年英国 Hobby Films 影业出品的影片《大开眼戒》（*Eyes Wide Shut*）。

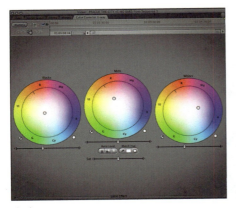 

（a） （b）

图 9.61 a,b

图（a）中 Final Cut Pro 的三路色彩校正功能允许分别调节画面的黑、白和中间调，这已经可以满足大多数应用了。图（b）中漆黑的暗部显然需要过渡得再柔和一些。

色彩校正除了可以建立不同镜头之间的色调一致性，更可以用来赋予整个故事特定的基调和风格。我们可以让白色更白、黑色更黑、肤色更自然。我们可以增加暖色、增强对比度，或为节目添加符合主题的特殊颜色。

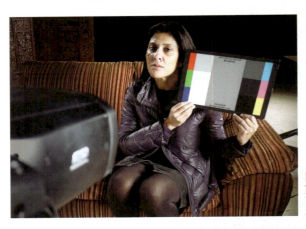

图 9.62

在每场戏之前拍一条颜色参考，可以为后期色彩校正提供极大的便利。

图 9.63

色彩校正最好只应用于部分画面。这组纽约街景的光源是钠灯路灯和水银路灯，这种色调看起来有些让人不舒服。整体调色后虽然色调舒服了，但却损害了故事的真实性。

9.27 拍摄者要对自己负责！

通过后期制作来修整素材这个概念让很多拍摄者感到不踏实。一方面，拍摄者们对这些提供无数创作可能的后期软件心怀感激。但另一方面，把自己未完成或拍摄效果不佳的素材留给后期机房或工作室很可能对拍摄者的声誉和生计构成威胁。拍摄者虽然知道制片商、客户，或后期制作管理员会对他（她）保证其原始素材不会被外泄，但这些素材总有一天会暴露在公众的视野里。

数字世界发展得如此之快，我们再也不能教条地判断在什么时候、什么地点应该使用物理滤镜。时代已经发生了改变，随着这些改变，拍摄者们必须努力对所拍摄的图像争取更多的掌控权。图像虽然始于摄像机的拍摄，但直到经过后期编辑、制作，并最终输出到银幕上，工作才算是真正结束。

如今的拍摄者必须接受拍摄和后期制作这个组合。记住，你是艺术家，是用光线作画的画家，是数字时代的维米尔（荷兰最伟大的画家之一约翰内斯·维米尔）。别人怎么评价你完全取决于你自己。你真的觉得睡眼朦胧的剪辑师会在最后期限前尽心尽力地忙着帮你的图像加滤镜吗？绝不可能！

所以，亲爱的拍摄者们，我们必须对自己的项目负责，对自己拍摄的图像负责。加偏光镜、加柔焦镜或加上梦幻的色彩，但最重要的是你要完成它。无论你打算在前期拍摄时完成影像还是在后期制作中完成它，你都要时刻牢记，你的作品代表着你。

教学角：思考题

1. 描述构成影视作品独特外观的成分。描述主细节（DTL）和黑电平参数如何能影响作品的风格。

2. 伽玛是什么？电影伽玛又是什么？为什么电影伽玛有时并不适用？

3. 摄像机的色彩矩阵解决了人类和机器之间对色彩认知的差异。为什么说这样的功能很有用或者很有必要？

4. 讨论摄影用物理滤镜与非物理滤镜的优劣。解释为什么说天光滤镜和偏光滤镜不能被软件在后期进行完美的模拟。

5. 通过安装物理滤镜实现彩色效果是否有其独特的优势？

6. 为什么使用遮光斗或遮光罩对保持良好的对比度和分辨率至关重要？

7. 列举 5 个你认为在日常拍摄中不可少的物理滤镜，并解释你的理由。

8. 分别描述你认为适合浪漫喜剧、古装剧、现代鬼故事或国际货币基金组织（IMF）的影像风格。具体请考虑相机的设置参数：细节、伽玛、黑电平和色彩饱和度。

第十章

照亮你的故事

在构图时，我们给这个世界加上画框，我们会有意识地排除与视觉故事无关的元素。当我们选择弱化作品中的某个对象或把画面中心的物体放在焦点以外，我们就是在帮助观众了解哪些元素对于故事来说是重要的，哪些是不重要的。正确的照明技艺也要遵从同样的原则。我们把光打到故事中重要的对象上，并把不重要的元素上的光去掉。

从本质上讲，照明的精髓就是排除，还记得我们的口头禅么：排除！排除！排除！它是我们不可或缺的照明手段，我们费时费力地修改灯光、控制灯光，甚至是从现场去除灯光。我们会使用遮扉、镂空板、黑旗、柔光纸、反光板和彩色灯纸等一切手段改变光线的方向和性质。

照明是一种逻辑训练。照明源于故事的需求，同时也受限于故事。在很多情况下，我们只能强化已经存在的灯光的方向和质感。如果一位 CEO 的办公桌上有一盏台灯，我们在照明布光时就要尽量去模拟这盏台灯的效果。当然，我们也可以改变照明和用柔光等更好看的方式去表现这位 CEO——如果故事允许的话。办公桌上的台灯为我们给这个场景的照明工作提供了依据，拍摄者只能根据场景中已有（或应该有的）的光源进行自然的照明布光。

用更自然的方式把立体的世界重现在平面上一直是我们作为拍摄者所追求的目标。在大多数情况下，我们的照明工作应该实现两个目标：（a）通过将质感最大化来增强画面的现实错觉；（b）适当地引导观众的视线，告诉他们场景中哪些是与故事相关的重要元素。

在拍摄现场，我们经常需要遮挡或削弱主光源，比如挡住大窗户，虽然这与上面提到的模拟已有光源有些背道而驰。在照明中，使用吸光技术似乎与照明有些矛盾，但这种行业惯例可以实现更有立体感、更有质感的照明。

图 10.1

牢记我们的口头禅：排除！排除！排除！在给场景增加照明之前，首先应该考虑排除场景内已有的照明。

（a）   （b）   （c）

图 10.2 a,b,c

（a）照明的目的通常是将场景中明显的质感最大化。
（b）色彩和烟雾为场景增加质感。而质感则增加了场景的真实性。
（c）车漆的质感栩栩如生。

图 10.3

图中为影片《克莱默夫妇》（1979）的开场镜头，充分体现了极简主义的照明。剔除背景后，观众们的注意力全都集中在了梅丽尔·斯特里普沉思的目光和她的结婚戒指上了。伙计们，这显然不是一部喜剧！

10.1 由小见大

不需要很多灯就可以把照明做好。摄影大师内斯特·阿尔门德罗斯拍过许多脍炙人口的影片，其中就包括著名的《克莱默夫妇》[1]（1979）和《苏菲的抉择》[2]（1982），据说他在拍摄这些影片的大部分场景时只用了一盏小型菲涅尔[3]聚光灯和一面镜子。更少的灯光意味着更容易控制的灯光和更多的可控阴影；也意味着需要更少的遮扉、魔术腿和夹杆来控制不必要的灯光溢出；同时也意味着更快的灯光布置，对被拍摄对象和工作人员来说也是更舒适简洁的工作环境；还意味着更宽容的光圈选择范围；另外，如果在现场不得不使用墙上的标准电源插座进行供电，更少的灯光也能降低电源过载跳闸的几率。

除了这些方面的考虑，那些能让拍摄工作进行的更快、每天能完成剧本页数更多的拍摄者，显然能获得更多、更好的工作机会。

---

1 Fischoff, R.（制片人），Jaffe, S. R.（制片人），& Benton, R.（导演），Columbia 影业 1979 年出品的影片《克莱默夫妇》（*Kramer vs. Kramer*）。

2 Barish, K.（制片人），Gerrity, W. C.（制片人），Starger, M.（制片人），& Pakula, A. J.（制片人 & 导演），英国 Incorporated Television Company（ITC）1982 年出品的影片《苏菲的抉择》（*Sophie's Choice*）。

3 菲涅尔是一种聚焦设备，它采用法国物理学家奥古斯丁·让·菲涅尔发明的螺纹轻型透镜。这种装置最初是为灯塔开发的，菲涅尔透镜比传统的凸透镜薄得多，因此可以投射更多的光，更高效。

图 10.4

ASC（American Society of Cinematographers，美国电影摄影师协会）成员迈克尔·巴尔豪斯在德国导演赖纳·维尔纳·法斯宾德的影片《玛丽娅·布劳恩的婚姻》[4] 中使用小型照明设备取得了巨大的成功。不久之后，这个简单的方法又让他在大制作《纽约黑帮》中受益匪浅。

常见高清摄像机最低照度值

摄像机的最低照度是用来衡量摄像机在低光照环境下成像能力的指数。有四个因素会影响这个数值：测试使用的光圈、视频电平水平、测试场景的反射率和色温。为了让该数值具有参考意义，最小照度值的测试必须在特定的环境下进行。

以下为主流高清摄像机的最低照度值。注意：数据是由厂商所提供。拍摄者应该谨慎参考，因为厂商不会考虑摄像机在这些参数下的成像质量。

Canon HF11	0.2 lux（夜间模式）
Canon XL-H1s	3 lux（24F）
Canon XL1-S *	2 lux
Canon 5D MkII & MkIII **	未标明
Canon C300 EOS	0.25 lux（未标明其他数据）
JVC GY-HM100	3 lux
JVC GY-HM710	未标明
JVC GY-DV300U *	2.65 lux（低光照模式）
Panasonic AG-HVX200A	3 lux
Panasonic AG-HPX250	0.2 lx（F1.6, Gain +30dB, shutter 1/30s）
Panasonic AG-HPX370	0.4 lx（F1.6, Gain +24dB, shutter 1/30s）
Panasonic DVX100A *	3 lux（Gain +18dB）
Sony HVR-A1	0 lux（夜间模式）
Sony HVR-Z7	1.5 lux（Auto Gain, shutter 1/30s）
Sony PMW-F3 ***	未标明
Sony FS100	0.28 lx shutter 1/24s auto gain
Sony FS700	1.2 lx shutter 1/24s auto gain
Sony PMW-EX1/EX3	0.14 lux

* 这是一款标清摄像机。

** 数码单反 DSLR 的最低照度值通常不会标明。

*** 制造商一般不会为高端用途的摄影机指定最低照度值。大多数专业人员都清楚上面列出的最低照度值通常不可信。

4　Brücker, W. D.（制片人），Canaris, V.（制片人），Eckelkamp, H.（制片人），Fengler, M.（制片人），& 赖纳·维尔纳·法斯宾德（导演），联邦德国 Albatros Filmproduktion 1979 出品的影片《玛丽娅·布劳恩的婚姻》（*The Marriage of Maria Braun*）。

注：BAGEL&LUX=百吉饼 & 勒克斯（lux）

图 10.5

1lux（勒克斯）等于 0.0929 英尺烛光，或 1 流明的光通量均匀分布在面积为一平方米的百吉饼（圆形）上的照度。你是不是已经馋了？

图 10.6

都来看看，伙计们。这是某款摄像机在其注明的最低照度值下拍出的画面，但这种画面根本没法用！

10.2　拍摄者必须能独当一面

　　在这个一两个人就可以组成剧组的年代，拍摄者必须身兼数职，必须学会在简单的照明条件下进行工作。在我工作的时候，我更喜欢低功率、可聚焦的菲涅尔聚光灯，而不是可以提供更复杂灯光、但更难控制的高功率照明设备。我记得我只用了一个 150 瓦的四头菲涅尔套装，就为历史频道拍摄完成了整季的《誓守秘密》（*Sworn to Secrecy*）系列片！

图 10.7

学会以小见大，少用灯。装备越少就意味着工作量越少。

图 10.8

菲涅尔透镜式聚光灯可以提供对灯光的精准对焦和控制，它自带的四个遮扉也能减少拍摄者对黑旗、遮光板及其支架的需求。

图 10.9

这种敞开式灯具可以提供大量照明，通常会配合大型柔光箱、厚灯纸或反光板使用。

从前，地球还被恐龙所统治，我还在靠拍摄柯达 Ektachrome ASA25 胶片谋生。在那段日子里，大约是 1975 年前后，我的旅行拍摄套装包括 4 盏使用 1000 瓦灯泡的 Lowel 敞开式照明灯。这种相对高功率的装备是获得基础曝光必不可少的，事实上，这足够满足大部分情况的照明要求。

随着如今数码摄像机的飞速发展，这种大爆炸式的照明理念已经不再是唯一的选择，或者说已经不再是首选。但有些拍摄者还是很难改掉旧习惯。我最近看到了一个很夸张的拍摄现场，一位老资格的摄影师把 2 盏 1200 瓦 HMI 灯、3 个 4×4 反光板、3 个大型切光器、2 块 5 英尺长的黑旗、7 个魔术腿和一个摄影推车都塞进了 1 间 10 英尺 ×12 英寸的没有窗户的房间里。先别说把这些设备都塞进屋子里需要多少时间和人力，还得调整黑旗、修正光线、调整遮扉，用黑色金属箔包裹灯头、悬挂三盏双显柔光灯。摄影师花了两个多小时才把灯光调整在可控范围内。你能看出如此费时费力的意义何在吗？反正我是没看出来。

对于拍摄者来说，照明的法则很明确：在照明时最重要的就是"排除，排除，再排除"，如果你在一开始就没有使用过多的灯光，那么在而后调整灯光时也会为你节省大量的时间和精力。

图 10.10

一套优秀的基础照明套件应该包括：4 盏小型菲涅尔聚光灯——300 瓦和 150 瓦的各 2 盏、4 个矮脚灯架[5] 和配套的遮扉。

图 10.11

买灯是笔划算的投资吗？我的这盏序号为 22 的摄影灯出产于 1927 年，经由数代摄影师流传到我手里。直到今天我还在每天使用这个小家伙。

10.3　LED 照明时代已经来临

不同于你工具包里偶尔才能用上一次的其他神秘法宝，LED 照明灯的用途相当广泛。

5　矮腿支架（baby stands）跟婴儿没什么关系，也不是给婴儿用的，只是照明领域对用于安装 5/8 英尺夹具的支架的昵称。同样，Mole-Richardson "baby" 和 "baby baby" 照明灯也是因为配有 5/8 英寸插口才叫这个名字的。

从汽车内饰和工作室装饰到拍摄印度老达卡哈扎里巴格被烛光照亮的民谣歌手，LED 无处不在。最近，我刚用一个可变色 LED 灯拍摄了在孟加拉清真寺外挤满人群的广场上举行的即兴音乐会。

虽然我的英国导演要求我利用现场的灯光进行拍摄，但事实上现场并没有多少灯光。到最后，她似乎并没有在意我使用了额外的 LED 照明。"嘿！你不是说你的新摄像机在低光照下成像很好吗？"我回答说："是的！但'低光照'并不意味着没光照！"

我先是给我周围一圈的人发了蜡烛，当然，这些烛光并不够点亮远处的表演者。这时候就轮到我的小 LED 登场了，我把 LED 补光灯设置得远离表演者、靠近摄像机，并把光打向表演者，再把 LED 补光灯的颜色调整得接近烛光的颜色，这时已经有围观群众拉着我的衣袖要求该轮到他们看看摄像机取景器里的效果了。在这种高压条件下，小型、多功能 LED 照明灯真是理想的选择。

（a）

（b）

（c）

图 10.12　a,b,c

今天的 LED 照明灯几乎可以模拟 HMI 的效果，但价格却只是 HMI 灯的零头。图（a）中的 Litepanels 1×1 BiFocus LED 灯可以单独使用，也可以阵列使用，它可以输出可变的强光或柔光。几乎每个拍摄者都可以从图（b）中这种可机载的小型可变色温 LED 灯中获益。LED 光源的光线质量可能千差万别。图（c）中的 Flolight Microbeam LED 照明灯可以产生显色性系数 CRI[6] 高达 93 的准确光源。

图 10.13

1×1 LED 照明灯在这个肖像镜头中产生的高光非常不错。拍摄使用的是松下 AF M4/3 摄像机和福伦达 25mm F0.95 镜头。

图 10.14

在坦桑尼亚，由于缺乏传统的束光筒或格栅网，这位制片人把卡板纸卷起来，以便收窄迷你型 LED 的光束。

6　显色性系数（CRI，Color Rendering Index）反映了在钨丝灯或日光环境下，光再现颜色的准确性。90以上的 CRI 通常能够满足专业拍摄者的绝大部分应用。CRI 指数的范围从 0（最差）到 100（最好）。

如今 LED 灯具正日新月异地飞速发展，每一款新产品的色彩精度都更高、更具说服力。最新型号的 LED 灯具十分紧凑，价格也足够低廉，耗电极小，并且几乎不会产生热量。典型的小型 LED 照明灯甚至可以使用几节 AA 电池或小型可充电摄像机电池连续工作 3 ~ 4 个小时。

图 10.15

在孟加拉国的清真寺前，LED 光源微妙地匹配了画面中烛光的色调，巧妙地为表演者提供了照明。

照明依赖电力

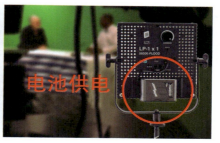

电池供电

图 10.16

在世界上一些缺乏可靠电力的地区，拍摄者们更多地依赖便携式照明灯或反光板等无源照明设备。

LED 强力的照明输出能力和广泛的适用性在专为电影和电视行业设计的专业菲涅尔款式上体现得尤为明显。但许多 LED 照明灯在输出时会出现偏色，特别是在调节光线时。究其原因，是因为与传统钨丝灯相比，LED 光源并不能输出连续的光谱，因此可能名义上颜色是正确的，但投射出来的光线却很不自然。

10.4　HMI 照明：昂贵但物有所值

很多年来，我外出拍摄的照明设备就只有一套小型钨丝菲涅尔聚光灯套装和两盏 400 瓦 HMI[7] PAR 灯。HMI 抛物面反射灯是所有拍摄者梦寐以求的照明设备——其光线强大到可以穿透 4×4 的柔光布，同时又可以很方便地并联到普通的家用插座上。在拍摄内景时，

7　HMI（Hydrargyrum Medium-Arc Iodide）灯，国内俗称镝灯。它使用弧光灯替代传统的白炽灯泡，使用镇流器提供启动和弧光控制。HMI 灯具的照明效率为钨丝灯的五倍，在 5600° K 色温可以提供质量非常出色的日光光源。

我经常用白色反光板反射 PAR 灯来模拟来自窗外的自然光线。在拍摄外景时，我经常用 PAR 灯透过丝绸或网格布，充当起美化作用的辅助光源。200W 或 400W 的 HMI PAR 灯是你所能拥有的最有用处的（尽管也可能是最昂贵的）设备之一。

使用 HMI 照明可以瞬间提升图像的品质和外观。与其他昂贵的设备不同，使用 HMI 光源带来的改善是立竿见影的，因此客户很容易买账。花几千美元买一盏小型 HMI 灯看似很奢侈，但对于专业人士来说，这笔投资是非常值得的。HMI 照明灯比传统钨丝灯强 10 倍，由于其出色的性能和多功能性，使用 HMI 还可以帮你省去很多不必要的辅助设备。

图 10.17

熟练地使用少量高素质设备是培养高效工作风格的关键。HMI PAR 灯通过插入式透镜来确定光束的类型和特性。

图 10.18

拍摄者的设备必须能经得起倾盆大雨或其他类似的严峻考验。

图 10.19

低功率照明设备可以直接插进家用标准插座使用，这也是我推荐大家少用灯的原因之一。

图 10.20

有些时候，拍摄者想以小见大、少用灯，但是照度却不够用。HMI 照明可以照亮大范围的区域，例如图中使用 HMI 照亮大型喷气式客机。

10.5　荧光灯和绿光瘟疫

长久以来，使用荧光灯作为拍摄照明都是个危险的命题。这种灯看起来很酷，照明 / 功率比也不低，为什么不能用呢？因为它们会产生大量瘟疫般令人反胃的绿光。这种绿色调在面部阴影和深色皮肤上尤为明显，经常需要使用 HMI 或其他优质的灯光来进行弥补。

记得 1993 年，我在纽约的一家健身俱乐部进行拍摄，天花板上满是荧光灯，全都散发出令人厌恶的绿光。以我多年累积的经验，我尽职尽责地把天花板上的 120 个荧光灯都加上了可以消减绿色的品红灯纸。如此一来，绿色没有了，但整个健身俱乐部看起来红彤彤的，像个妓院。

　　我的做法引起了广告公司客户代表和现场年轻导演的不满，他要求我立刻把现场恢复原样。他不相信这些看起来红彤彤的活力四射的健身女郎在最终的胶片上看起来会是正常的。我指着我的美能达 Colormeter II 比色计试图说服他，但他更愿意相信自己的眼睛。

　　在大多数情况下，就像在那个健身俱乐部里一样，位于头顶上方的荧光灯往往会加剧这种绿光的诅咒。在拍摄这种场景时，拍摄者往往可以用从天花板上取下的荧光灯在视线的高度进行补光，如此一来，虽然画面还笼罩在绿光下，但基本的照明算是完成了。

绿光瘟疫

未校正　　**已校正**

图 10.21

左侧荧光灯照明的超级市场里绿光瘟疫尤为明显，右图为调色加入品红后重新设置摄像机白平衡的效果。在拍摄特写镜头时，如果被摄对象的头顶有荧光灯，则需要在侧面或正面进行补光来避免出现黑眼圈。

图 10.22

荧光灯只需要少量的电力就能产生充足的照明。但问题是，这种照明都被绿光"诅咒"了。

图 10.23

在全世界的电影片场都有这种大型不偏色荧光灯箱的身影。

图 10.24

现在市场上已经可以买到不存在"绿光瘟疫"的标准白平衡型钨丝灯和日光灯了。

图 10.25

在难看的工业照明下进行拍摄时，使用 HMI 灯、LED 灯或校色荧光灯可以提亮暗部并增强肤色的表现力。

　　理论上，冷白荧光灯都是模拟日光设计的，但在设计时却只考虑了结构相对简单的人眼。人眼对于光谱缺陷的宽容程度可比摄像机传感器大多了。

　　荧光灯的高效和低价是以牺牲照明美感为代价的。在过去的十几年里，为了减少绿光，荧光灯管制造商已经开始着手开发新的荧光粉。但随着制造商把灯做得越来越多大、越来越亮，偏色现象也会按比例增加，使得研发更新一代的荧光材料和灯具成为必要。

　　KINO-FLO 和其他荧光灯制造商通过混合使用荧光粉，生产出了在摄像机看来颜色正确的荧光灯。这下应该能让那些只要在演员的脸上发现一丝绿色偏色就大发雷霆的拍摄者们放心了。

　　除了绿色偏色，荧光灯还容易造成图像闪烁。包括 LED 灯在内的所有放电型照明灯都可能产生这种现象。这种丑陋的闪烁常见于使用 24FPS 或非标准快门速度拍摄不同步的路灯或霓虹灯照明的场景时，例如在 50-Hz 的国家使用 NTSC 制式拍摄。

　　如今，高频镇流器已经基本消除了专业照明灯光发生闪烁的风险。但在国外进行拍摄时，如果是在荧光灯、霓虹灯或水银 / 钠路灯照明下拍摄，依然需要小心谨慎。另外，在已知供电不稳定的地区拍摄时要做好相应措施。

图 10.26

在世界上绝大部分地区的正午进行拍摄时，都必须使用大型蝴蝶布或大型反光板。

10.6　大范围柔光

　　大范围柔光通常用来软化面部阴影和抑制皮肤缺陷。在低端摄像机，特别是数码单反 DSLR 中，压缩异常、色调偏移和暗部噪波都会导致拍摄对象出现难看的轮廓，就像是个塌陷的露天采矿场。如此对待影星或你崇拜的女演员可行不通！

10.7　使用软光是关键

　　为了努力打造富有立体感的图像，我们通常会尽可能地表现图像的质感。这也就意味着我们必须密切关注画面阴影的平滑度、深度和方向，因为画面的阴影很大程度上传达着视觉故事的风格和情绪。请记住，阴影部分是体现我们作为拍摄者手艺高低的关键，同时也是别人判断我们艺术造诣的标尺。

要有光

不太像在天堂　　　　像在天堂

图 10.27

使用生硬、未经柔化的光是不专业、不虔诚的。软光主宰着自然界、精神世界和这个人造世界，我们通常会试图在场景中模仿这种质感并精心调制阴影。噢，天啊，我向你坦白：只有阴影和黑暗才能让故事流传千古。我可以心怀敬重地对待它们吗？

10.8　选择软光

　　拍摄者可以使用柔光布或柔光纸透射，或使用白色卡纸或泡沫板反射，或直接使用柔光灯箱或荧光灯箱来获得软光。无论你使用哪种方式，高效的软光都是每个拍摄者必备的创作工具。

　　当拍摄者在移动的火车上、机场、办公室以及其他大型公共场所拍摄时，使用校色荧光灯是个方便的解决方案。菲涅尔类聚光灯的照射会使演员或被摄物体产生明显的硬阴影，而作为泛光光源的荧光灯在不使用柔光灯箱或反光板的情况下就能提供近乎没有阴影的照明。

　　在办公室隔间或超市过道这种狭小的地方，使用诸如 2 管或 4 管 Kino-Flo 这样的荧光光源会让拍摄者受益匪浅。

（a）

图 10.28 a,b
（a）老一辈绘画艺术家是多么希望他们的工作室也有这样一面永远朝北且携带方便的"窗户"。
（b）17 世纪著名画家维米尔的代表作之一—《戴珍珠项链的女孩》。

（b）

（a）

（b）

图 10.29
气球灯或中式灯笼可以照亮大片街道或人头攒动的会议厅。图中为影片《穿越国境》[8]（2009）中的场景（图片由 Airstar Space 照明公司提供）。

图 10.30 a,b
（a）Gyoury 管灯是一种可以起到美化效果的柔光光源。
（b）在夜间拍摄汽车内景时，你需要的可能只是一个或几个管灯。

8　Beugg, M.（制片人），Marshall, F.（制片人），Taylor, G.（制片人），Veytia, O.（制片人），Weinstein, B.（制片人），Weinstein, H.（制片人），& Kramer, W.（制片人＆导演），2009 年美国 Weinstein 公司出品的影片《穿越国境》（*Crossing Over*）。

Gyoury 系统是一种棒状管灯，其组件可以分离并安装在一些狭小的位置单独使用，例如沿着浴室镜子安装、藏在电脑屏幕下方，甚至可以安装在冰箱里！把灯管安装在球形柔光罩里使用可以为电视剧、故事片和颁奖类节目的走动镜头产生非常柔和、讨好的外观。这种便携式可移动光源可以提供非常专业的一流照明。

图 10.31

大型柔光灯的溢光通常需要布置数个遮光板或黑旗来进行控制。每天进行大量照明布置工作的专业拍摄者更喜欢使用灯光更易修整和控制的菲涅尔聚光灯。

10.9　控制溢光

我们的口头禅是"排除！排除！排除！"这个原则要求我们排除与故事无关的对象或元素上的光线。自上而下的柔光灯箱或反光板会产生大量需要控制的溢光，这通常需要布置一个或多个遮光板或黑旗。虽然可调焦的菲涅尔聚光灯可以更好地控制溢光，但其强烈的光线在狭小的空间内很容易产生令人不快的生硬阴影。

注意，在狭小的空间内照明需要更长的布光时间，原因是拍摄者为了控制溢光，往往需要采取更多措施。出于这个原因，电影拍摄者们大多更愿意在摄影棚内进行拍摄，因为摄影棚内有足够的空间让多个照明光源的溢光进行衰减。但是商业宣传片、事件报道等纪录片形式的拍摄者就没有这么奢侈的待遇了。无论现场是什么样都得进行拍摄，拍摄者所能做的只有想办法尽量克服。

10.10　柔光的艺术

熟练使用柔光纸对于控制光线的特性和阴影的深度来说是至关重要的。柔光纸的种类有很多，但大部分拍摄者真正需要的只有其中三种：一种是较强的、常用于主光的柔光纸；一种是中度的、用以强调边缘的柔光纸；还有一种是轻度的、常用于方向性较强的光源的柔光纸。这些柔光纸可以在任意电影和电视器材商店买到，通常是成卷的长筒包装或 20 英寸 ×24 英寸的单独包装。

图 10.32

Opal，#250，#216 柔光纸几乎是必备的。每次拍摄时拍摄者都应该多带一些这几种柔光纸。LEE 牌滤纸因其出色的品质一直被拍摄者们广泛使用。

另外，如果你像我一样想省点儿钱，又刚好有电影或电视剧在你家附近拍摄，那你可以去翻翻他们的垃圾堆。因为每天电影或广告剧组丢弃的柔光纸、色纸都足够大部分拍摄者用一辈子的。

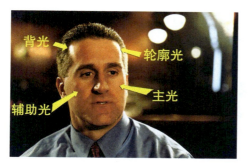

图 10.33

主光透过高强度柔光纸可以生成非常柔和的阴影。

图 10.34

如图,使用轻度柔光纸可以保留低角度阳光的方向和特性。

10.11 色纸

如果你搜刮过《洛奇》这种大制作的片场垃圾堆,你可能会发现包括各种色纸在内的很多有用的东西。这些各式各样的下脚料甚至可以帮你配齐一整套色纸——12 英寸或 24 英寸含柔光的弹性色纸、颜色校正色纸、各种舞台色纸等。

我常用 CTB[9] 系列色纸,从 1/4 级到全蓝,后者宣称可以把 3200° K 钨丝灯转化为日光色,但其实还差点儿意思。CTB 几乎是最常用的色纸,因为在给拍摄对象作背光照明或模拟日光、月光照射进场景中时,我们经常需要给钨丝灯加入蓝色。通常我只会加一点点蓝色,例如,我会使用半蓝色纸,表明画内或画外是冷色光源。我不会完全把钨丝灯转化为日光色,因为我想保留我们在生活中体验的那种混合光线的感觉。相反,在使用 HMI 或 LED 光源进行照明时,使用半橙色纸 CTO 可以在保留日光质感的前提下,减弱蓝色偏色。实际上,我经常在拍摄中使用混和色温进行照明,例如同时使用蓝色和橙色色纸,可以在保留冷、暖光源光线相互作用的前提下,有效增加画面质感。

我的色纸

图 10.35

柔光纸、校色色纸和舞台色纸是每个拍摄者基础照明的必备工具。

橙色色纸

全橙色色纸可以把色温从 5500° K 转换为 2930° K
1/2 橙色色纸可以把色温从 5500° K 转换为 3440° K
1/4 橙色色纸可以把色温从 5500° K 转换为 4060° K
1/8 橙色色纸可以把色温从 5500° K 转换为 4800° K

蓝色色纸

全蓝色色纸可以把色温从 3200° K 转换为 5700° K
1/2 蓝色色纸可以把色温从 3200° K 转换为 4270° K
1/4 蓝色色纸可以把色温从 3200° K 转换为 3550° K
1/8 蓝色色纸可以把色温从 3200° K 转换为 3400° K

图 10.36

CTB(蓝色)色纸可以增加光源的色温,使其看起来更冷;CTO(橙色)色纸则可以减少光源的色温,使其看起来更温暖。

9   CTB = Color Temperature Blue 蓝色温,CTO = Color Temperature Orange 橙色温。

图 10.37

红色舞台色纸是恐怖片的最爱。如果不是拍恐怖片的话，请谨慎使用。

虽然全蓝色纸 CTB 被设计用来把 3200°K 的钨丝灯转化为日光色，但在实际使用中，比起直接使用 HMI 灯或校色荧光灯的效果还是有些差强人意。因此如果你的目标是实现真正的日光白平衡，直接使用更精准的日光光源显然是更好的选择。此外还要注意，由于吸热能力很强，全蓝色纸 CTB 的报废速度很快，因此在拍摄时务必要多准备一些。

除了常规的柔光和色彩校正外，舞台色纸还被我用来为一些枯燥乏味的场景增加色彩。这些色纸就像画家调色板里的颜料一样，可以赋予拍摄者无尽的创意。特别是在企业或工业宣传片中，很容易起到画龙点睛的作用。深红色色纸是我的最爱，它可以为画面注入一股神秘的气质。虽然彩色色纸很容易出效果，但作为拍摄者，我们应该在符合故事主题的前提下，有节制地善用它们。

10.12　标准布光

在拍摄访谈类节目或演员特写时，我们通常把拍摄对象的视线设置在摄像机与主光源之间。这样一来观众们可以看到富有细节和质感的阴影，能帮助表达故事的主题。然后我们在拍摄对象的侧后位置放置一个或多个小型菲涅尔聚光灯照亮拍摄对象的头发和服装并把他从背景里分离出来。最后，使用一盏加着舞台色纸或镂空板的菲涅尔聚光灯在背景上增加以下视觉效果（本章后面部分有关于镂空板、束光筒的详细介绍）。

图 10.38

图中为典型的标准照明布置，被摄对象的视线位于摄像机和经过重度柔光的主光之间。背光和轮廓光经过轻度柔光可以增强质感和强化边缘。主光跨越被摄对象的面部生成的阴影可以增加画面的立体感，表现故事的风格和情绪。

图 10.39

从画面左侧打来的轮廓光光线更强、聚焦更实，意在模拟画面中窗户光源的光线。

10.13　正面和中间照明

为了减少演员脸和皮肤上不理想的细节，我们通常会在尽可能靠近镜头轴线的地方放置一盏柔光灯进行补光。因为正面的光线不会产生明显的阴影——阴影只会出现在被摄对象身后——如此一来，诸如痤疮、疤痕、皱纹和黑线等缺陷都会随着质感的降低而被有效淡化。

适当的正面照明可以通过刻画演员的眼睛对故事的讲述起到至关重要的作用。照亮（或不照亮）演员、记者或其他对象的眼睛非常重要，因为眼睛是人物性格、可信程度的切入点。可爱的人物的眼睛应该拥有明亮的眼窝和闪着光芒的瞳孔；相反，罪恶的人物的眼睛应该是黑暗、照明不足的，这样就可以切断观众对他的认同感或同情。作为一名拍摄者，你必须严格控制这种强大的灯光暗示，这些暗示可以直接影响你故事的风格、情绪和信服力。

图 10.40

照亮的眼睛可以传达出温暖和亲切感。反之，缺少正面辅助光会让人物看上去阴险邪恶。

10.14　用好辅助光

正确地使用辅助光进行补光是需要一定技巧的。辅助光太弱会导致画面偏暗、暗部死气沉沉且照明不足区域的噪波也会随之增加。辅助光过强会让画面产生褪色效果，显得很不自然。

图 10.41a

我们想把这位年轻的小明星拍得很漂亮，但过多的辅助光反而会产生不自然的感觉。"排除！排除！排除！""少即是多"，这是照明中最重要的法则。

　　有时为了提亮面部的阴影，使用诸如反光板这种被动照明工具的反射光作为辅助光就足够了。余下的情况里，特别是在夜里，在摄像机上使用超低对比度滤镜[10]就可以把亮部的光转移到暗部，无需再使用额外的辅助光。

图 10.41b

有时仅仅用一块白色或银色的反光板就可以提供适量的辅助光。记住，少即是多。

10.15　机载照明灯

　　如果需要使用摄像机机载照明灯具，那么拍摄者通常有以下几种选择——与镜头同轴的环形灯、顶部安装的 LED 照明灯或迷你型 HMI 灯。为了最大化利用机载照明灯的功能性和灵活性，选用的机载照明灯应该能产生强度足够的光线，这样一来即使光线穿过高强度柔光纸也依然能保证一定照度。

图 10.42

图中的拍摄者使用灯杆挑起一个中式气球灯为黄昏时分的跟随拍摄提供柔光照明。

图 10.43

这台小型机载 LED 照明灯的照明范围可以达到将近两米（6.6 英尺）。

10　详见第九章关于滤镜的相关内容。

（a）

（b）

图 10.44 a,b

（a）这种装在镜头上的环形灯可以有效减少拍摄对象的皱纹可见度和目测年龄——这简直就是拍摄好莱坞老龄艺人的法宝。图（b）为使用环形灯拍摄的著名舞蹈家卡罗尔·劳伦斯，此时她已经 78 岁了，但看起来依然很年轻。

10.16 分层照明

如同构图中的每个对象、剧本中的每个字、电影里的每个场景一样，照明中的每束光都具有特殊的目的和作用。我们照亮背景，是为了把背景与画面主体分离开。我们照亮前景，是为了正确地引导观众的注意力，并在构图之中进一步构图，突出主体。

就像 Adobe Photoshop 的图层是可以独立管理一样，分层照明可以让拍摄者精确地调整场景的外观。例如，你可以在背景照明上使用硬光，在前景照明中使用中度的柔光来抑制演员皮肤上的多余质感。

（a）

（b）

图 10.45 a,b

当拍摄者想要分层照明或是在飞机上进行照明时，请牢记：一个光做一件事。

即使对于经常在狭窄的地方进行工作的纪录片拍摄者来说，在飞机上进行照明仍然是个不小的挑战。因为一盏灯很难同时照亮多个平面，拍摄者们必须使用多盏照明灯进行照明，同时又必须控制好不同平面之间的溢光和交叠。

10.17 给绿屏照明

我的摄像机配有内置示波器功能，这是一种每个拍摄者都应该熟练掌握的工具。在拍摄绿屏时，我会参考波形示波器来实现均匀照明，使用矢量示波器来保证色彩饱和度。绿屏不一定要被充分照亮，但它必须比画面中演员的服装等其他元素更加饱和。我通常会把亮度控制在波形示波器的 55% ~ 60%，把绿屏的饱和度控制在比前景的饱和度多 40 单位左右。如果绿屏上的照明过多或过少，那么在矢量示波器上的绿屏饱和度会很难被控制在比前景多 40 个单位。

在为绿屏照明时，使用配有 Super Green 灯泡的 Kino-Flo 荧光灯效果很好，因为它发出的纯绿光会让其他颜色对绿屏的污染更少。

如果你没有波形可以看，你也可以使用摄像机内置的斑马纹功能合理控制曝光、防止过曝。请记住，在范围狭小的地方使用绿屏拍摄对拍摄者来说是个不小的挑战。因为绿屏的反光可能会污染演员的服装和皮肤的色调。为了避免这种情况的出现，在拍摄绿屏时应该尽量选用大尺寸绿屏，并让拍摄对象尽可能远离绿屏。

图 10.46

从传统摄影棚到现在流行的真人秀，如今绿屏已经成为了每一类节目不可或缺的生产手段。

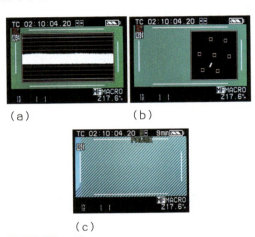

（a）　　　　　　　　（b）

（c）

图 10.47 a,b,c

图（a）示波器中绿屏的波形位于 55% ~ 60%，表明绿屏的照度平滑。图（b）的矢量示波器确认了绿屏的饱和度比前景的演员和拍摄对象高出 40 单位。图（c）在紧要关头，把摄像机的斑马纹设置在 60% 也能帮助拍摄者获得合适的曝光。

10.18　绿屏为什么是绿色？

人们喜欢使用绿屏胜过蓝屏，主要是出于以下几个原因。首先，纯绿色很少出现在我们的日常生活中，因此我们不必担心会在抠像中不小心把影星诱人的蓝眼睛也一并扣掉。当然，如果你是在爱尔兰阳光斑驳的雨林中拍摄小妖精，那你还是应该换一种抠像颜色——红色、蓝色、黄色、琥珀色、白色、黑色，这些都可以胜任。

选择绿色作为抠像颜色还有一个令人信服的原因：绿色通道在数字视频中不会被压缩。因为人眼对位于可见光谱中段的波长特别敏感，绿色首当其冲，因此工程师们选择在压缩时不丢弃绿色通道或亮度通道（"Y"）中采样，因为这些通道内的细节经压缩丢失后又被算法"校正"回来更容易被观众所察觉。以 4:1:1 采样的 DV 格式为例，红色通道和蓝色通道的采样数只有绿色通道的 1/4，其中的"4"就是未经压缩的绿色通道，它凭借着低噪波和低失真成为抠像的首选。绿色通道无压缩的特性大大方便了抠像工作。

诸如 XDCAM HD422 和 AVC-Intra 等格式作为 4:2:2 色彩空间的、更高级图像格式，在蓝色和红色通道的采样数增加了一倍，因此这些格式的抠像可以提供更为平滑的图像边缘。使用 XDCAM EX 和 AVCHD 摄像机所拍摄的 8 位 4:2:0[11] 格式图像虽然看似拥有和 4:2:2 格式同样的红色和蓝色分辨率，但其实却仅限于隔行的垂直扫描线。

图 10.48

工程师们知道人类在以绿色为主的场景中看得很清楚。基于这个原因，绿色通道中的数字视频不会被压缩，因为我们有可能注意到丢失的样本。在蓝光和红光泛滥的场景中细节很难辨认，因此这些通道中的像素数据更容易被丢弃。

我偏爱使用 4:2:2 格式进行拍摄的原因很简单：我们的眼睛里包含负责感受亮度的视杆细胞和负责感受色彩的视锥细胞。而感受亮度的视杆细胞的数量正好是负责感受色彩的视锥细胞的 2 倍。4:2:2 系统的亮度采样同样为色彩采样的 2 倍，因此它更接近我们人眼的结构，更接近我们观看世界的方式。

举个典型的例子：在一间黑暗的房间中，比起对象的颜色，我们更容易辨别对象的形状和轮廓。从人类进化的角度这也很合理：在微弱的光线下，我们首先会意识到入侵者的身形，而不是他穿了什么颜色的衣服。

当绿色与演员服装或其他元素冲突时，我们也可以使用蓝屏代替绿屏进行抠像。使用红色进行抠像[12]通常是不可取的，因为肤色中包含着大量的红色。使用黑色或白色进行抠像也是有可能的，而且似乎是在黑墙或白墙前进行色度抠像的唯一选择。

图 10.49

绿灯之所以是绿色，是因为司机在距离很远的路上就能辨认出这种颜色。

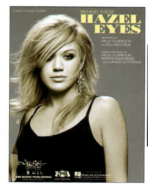

图 10.50

我给凯莉·克拉克森拍的音乐录影带拍到一半时，她问我能不能把她浅褐色的眼睛凸显、剥离出来。我们当时谁也没带抠像用的绿漆，最后用黑色眼影给她化了妆，达到了预期的效果。

11　4:2:0 色彩采样被广泛应用在 HDV 和大部分 XDCAM 衍生格式和 DVD 视频中。

12　抠像（Keying）或色度抠像（Chroma Keying）是一种通过映射特定的色彩范围来合成两个视频的合成技术。

10.19　绿屏的替代品

Reflecmedia 系统作为一种传统蓝屏或绿屏的替代品，通过安装在镜头上的 LED 环形灯对一种特殊布料进行照明，在人眼里，照明后的布料是灰色的，但在摄像机眼里，照明后的布料是纯蓝色或纯绿色。这种面料由数百万的微小颗粒构成，这种颗粒可以反射环形灯的光线，并抑制其他方向的离轴光线。因此，该系统的布置几乎不需要什么时间，同时也省去了 Kino-Flo、反光伞、黑白旗、遮光板等常规的照明工具。

这种环形灯可以允许拍摄对象离抠像屏幕更近，这对于那些需要在电视转播车或新闻记者席这类狭小空间里进行创作的拍摄者来说是个得天独厚的优势。

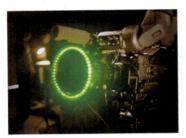

图 10.51

在拍摄蓝屏或绿屏时，使用 Reflecmedia LED 环形灯系统可以有效减少其他辅助光源的使用。在使用 Reflecmedia 系统拍摄时，如果同时还有眼神光等其他辅助光源，应注意不要把 Reflecmedia 灯开得过强。

图 10.52

在图中我们可以看到，Reflecmedia 环形灯的光线在前景的电脑显示器边缘形成了溢光，这是这种照明系统的缺陷之一。

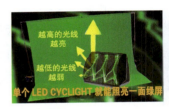

图 10.53

Flolight 的 LED 照明设备 CycLight 在使用时无需专用的幕布，并且错误的绿光落在前景或拍摄对象上的风险更小。

10.20　照明控制

对照明灯光的范围控制更进一步强调了我们的那句口头禅：排除，排除，排除。我们用菲涅尔聚光灯、HMI 灯、LED 灯、投光灯和荧光灯把光线加入到场景中。为了视觉故事的需要，我们还得使用遮光板、镂板、束光筒和遮光纸等工具有效地对这些光线进行进一步的削减、修整、柔化和其他加工。

严格的照明光线控制对视觉故事的传达是至关重要的。把光线从某个道具、某个置景元素或某个演员上去掉，相当于告诉观众"不要看这个，这个并不重要，这儿没什么可看的。"

我在之前跟大家讨论过为何人眼会自然而然地被构图中最亮的物体所吸引。就像我们的人类祖先跟果蝇[13]一样都会被萤火虫散发的白光所吸引一样，照明也是建立在对重点的

13　果蝇是一种小型苍蝇，隶属于家庭果蝇科，其成员通常被称为"水果苍蝇""果渣苍蝇""醋蝇"或"葡萄酒蝇"。详情请参阅维基百科的"果蝇"词条。*Wikipedia* http://en.wikipedia.org/wiki/Drosophila。拍摄者们常会说这些不着边际的东西，学着努力适应吧。

凸显上的。如果你想让大家注意某个元素，你只需用一盏灯照亮它；如果你想让大家注意其他地方，你只要把这盏灯拿走就行了。

每个拍摄者在照明时都会用到基础夹具套装，这个套装应该包括 4 个或 5 个 C 型腿和一个中型的遮光板套件。这套工具可以有效控制溢光，特别是那些出现在画面顶部、底部和边缘的溢光。

图 10.54

看着点儿脚下！随着你的照明经验越来越丰富，你会发现你将越来越频繁地看到图中的这一幕。

图 10.55

C 型腿为反光板、遮光网、遮光板和其他照明辅助工具提供了坚实的固定与支撑。

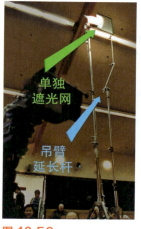

图 10.56

位于加长魔术臂末端的遮光网可以精确地柔化置景边缘的光线。

图 10.57

图中使用一面双层遮光网将牧师白领上的光削弱，否则过亮的衣领可能会分散观众聆听牧师讲故事的注意力。

10.21 镂板

KOOK 和 COOKIE[14]，这些在照明中说的都是镂板。每个拍摄者都有机会使用镂板。哪怕只是用带有缺口的电池背带也能在没有阴影的墙上、地面上或光线充足的平面上使用

---

14 Kooks, cukes, coo-koos, 和 cookies 都是人们对 cookaloris（镂板）的昵称，我个人认为这是以 19 世纪 30 年代著名灯光师 Mr. Cookaloris 的名字命名的。但我也不能确定，他的家人也没说过这个话题。

镂板的投影创造出质感。胶合板专用镂板直接就可以买到，或者也可以使用照明用胶带做一个，甚至最简单的是在黑旗上随便戳几个洞就行。

可塑的黑色铝箔纸又叫黑卡纸，它的用途极其广泛。把它贴在灯具侧面或背面，利用它的可塑性，可以对不想要的溢光进行细致的控制或消除。我认识一位 NBC 的拍摄者，他有一张快被磨穿了的黑卡纸，这张黑卡纸一直伴他走过了整整 25 年的职业生涯。一个项目接着一个项目，一年又一年，他孜孜不倦、乐此不疲地使用着同一块黑卡纸。相对于只需要几美分的付出（有时都不到）来说，这真是一笔不错的投资！

当你在你家附近片场的垃圾堆里找色纸时，顺便也找找这种遮光纸。好好利用它们，它们一定不会让你失望的。

图 10.58
这种黑色铝箔片又叫黑卡纸或 Cinefoil™，它是一种实用且廉价的溢光控制方案。灵活使用黑卡纸可以减少 C 型腿、遮光板和其他大型工具的使用。

图 10.59
楼板投射的阴影几乎成了黑色电影的标志。

图 10.60
拍摄者可以用胶合板制作镂板，也可以用黑卡纸制作镂板，甚至细胶带都能做成镂板。

10.22　束光筒

在涅菲尔聚光灯上加装束光筒可以为诸如墙上的挂饰或花瓶这种单独的元素进行照明。拍摄者可以用这种方式突出单一物体的在故事中的价值，并增加其在构图中的视觉兴趣性。

如果拍摄者嫌翻剧组的垃圾堆太没面子，也大可以选择商业束光筒套件。

10.23　固定工具

　　《国家地理》拍摄者的特征之一就是会携带大量破旧的紧固工具。这些工具的状态反映了它们历经的风雨和拍摄者丰富的经验，同时也映射着了它们历经的枪林弹雨和痛苦磨难。直到今天，我依然坚持带着这些功勋卓著的紧固工具：管夹、鹰爪、鳄鱼夹和 C 型夹——全都破烂不堪。其中，我的剪型夹比较特别，极富个性。这些夹具对于那些在有吊顶的办公室采访过 CEO 的拍摄者来说，可谓是挚爱的工具。

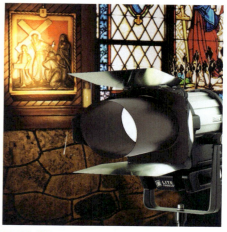

图 10.61

束光筒产生的狭窄光束可以提示观众："快看这个壁画，它与故事有关。"

图 10.62

足智多谋的拍摄者会在拍摄中准备大量夹具以应对各种固定难题。吸盘支架可以把一盏小型灯具安装在汽车引擎盖或其他光滑表面上。

图 10.63

专业人士习惯把晒衣夹称为"C-47"，把电源延长线称为"Stinger"，把垂入画面的树枝称为"Hollywood"。正确使用这些行话可以提高你作为一名拍摄者的技能，同时也会使你显得无所不知。

10.24　胶带

　　每个拍摄者都应该熟练掌握各种工业胶带的用法。摄影胶带可以安全地应用在摄像机的机身和镜头筒上，不必担心会破坏设备的漆面或留下胶质。拍摄者应该为每个项目至少准备一卷这种白色摄影胶带。买胶带时可不要贪便宜，劣质胶带会在短时间内毁掉你的（或别人的）贵重设备。专业级摄影胶带可以从网上或任何电影电视器材商店买到。

　　照明用强力布面胶带绝不能用在摄影机和镜头上。这种强力的胶带可以轻易地从灯具、公寓墙壁和无价的艺术品上把漆粘掉。1 英寸和 2 英寸宽的照明用黑色或灰色胶带主要用来完成密封货运箱或摄影推车上的粗糙接缝这类艰巨的任务。它不能被用来把线缆固定在地板或墙壁上，因为它的强力胶会把一切弄得一团糟。在购买照明强力胶布时，尽量挑选布质成分含量高的，这样可以把潜在的混乱降到最低。再次强调，远离廉价的胶带，还有，千万别用家用管道胶布。

图 10.64 a,b

（a）苹果箱的作用非常广泛，它可以支撑布景和灯光支架，可以水平摄影推车，也可以用来改善演员的视线高度。苹果箱的标准高度：全尺寸苹果箱 =8 英寸；半尺寸苹果箱 =4 英寸；1/4 尺寸苹果箱 =2 英寸；1/8 尺寸苹果箱 =1 英寸。（b）使用这种"鸽子座"可以把小型灯具固定到墙上、地上，甚至苹果箱上。

（a）   （b）

图 10.65a

专业拍摄者最明显的标志，就是他们腰带上挂着的各种晃晃荡荡的胶带。纸基胶带不如布基胶带结实，但它的表面更平整，而且不会留下残胶。

图 10.65b

千万要远离这种家用管道胶带！这种胶带绝不能用在昂贵的摄像机上或出现在摄像机附近。

图 10.66

纸基摄影胶带可以在镜头筒上做变焦和对焦标记或为演员标记位置。用登山钩在腰带上挂卷摄影胶带会让你看起来像个经验丰富的专业人士。

10.25   百宝囊

每个拍摄者都应该有一个装有各种宝贝和杂物的百宝囊。我对自己的百宝囊非常满意，这么多年来，从焊接摄像机的电源线、更换笔记本硬盘到治疗导演的腹泻，它数次在紧急时刻帮上了大忙。如果在拍摄中再次发生上述问题或其他问题，我和我的百宝囊都时刻准备着。在很多关键时刻，你的百宝囊都能让你成为令人心生崇拜的英雄。

百宝囊

在过去 30 多年的工作中，我的百宝囊的内容几乎没怎么变。以下是为数字时代稍微改良过的百宝囊

- 小斜嘴钳
- 1 号和 2 号十字螺丝刀
- 尼龙带
- 太空毯

- 1/2 英寸和 1/4 英寸一字螺丝刀
- 尖嘴钳
- 鲤鱼钳
- 剥线钳
- 珠宝匠一字螺丝刀套装（瑞士）
- 梅花螺丝刀套装 T1-T6
- 6 英寸老虎钳
- 6 英寸月牙扳手
- 8 英寸月牙扳手
- VOM 万用表
- 锥子
- 精密镊子
- 油性马克笔
- 干性马克笔
- 急救包
- 强力胶
- 黑色绝缘胶带
- 各种螺母
- 2 ~ 3 支拉线笔
- 1/4 × 20 和 3/8 × 16 螺栓
- 公制和 SAE 套筒套装
- 8 英寸钢制直尺
- 镜头纸和镜头清洁液
- 备用三脚架快接板
- 锂基润滑脂
- 珠宝匠用小型 10X 放大镜
- 针线包（酒店房间里有）
- 安全别针
- 登山钩
- 火线数据线：4 针、6 针、9 针
- 小口音频线
- BNC/RCA 转接头
- 焊枪和无铅焊锡
- 分辨率板和灰阶测试板
- 开罐器
- 螺丝锥
- 珠宝匠十字螺丝刀套装（瑞士）
- 眼睛修理工具包
- 3 个双项转接头
- 2 个多口转换插头
- 旋入式灯泡插座适配器
- 12 个 C-47（晒衣夹）
- LED 手电筒
- 耳塞
- 护目镜
- 杀虫剂
- 环丙沙星（抗菌药）
- 45 SPF 防晒霜
- Snot 胶带 [15]（双面胶）
- LCD 液晶屏清洁剂
- 各种尺寸的扎带
- 公制和 SAE 内六角扳手套装
- Rosco 或（和）Lee 牌灯光纸
- 布制 50 英尺卷尺
- 镜头麂皮
- WD40 润滑剂
- 纱布
- 胃药 / 止泻药
- 帮镜头防水的浴帽（酒店房间也有）
- 35mm 胶片片轴（怀旧）
- 备用 9V、AA、AAA 电池
- USB A-B、mini USB、Micro USB 等线缆
- Macbook Pro 的 DVI、VGA 和 HDMI 适配器
- LCD 液晶屏清洁布

10.26　照明 = 手艺 + 创意

　　几年前，我在乌干达拍摄几个位于坎帕拉市中心高层建筑中昏暗公寓中的场景，而那地方根本没法用灯，只能使用自然光进行照明。为这个节目拍摄外景原本就已经够困难了，我必须使用反光板和简易柔光布来应对强烈的赤道阳光，有时只能选在清晨或傍晚阳光稍

15　Snot 是工业用 3M Scotch ATG transfer tape 双面胶的昵称，这种胶带黏性不错，而且不会留下残胶，你甚至可以把它团成小球来用。它可以用来糊窗户，也可以用在 4×4 英尺的柔光版上，你甚至可以用它帮忙装饰圣诞树。

弱的时候才能进行拍摄。因为没有照明灯具或其他专业设备，内景的拍摄难度可想而知。因为厨房和卧室的场景位于停车场上方的最深处，那里没有窗户，也没有其他自然光源，因此我能使用的光线实在是太少了。

由于没有设备资源，于是我开始思考我手头有什么资源，答案就是人。我身边有许许多多非洲青年男女，他们都非常渴望能够参与这次拍摄。坎帕拉这个地方可能没有灯，但镜子可不少。城外就有一家镜子厂。

于是就有了最后的解决方案。我让这些热情的青年男女每两人一组，用大量的镜子把阳光从停车场反射到建筑物的窗户上，再经过一条昏暗的走廊，传递到拍摄地点所在的卧室里。在那里，最后一组人用一面金色反光板让整个屋子都充满了神奇的光芒。现在，光线反而有些太强了，于是我又加了一层柔光纸——最后，场景看起来非常漂亮！当时的效果一点儿也不比带着 20 吨吊车的好莱坞专业剧组用 HMI 灯照出来的效果差！

最简单的方法有时往往就是最好的方案。太阳是非常美好的东西，你在世界上的绝大部分地区都能拥有它，而且阳光是免费的——你一定要控制好它，利用好它，把它传递到你需要的地方。

图 10.67
简单就是美。掌握好这个原则会让你的手艺更上一层楼。

图 10.68
无论项目的预算与规模有多大，简单方法的效果往往都是最好的。

图 10.69

……然后再把阳光从窗口反射，经过一条长廊，再从长廊尽头用第三面镜子把阳光送进卧室。哼，谁还需要昂贵的照明设备和吊车？

（a）　　　　　　　　　　　　（b）

图 10.70　a,b

镜子是强大的照明工具，它可以把强烈的阳光传递到室内指定的位置上。图（b）为我的反射小组正在休息。

图 10.71

这个在没有窗户的室内通过反射、传递阳光来照明的案例来自短片《父母之罪》（2008），导演是 Judith Lucy Adong。

教学角：思考题

1. 想想我们的口头禅：排除！排除！排除！从五个方面描述我们应该如何在照明工作中应用这个原则。

2. "少即是多"对照明工作至关重要。思考如何利用少量的小型设备在照明工作中提高创造力和生产效率。

3. 人们常说故事都在阴影里。你同意这种说法吗？请说明原因。

4. 探索柔光和硬光各自的优点。列举四种获得柔光的方式。在什么故事背景下硬光可能显得更合适？

5. 拍摄高对比外景有时会是一种不小的挑战。描述四种可以将对比度降低到可接受范围内的方法。

6. 眼神光照明可以塑造角色的性格。思考演员脸上和眼睛上不同的灯光和阴影对故事的影响。

7. 如果你要去非洲拍摄纪录片，但你只能带两件行李，你会带哪些照明设备？LED？菲涅尔聚光灯？还是可折叠反光板？

8. 思考身边环境光的特性。它是柔的，硬的，暖的，还是冷的？这些光会如何影响你准备讲述的故事？它们之间有什么联系？

支撑起你的故事

和几个世纪前的绘画大师们一样，如今的视频拍摄者们向世人提供了一个通向这个世界的窗口，我们通过这个窗口构图、曝光、运用我们的一切手艺给大家讲故事。引人入胜的故事需要稳固的画面支撑。大部分情况下，构图的摇晃会削弱故事的叙事，因此在你准备让画面摇晃时，你最好有充分的理由。

30 年前，我在波兰街头拍摄政变时，我发现我爱上了自己的三脚架。20 世纪 80 年代的东欧是一个动荡的时代，对我来说，能够穿梭在混乱中并快速地架起我的三脚架，意味着我可以用长焦镜头捕捉到坐在装甲车上休息的士兵坚毅的脸庞和排队领取食物的市民沮丧的神色。当然，考虑到燃烧瓶和高压水枪都不长眼睛，使用三脚架把自己的位置固定也并不总是最明智的选择。尽管如此，在理想情况下，使用三脚架等支撑设备可以让你的特写镜头更高效、更强烈地表达个人观点。

图 11.1

有时候并不是一定要使用三脚架。在 20 世纪 80 年代动荡的波兰街头，我手持拍摄的画面虽然摇晃，但却达到了讲述故事的目的。

图 11.2

拍摄左图那样的夜景时需要良好的摄像机支撑；拍摄诸如右图中土星五号火箭发射这种史诗事件时，绝不会有人想手持摄像机进行拍摄。

图 11.3

我这个鹰的特写镜头已经被各种音乐视频和广告使用过很多次了。优秀的特写镜头很有价值，而稳固的摄像机支撑恰恰是拍摄这类特写镜头的必需品。

（a）

（b）

（c）

图 11.4　a,b,c

如果你试图手持拍摄，又不想像图（a）中那样满身爬满了蚂蚁般乱晃，你有两个选择，要么找瓶图（b）那样的杀虫剂，要么干脆使用图（c）这类专业三脚架。

11.1　云台

作为一名严谨的专业拍摄者，你应该选择你能买得起的最牢固的液压云台。大多数液压云台使用硅润滑剂来保证摄像机平台的平滑仰俯和平移。粘性润滑液被从云台中一系列小钻孔里挤压出来，从而保证在任何环境温度下都能提供一定量的阻尼，就像是汽车自动变速箱的润滑油一样。有些型号的云台通过调节拨轮提供了横向和纵向的阻尼微调功能，该功能可以把云台阻尼设定在恒定数值并在该阻尼下重复运作。这种设定可以让拍摄者的重复动作始终如一，能大大增加拍摄者的信心。这就像操作汽车上的离合器，每款车的离合器感觉都不一样，但一旦你熟悉了自己车子的离合器，你就会感觉人车合一，驾驶就成了你的第二本能。

虽然价格低廉的摩擦式云台看上去也不错，但液压云台显然是专业拍摄者更好的选择。液压云台坚固的结构是其承受专业拍摄中各种严峻考验的关键。优秀的液压云台操作起来应该手感顺滑、连贯，且不应感觉到某些云台操作手柄被释放时的反弹。平移和仰俯锁定装置最好是手柄式的，且操作表面要够大，这样即使在寒冷的冬季，拍摄者带着手套也能高效地进行操作。

图 11.5

固定阻尼的可重复操作可以让拍摄者在拍摄前进行精确的摄像机运动练习。某些型号的云台能提供仰俯和平移方向的 7 挡可调阻尼。一个坚固的好云台甚至可以在你的摄像机退役后依然为你提供数年的服务。

虽然许多拍摄者更喜欢小型、便于运输的液压云台，但其实云台的重量不易过轻，否则将很难配合长镜头用于体育比赛或野生动物的拍摄。云台的手感应该保持平顺，因此必须定期检查云台的阻尼粘性，包括阻尼设定为"0"或最低时的阻尼粘性。

根据你的需求，你可能会用到可以仰俯 90° 的液压云台。但并非所有的云台都能做到这点，因此在设备选型时一定要留意云台的品牌和型号。O'Connor 的云台通常都能实现直上直下的倾斜，而大多数 Sachtler 和 Vinten 的产品则不能。

请记住，作为专业拍摄者，我们在有生之年会经手许多不同的摄像机，但如果我们选得好的话，很可能一辈子只需要一个三脚架就够了。在我 30 多年的拍摄工作中，实际

图 11.6

在你的职业生涯中，你会无数次调整摄像机的水平，因此一定要确保你的云台球头平滑且配有大号旋钮。根据云台重量和有效载荷的不同，底座可以安装 75mm、100mm 或 150mm 的球碗。

自发光水平仪

图 11.7

有些型号的云台提供了可以在低照度环境下自发光的水平仪。这是一个非常实用的功能。

图 11.8

每个拍摄者都应该对自己赖以为生的东西了如指掌。"平移"是指横向摇移摄像机；"仰俯"是指垂直移动摄像机。图中的人是我的祖父，他的背后是他 1937 年建成的赖以为生的面包店。

上我只拥有过两个三脚架。我的第一个三脚架是 Sachtler 3+3，我在 1980 年拍摄圣海伦斯火山爆发时失去了它，火山灰渗进了阻尼调节波轮，彻底毁掉了这个精密的德国机械。我的第二个三脚架是 Sachtler 7+7，直到今天我还在使用它。从炎热的热带雨林到沁人心脾的寒冷北极，它已经为我服务了 30 多年。虽然在 1980 年花 2000 美元购买云台是十分奢侈的，但事实证明这确实是笔划算的投资。我的整个职业生涯都离不开这个液压云台。

图 11.9

有些拍摄者需要能够垂直仰俯的云台，但并不是所有的云台都能做到这点。

图 11.10

有些云台在移动时很难从静止起步，而有些云台就可以非常灵活地做些小规模动作。下面我大致讲讲每种云台的特性：

- Manfrotto 501
  更准确的叫法应该是"油头"。但这种云台一旦在同一位置静止时间过长（超过几分钟），润滑油就会变得黏稠。
- Sachtler FSB8
  在使用这种云台时请加倍小心，千万别磕坏了它娇气的合金铸件。
- O'Connor 1030D
  这种云台对于长焦镜头来说自重有点儿轻了。
- O'Connor 2065
  这种云台出色的人体工程学设计使其非常适合与摄影推车一同工作。
- Vinten Blue
  该云台向外突出的平移和仰俯调节器很容易损坏，并且缺乏零阻尼挡位，会让摄像机水平工作变得更复杂。

图 11.11

永远不要把你的三脚架和云台靠墙放置！如果它倒了，铸造件就会摔裂。大部分昂贵的液压云台都是这么损坏的。

你是专业人士吗？

你的摄像机调至水平了吗？摄像机的水平（或不水平）对故事情绪的传达至关重要。水平的画面传达出一种平和与安宁的感觉，而不水平的画面会暗示人物的"不平衡"。

（b）

（c）

（a）

图 11.12 a,b,c

（a）水平的摄像机画面带给人一种心满意足的幸福感。（b）世界和平，是所有善男信女共同的愿景。（c）这不水平的画面八成是个疯狂杀手的视角。

11.2　三脚架

我经常在工作时听到围观群众的口哨声，我觉得这肯定是因为我三脚架上漂亮的腿。我的三脚架腿非常好看，它们既坚固，功能又多，性感得很。你现在可买不到这种三脚架了，而且我也不打算卖，所以不必给我发 E-mail 了。我非常爱我的三脚架——同样，你也应该爱你自己的三脚架。

图 11.13

三脚架的主要功能应该包括安全的锁止装置和方便设置水平的增量式标记点。中间的横梁应该能形成可以放置监视器的平坦平台。中央立柱最好能在狭小的空间内方便地进行升降。

图 11.14

小心不要被这些看不见的夹点（我的三脚架就是这样）夹到手。并确保你已经提醒过身边干活儿的人这些危险了。

图 11.15

固定拨轮一定不要拧得过紧，因为它们一旦滑丝，三脚架腿就会滑动，你的摄像机就会摔倒。

（a）

（b）

图 11.16 a,b

快装板极大地方便了摄像机的安装和拆卸。你可不想在面对愤怒的角马时还在摸索摄像机的装卸螺栓！

图 11.17

水平是摄像机平顺运动的一个重要的前提条件。如果设置得不得当，拍摄者跟云台较劲的话，用不了多久拍摄者就会精疲力尽了。

（a）

（b）

图 11.18 a,b

（a）图中自带滑槽的标准快装板可以兼容全尺寸摄像机。（b）为了获得最大的安全性，摄像机应该提供 1/4 英寸和 3/8 英寸安装螺孔。

想买新三脚架？理想的三脚架既要轻便又应该坚固耐用，无论是面对东欧的突击队员还是津巴布韦惊慌失措的犀牛，它都应该能够胜任。三脚架腿锁止装置应该安全且易于清洁和保养。调节水平的球碗旋钮应该够大够方便。我推荐架腿调节带有高度增量标记的三脚架，在使用肉眼调整水平或睡眼惺忪的助手帮你调整水平时，这是个非常有用的功能。

如何调整摄影机的水平

组装摄影机
为摄影机安装镜头、电池、麦克风和其他拍摄时需要使用的配件。

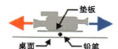

找到摄影机的平衡点（C.G.）
将摄影机放置在一块不太重的垫板上，再在平坦的桌面上放一支铅笔，把垫板和摄影机都放在铅笔上，前后移动摄影机，寻找平衡点。

安装摄影机安装板
在安装摄影机安装板时，尽量把安装板安装在接近摄影机平衡点的位置（摄影机应该包括镜头、电池和其他必要附件）。

在云台上水平摄影机
调整安装在云台上的滑板，使定位槽口正好位于云台中心的正上方（零刻度处）。把摄影机安装在滑板上。然后把云台仰俯阻尼设置为0，松开水平锁止，前后滑动摄像机找到摄像机的水平点。最后重新锁止水平。

调校平衡
确保整个摄影机的重量集中在云台上是十分重要的。在云台上调整过摄影机后，仰俯摄影机，如果摄影机不停地向前或向后自主倾斜，就要增加平衡的调整；如果摄影机出现反向倾斜，则要减少平衡的调整。无级平衡调整功能可以让拍摄者更方便地把摄影机调整到最佳位置，当摄影机在仰俯时仍能够停留在原位置，平衡就调校好了。随后你就可以根据自己的喜好进行仰俯和平移的阻尼设置了。

专业摄影机支撑系统

图 11.19

11.3 其他摄像机支撑系统

我的学生经常问我："我的三脚架腿多长才够用呢？" 亚伯拉罕·林肯曾经有一句名言回答了这个问题："腿只要长到能够到地面就够了。"对于如今的拍摄者来说，更贴切的答案是："摄影机的高度完全取决于拍摄者所要讲述的故事。"

标准三脚架和矮腿的组合可以覆盖绝大多数常用的摄影机高度，因此很多拍摄者都必备这两种三脚架。由于携带两个三脚架会消耗大量的时间和精力，特别是在乘飞机旅行时，因此拍摄者们一直在寻找一种多合一的超级三脚架。专业多段式三脚架算是一种解决方案，但是这种三脚架又大又重，而且操作比较复杂。新推出的 Sachter SOOM 三脚架旨在解决此类问题，它把标准腿、矮腿、地锅的功能有机的结合在了一起。

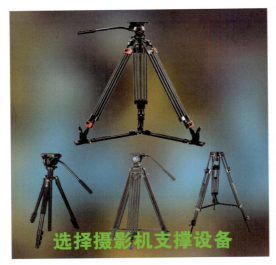

图 11.20

图 11.21

"这个腿的长度对我来说似乎合适"，亚伯拉罕·林肯描述了他关于腿的标准。

图 11.22

两段或三段式三脚架可以为拍摄者省去很多携带额外三脚架的需求。

　　拍摄者也可能会用到地锅，使用地锅可以提供极低的视角甚至进行贴地拍摄。在楼梯台阶或汽车保险杠上等一些常规三脚架难以企及的位置，地锅的作用几乎无法替代。

你是专业人士吗?

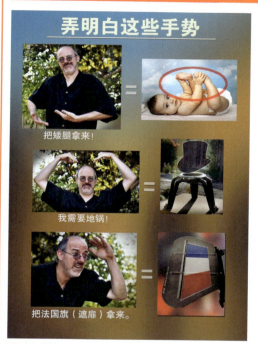

弄明白这些手势

把矮腿拿来!

我需要地锅!

把法国旗(遮扉)拿来。

图 11.23

正确的术语和手势使用可以提升你的自身形象和作为一名专业拍摄者的专业地位。在嘈杂的片场,剧组工作人员在有效沟通的前提下对话数量越少,导演和演员的工作效率往往就越高。基于这个原因,我建议专业拍摄者应该尽可能地使用肢体语言和手势信号。

图 11.24

数码单反 DSLR 与全尺寸摄像机一样需要坚固的支撑。但市面上大多数低成本摇臂和起重臂在使用时都会产生弯曲、反弹或阻力异常,这会让拍摄者感到恐慌和不安。

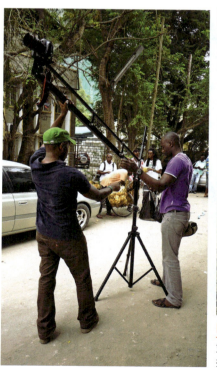

图 11.25

好用的起重臂或摇臂都分量十足。图为剧组工作人员招募了一些当地的孩子帮我们把一台陷入孟加拉国海滩的大家伙解救出来。

  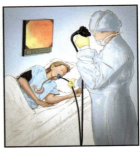

图 11.26

作为拍摄者，你必须把摄像机布置在任何故事需要的地方——任何地方。

图 11.27 a,b,c,d

（a）摄影推车配合轨道可以为移动镜头提供极高的拍摄精度。图（b）中的 Microdolly 滑轨三脚架虽然功能较少，但它较轻的重量和较好的便携性可以让其在两分钟内被布置完毕。重型平板摄影车（c）——我们都爱她——这种推车在全世界都很流行。如果你还没有摄影推车，在紧急时刻，轮椅（d）也可以用来应急。

图 11.28

使用斯坦尼康这种摄像机稳定系统可以免去使用摄影推车和轨道的费用和麻烦。但这类稳定设备的精度稍差，并且需要经过专门的训练才能使用自如。斯坦尼康系统最先被使用在 1976 的《光荣之路》[1]中，并在几个月后负责在《洛奇》[2]中拍摄史泰龙跑步和训练的镜头。

图 11.29

想在移动的车辆上进行拍摄？试试上图中这种廉价的稳定器，我在《穿越大吉岭》（2007）中把它布置在飞驰列车侧面，拍摄了下图中的镜头。

图 11.30

大多数直升机拍摄系统都装备了陀螺仪来提高稳定性。在直升机上拍摄或在直升机附近拍摄时，拍摄者必须格外小心，致命的危险随时可能会发生。

1　Blumofe, R. F.（制片人），Leventhal, H.（制片人），Mulevhill, C.（制片人），Sneller, J. M.（制片人），&哈尔·阿什贝（导演），美国联美电影公司 1976 年出品的影片《光荣之路》（*Bound for Glory*）。

2　Chartoff, R.（制片人），Kirkwood, G.（制片人），Winkler, I.（制片人），&约翰·G·艾维尔森（导演），美国 Chartoff-Winkler 影业 1976 年出品的影片《洛奇》（*Rocky*）。

11.4   安装在任何地方

　　摄影机必须能够安装在任何故事需要的地方。我们在前面已经讨论过拍摄者必须以独特的方式展现这个世界，要使用非常规的拍摄方式和拍摄角度，最终传达给观众令人信服的观点。

　　在过去的几年里，制造商们纷纷推出符合低成本拍摄者需要的轻便摄影推车和摇臂。要小心这些脆弱且不太可靠的廉价设备。这类设备由于先天缺乏稳定性，在工作中真正发挥作用的机会非常渺茫。如果额外的重量对你来说不是什么大问题，那么使用更稳固的大型推车和摇臂可以让移动镜头的起幅和落幅更加平顺。

11.5   你拍故你在

　　如果你是一个认为全世界都以你为中心的极度自恋的人，那你大可以不看这一小节的内容。当你沉浸在自己的幻想中，不给现实留一点儿机会的话——你顶多只是一个想炫耀

图 11.31

这个伙计看上去遇到稳定方面的问题了。你会告诉他可以试试 Adobe Warp Stabilizer 软件稳定器吗？

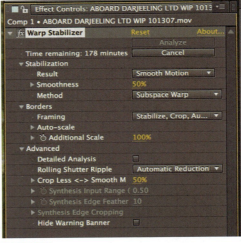

图 11.32

Warp Stabilizer 功能位于 Adobe After Effects 合成软件中，它可以帮助拍摄者解决使用长焦镜头或在波涛翻腾的海上拍摄造成的稳定问题。稳定器可以让手持拍摄或手持移动拍摄的画面看起来像是使用摇臂或摄影推车拍出来的！

图 11.33

通常情况下，要避免让摄像机抖动毁了你的故事。但在某些时候，摄像机震动可以为故事提供恰到好处的仿真效果。

自己才华的艺人。看，这就跟你逃避停车费，不交高速费，不想去帮助那些你不需要的人是一个道理。但当摄像机在你手中，你就是一个特别的人，被人钦佩、被人讨好、享受贵族待遇的人。你拍，故你在。

如果你是上面提到的那种"天才"之一，就总得有人替你收拾烂摊子，你每次不是场景拍不全就是整条片子拍得都不稳，好像身上爬满了蚂蚁。如果你是一名导演，你被这样的"艺术家"折磨得痛不欲生，那你能做些什么呢？你大可以炒了这位"艺术家"，甚至用杀虫剂喷他！但依然于事无补，你没法拯救那些拍得晃晃悠悠的素材。

在最近一段时间里，我的首选稳定工具就是 Adobe Warp Stabilizer[3]，它可以有效地平滑场景，减少摄影机抖动或震动带来的影响。

我用这种工具处理过摩托车视角的镜头，也处理过海上单桅帆船上的镜头。与其他诸如 Final Cut Pro 等后期软件里的 SmoothCam 等工具不同，Warp Stabilizer 在进行画面稳定时仍然可以维持画面的边界，无需进行缩放或损失分辨率。

教学角：思考题

1. 为何说拥有稳定支撑的画面更有助于引人入胜的视觉故事的展现？

2. 复习一下在三脚架上调整摄像机水平的过程。多练习几次。展示给你的朋友和老师。

3. 在什么情况下不稳定的画面是可以接受的？列举三种可以用不稳定的画面传达的情绪。摄像机的支撑对角色视角的传达有多么重要？

4. 液压云台的主要优点有哪些？列举五种你最希望在新型云台上出现的必备功能。

5. 讨论一下使用摄影推车拍摄的画面与使用斯坦尼康拍摄画面各自的特点。在哪些情况下你会使用摄影推车（或斯坦尼康）？

6. 思考一下你在贴地拍摄、移动的汽车上拍摄、使用长焦镜头拍摄或喷发的火山旁拍摄时，分别会使用哪些支撑设备。主要从功能性和实用性两方面考虑。

7. 像是起重臂或摇臂这类摄像机支撑装备越重越大就越好用。你同意这种说法吗？

8. 你高傲的摄影师朋友认为像 Adobe Warp Stabilizer 这类后期制作工具不应该成为摄影师所关注的对象。在当今这个高度融合的生产环境中，你认为拍摄者的责任到底是什么？

9. 摇晃不稳的镜头是懒散且不专业的。老实说，你怎么看这件事，摇晃不稳的镜头是不是真的"反人类"了？

3　Warp stabilizer 功能位于 Adobe Creative Suite 软件集中的 After Effects 后期合成软件中，我使用的版本是 5.5。

聆听你的故事

　　我是一名拍摄者，拍摄是我生命的一部分，像呼吸一样自然、像聆听 Neil Diamond 的作品一样舒服。30 多年来，寻像器几乎一直贴在我的脸上，我已经和自己这赖以为生的手艺建立起了密切的关系，我拍摄的视觉图像已经可以讲述引人入胜的故事了。

　　说起来可能有些讽刺，可我拍摄的图像的质量竟是如此依赖声音。无论我把好莱坞小天后拍得多么美艳，把黑手党拍摄得多么险恶，没声音，再好的戏也出不来。每个拍摄者都必须清楚且深刻地意识到：观众可以忍受糟糕的画面，但绝对受不了糟糕的声音。

图 12.1

从电影的第一帧开始，观众们就已经开始评估你工作的专业性了。高光的削波、不合逻辑的灯光或不正确的视线也许会给人带来业余的感觉，但声音的品质带给观众的感受要直观得多。无论你把画面拍得多好，难以理解的糟糕音频都会迅速疏远观众。

(a)

(c)

(b)

图 12.2 a,b,c

优秀的录音效果是提高图像质量最简单的途径之一，请善待你的录音师。

12.1 没有录音师？

在第一章，我提到过自己曾经受雇于历史频道，并为他们的《誓守秘密》系列片拍摄空军飞行员接受战俘训练的故事。在飞往华盛顿州斯波坎的飞机上，我才意识到这次的拍摄我并没有录音师，我必须一个人负责拍摄和录音。

一转眼 15 年过去了，我们发现现在越来越多的美国主要新闻节目的拍摄者都是身兼数职的独行侠。这可能不是最好的选择，但却是大势所趋：如今的拍摄者需要掌握大量的音频技术，应该学会基本录音套件的使用方法，包括一两个麦克风、耳机和小型调音台。

图 12.3

不管你是否喜欢，如今的拍摄者更多的时候都只能是独行侠。

图 12.4

对于我们大多数人而言，我们的录音师往往就是我们自己。

12.2 录音建议

图 12.5

对大多数低端摄像机来说，外置音频控制部分常常是噪声的主要来源。虽然新型摄像机采用了更安静的电位器和前级功放，但你如果计划把音频直接录进摄像机，最好还是不要让音频电平超过 50%。

在编写剧本时，我们会努力删减不必要的场景和对话。在为画面构图时，我们会尽全力削弱或消除次要的或不相关的拍摄对象。同理，在录音的时候，我们也应该遵循同样的原则：排除！排除！排除！我们应该通过减少或消除背景噪声来突出声音主体，就像是在对观众说："听这个！这个声音很重要！这段对话很关键！"

对大多数视频拍摄者来说，投资音频设备似乎不合逻辑。毕竟我们主要从事的是视觉媒体的创作，获得优质的音频似乎就该像季节变化和昼夜更替一样，是自然而然的事情。然而，录制卓越的音频却并非易事，我们中的大多数人都清楚，一流的声音跟一流的图像是如影随形、相辅相成的。

摄像机制造商会把绝大部分精力和成本用在摄像机的画

面部分，这也很容易理解，因为拍摄者们也不愿意为摄像机的音频部分投入太多成本。除了失真和频率响应不佳等问题之外，很多摄像机的音频控制电位器也会产生额外的噪声。此外，劣质的线缆、插头和转接头也会更进一步地降低音频性能。因此，对于那些独立拍摄或在小团队拍摄的拍摄者来说，获取干净、清晰的声音绝非易事。

12.3　差劲的连接 = 差劲的声音

无论对于视频还是音频，差劲的线缆或连接都会造成大量的麻烦。大多数连接故障都是由于线缆或接头的正常损耗和经常被拔插、受力造成的物理损伤。

对于拍摄者和录音师来说，常见的 3.5 毫米迷你插头简直就是头号公敌，这种脆弱的插头在关键时刻总是靠不住。使用 3.5 毫米转 XLR 转接口并不能完全解决问题，虽然接头变成了专业接口，但本质上它依然是脆弱的、非平衡的迷你 3.5 毫米接口。而且，XLR 适配器较大的重量对于摄像机上的迷你 3.5 毫米接口来说也是个不小的隐患，如果在拍摄关键场景时接口脱焊或断裂，后果不堪设想。

（a）

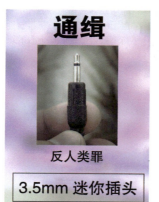

（b）

图 12.6 a,b

盯着点儿图（a）里的这家伙，当它出现时你要格外小心！尽量避免不必要的拔插以减少磨损和接触不良的风险。图（b）是它邪恶的母头搭档。

这样可不好

图 12.7

对音频线缆的使用和储存不当几乎肯定会导致接触不良并增加噪声。

图 12.8

线缆存放时应当是正反交替着松散地盘起，以确保线缆可以摆放平整、不会因扭曲打结而损坏。

注意连接方案

消费级 RCA 莲花插头和插口可以为家用设备提供便捷的互通性，但它们很容易因压力或张力而变松，因此如果把它们放在专业拍摄环境中，RCA 连接恐怕连一天都撑不过去。基于这个原因，BNC 和 XLR 类型的连接才是专业拍摄者的首选。

图 12.9

在专业拍摄中，自带锁定功能的 BNC 和 XLR 接口比 RCA 莲花接口更安全。

图 12.10

随着摄像机被越做越小，摄像机上能够安装牢固接口的位置也越来越紧张。在某些型号的摄像机上，XLR 输入接口看上去更像是后加上去的。

图 12.11

各式各样的视 / 音频转接头应该是每个拍摄者工具包里的必备工具。在紧要关头，合适的转接头可以拯救你的拍摄——甚至可以拯救你的职业生涯。

12.4　平衡音频

虽然以拍摄为生非常费时也很有趣，但据我所知我们也需要平衡一下我们的日常生活。这个道理在摄像机上也一样适用，只有使用"平衡音频"才能记录到最好的声音。

音频线缆过长会产生很多额外的噪声，因此音频系统需要降噪系统。非平衡插头和线缆只有两极导体——信号（+）和接地；然而平衡音频系统有三极导体——信号（+）、反相信号（−）和接地。多出的一路导体承载了与主信号并行且相位差为 180° 的反相信号，这路反相信号可以有效抵消因线缆过长而产生的噪声，从而使音频信号保持纯净。但在平衡音频系统中，只要有一处使用了非平衡的适配器，整个系统的降噪功能就会失效。如今，越来越多的准专业摄录一体机已经开始提供 XLR 平衡音频接口。

图 12.12

平衡音频线缆和插头可以有效消除噪声，并且自带屏蔽层，可以防止信号损失。

图 12.13

低成本的转换器可以把专业平衡麦克风通过糟糕的 3.5 毫米迷你插头连接在摄像机上。但它并不能把非平衡的摄像机音频系统变成平衡音频系统，也没有从根本上解决使用 3.5 毫米接口带来的种种烦恼。

12.5 调音台

如果你一直在阅读这本书，那么你应该清楚，我并不赞同有些不靠谱的装备因为支持 1/24 秒就说自己是专业设备。作为一名有大量贷款需要偿还，有辆老车需要养，还有几个不听话的孩子的专业拍摄者，我每天都得依赖大量的工具和设备来工作。这些工具已经变得像我的家人一样，我像依赖家人那样离不开它们，不论好与坏、不论富裕或贫穷……

调音台是我们设定音频电平、监听音频质量和设定限幅与滤波的指挥中心。调音台的功能布局必须合理且容易看懂。我是一个注重实用性的人，如果一台设备太复杂、太难用，它会很快就会被我束之高阁或拿到 ebay 上卖掉。调音台的旋钮和控制键必须坚固耐用，而且要大到即使戴着手套也能轻松进行操作——这点对需要远离温暖舒适的会议室或摄影棚的冬季户外拍摄工作尤为重要。

拍摄者在设置录音电平时应该充分利用调音台的安全限幅优势。因为一般情况下音频很难触及限幅器的阈值，因此限幅器不会对音频产生任何作用。但在嘈杂环境下拍摄时，例如在《摇滚皇帝的一家》的厨房中，限幅器能默默地防止削波的发生。

低频响应是衡量调音台性能的重要指标。称职的调音台会配合平衡转换器来为输入音源提供

混合所有声音

图 12.14

对于那些使用一个话筒挑杆和(或)一两个领夹式/无线式话筒，又不想带更多其他配件的拍摄者来说，图中这类三通道便携式调音台就是理想的选择。调音台应该不需要笨重的转接口或其他神秘的转接盒就直接可以使用各种类型的麦克风。

图 12.15

拍摄者可以打开调音台的高通滤波功能来减少交通噪声和风燥。在一般的场景，特别是对话场景中，低于 80Hz 的声音几乎都没有什么记录价值。

分离。输入信号被转换为磁信号，因此不会产生低端调音台由机械接触造成的电流噪声。对于拍摄真人秀节目的拍摄者来说，优异的低频响应性能是捕捉纯净声音的关键。

另外，调音台应该支持所有的麦克风。我已经用我的森海塞尔麦克风拍摄了 30 多年，它几乎陪我走遍了地球上的每一个角落。从寒冷的北极到炎热的亚马逊雨林，这支 MK-416 枪式麦克风用自己的表现赢得了我的信任，它的可靠性、性能和坚固性都是无可挑剔的。你的现场调音台同样也应该具备这些优秀的素质。

12.6　设置音频电平

在这本书中，我不止一次地强调，拍摄者应该使用手动调节控制自己的命运。在音频设置中，我们通常会关闭摄像机的自动电平调节（ALC）功能，这样做可以防止背景噪声在安静的环境中被自动放大。

随着身兼数职的独行侠模式的到来，拍摄者经常被压榨到极限，但一个人的能力是有限的。在某些情况下，自动电平控制（ALC）却是身兼数职的拍摄者在困境中的唯一选择。

在使用手动设置音频电平时，应该把电平设置为不产生削波情况下的最大值。大多数摄像机 −12dB 的基准电平并没有给大声响留下太多可用的记录空间，因此拍摄者的首要职责就是记录没有失真和瑕疵的音频。记住，录制音频跟录制视频一样，因削波等问题没有记录下来的音频就永远消失了，即使在后期制作中也没有办法弥补。

虽然拍摄者会不约而同地把对白录制在单一声道上，但通常的做法是使用两个声道同时记录对白，并把第二个声道的电平人为降低 6dB，为对白中可能出现的爆发做好准备。许多拍摄者习惯把有线或无线领夹话筒接在通道 1 上，把吊杆或枪式话筒接在通道 2 上。

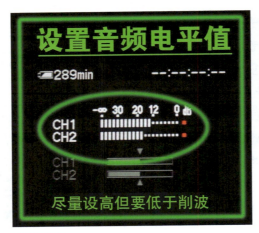

图 12.16

在如图的设置中，通道 2 的输入电平要比通道 1 低 6dB，这样做可以防止出现突发的大声响。

图 12.17

自动电平控制（ALC）通常在记录交通噪声或体育比赛嘈杂的人群声等环境声时是非常好用的功能。但在日常拍摄中，ALC 功能一般应该是被关闭的。专业摄像机的外部通常会有 ALC 硬件开关。

12.7 麦克风

卓越的音频始于正确的麦克风位置。把麦克风布置得距离录制对象太远或（和）太偏，会导致背景噪声升高，从而削弱剧情。拍摄者们一定要记住，麦克风的位置太重要了，千万不要让未经训练的人或不太情愿的朋友举话筒杆或布置话筒。

当然，没有哪个拍摄者期望自己可以负起一名专业录音师的全部责任。本来我们为了排除与视觉故事无关的元素就已经够忙的了，现在我们还得排除那些噼噼啪啪的音频噪声。不过，我对这件事的哲学很简单：做到能够到达现场就开始拍摄就可以了。这意味着你的必需品为：摄像机、存储、录音设备，当然还要有不怕困难的好心态。

图 12.18
我用一个机载枪型麦克风记录了《穿越大吉岭》（2007）幕后花絮的几乎全部音频。

12.8 枪式麦克风（指向式麦克风）

拍摄者对高品质枪式麦克风的需求十分强烈。在《穿越大吉岭》的幕后视频拍摄中，95% 的音频都是我使用一个机载枪式麦克风记录的。这类麦克风必须具有高度的指向性，且对离轴音频有出色的抗干扰性。它还必须具有宽广的动态范围和平滑的响应性能，特别是对有利于表现人类语音的低频响应性能要好。

（a）

图 12.19 a,b
（a）凭借窄拾音范围和干净清脆的录音效果，短枪式麦克风是电影、电视产业的主力军。（b）大号飞艇式保护罩能为麦克风阻挡风或其他自然元素。

（b）

图 12.20

准专业摄像机通常提供内置的全指向式麦克风。这种麦克风只有在录制环境音或音效时才真正有用处。

图 12.21

这个小型的枪式麦克风是手掌大小的摄像机或数码单反 DSLR 的好搭档。

（a）

（b）

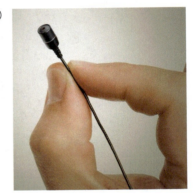

图 12.22 a,b

为演员布线安装麦克风时需要一定的技巧和专业知识。记住，在给演员的服装贴上麦克风之前，一定要先征得他（她）的同意！

12.9　无线连接

对于"独行侠"拍摄者而言，使用无线麦克风可能是他们获取纯净专业音频的唯一选择。我不喜欢那些塑料件极易断裂的低端设备。而且这些设备的底噪往往也比正常水平要高，抗干扰能力也比较弱。

射频（RF）类干扰是每种无线麦克风系统都会面临的挑战。这种干扰在拥挤的城区尤其严重，从手机、婴儿监视器到紧急通信服务，射频电波无处不在。为了能在这种环境中运行良好，无线系统必须拥有较好的滤波功能，最好还具备双输入。双输入支持拍摄者连接两路单独的麦克风，通过各自不同的设定可以增加信号的整体动态范围和强度。通过分集式接收机，系统会自动选择两路信号中较清晰的一路。我很喜欢这个概念。作为一名拍摄者，我非常清楚纯净音频的重要性，我愿意为了获取纯净的音频付出各种努力——但是我脑子里需要操心的事儿实在是太多了……

图 12.23

图中这种隐蔽、轻便的插槽式接收机并不会给全尺寸摄像机增加多少负担。这种简洁的方案可以让拍摄者更专注于创作本身，不必再为可能缠住演员或操作杆的大量线缆和接口盒分心。

图 12.24

图为控制输入音源的外置麦克风切换开关。

图 12.25

典型的优质无线系统。

12.10 话筒挑杆

一个称职的挑杆操作员应该理解项目的故事内容，阅读并记住对白的内容，通过排练来避免话筒入画，并能预知演员的一举一动。作为拍摄者，你的任务就是跟挑杆操作员沟通画面构图的具体范围和边界，以便他（她）能够提前规划好自己的动作和策略。

图 12.26

麦克风的布置应该在不入画的前提下尽可能地接近拍摄对象，有时可能需要从构图的下方进行录音。

图 12.27

长镜头拍摄，长时间拍摄，操作挑杆可是一个体力活。强壮的手臂和肱二头肌是必不可少的。

图 12.28

如何才能在如图 12.28 的环境中记录可用的声音呢？给麦克风加上一个大号的防风毛毛套就可以做到。

（a）

（b）

图 12.29 a,b

无论你身处什么环境，都必须监听录音效果。你需要一副耳机。

图 12.30

监听耳机应该可以完全覆盖耳朵，以便隔绝外界的环境噪声。

图 12.31

这类 iPod、iPhone 或安卓上的消费级耳塞并不适用于专业生产。

图 12.32

千万不要这样收纳耳机！这样做很容易损坏耳机线缆和脆弱的迷你插头。

12.11　音频降噪

有时候，即使我们在录音时倾尽全力，最后还是会得到差劲的音频。幸运的是，拍摄者可以利用像 Apple Soundtrack 或 Adobe Audition 这类后期软件减轻音频中严重的缺陷，并提高对话场景中音频的识别度。虽然即使是 ProTools 和 Logic 这些专业音频软件也没法把极差的音频变成极好的音频，但起码它们能有效应对音频的背景噪声、爆音、嗡嗡声，以及其他会影响故事完整性的音频缺陷。

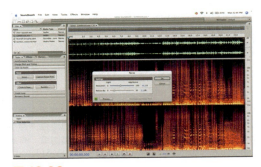

图 12.33

如今的拍摄者必须了解 Adobe Audition 和 Adobe Soundbooth 这类音频后期处理工具。它们可以通过图形化的界面很容易地识别、标记并删除令人讨厌的噪声。

12.12　双系统录音：有必要吗？

大多数企业短片、新闻片和纪录片项目很少使用专用的录音系统来记录声音。如今的摄像机能提供足够的功能和性能，包括可以使用专业接口来连接调音台或直接连接有线或无线麦克风。但对于专题片和广告片的拍摄，特别是在使用数码单反 DSLR 进行拍摄时，使用双系统是记录高品质声音的首选（关于数码单反 DSLR 的更多信息可以参见第五章）。

（a）

（b）

图 12.34 a,b
很多拍摄者和制片人更喜欢使用潜在质量和控制更出色的双系统进行声音记录。

（a）

（b）

图 12.35

双系统录音需要一个紧凑的 ZOOM 录音机、电脑硬盘或光碟，还需要在录音时准备同步用的场记板。由于没有时间码系统，包括数码单反 DSLR 在内的拍摄系统可以在后期制作时使用 PluralEyes（b）插件进行音轨和视频轨的对齐。

12.13　环绕声

随着 DVD、蓝光和立体家庭影院的到来，5.1 等多声道录音的需求正与日俱增。大多数摄像机至少可以提供四声道的内置录音，但随着新型入门级摄像机的发布，这一情况得以改观，例如新式的索尼 HDR-SR12 摄像机就可以直接记录 Dolby Digital 5.1 环绕声。

图 12.36

把这个外接麦克风插在松下紧凑型摄像机上，就可以让该摄像机以内置的第 3 声道和第 4 声道记录周围的环绕声。

图 12.37

现在很多摄像机都具备了录制 5.1 环绕声的能力。杜比音轨被多路复用到一个立体声文件中，以方便在稍后的后期制作中进行处理。独立的环绕声麦克风可以把 5.1 声道音频记录进任何有立体声输入的摄像机中。

图 12.38

标准的 5.1 声道＝两个前置声道＋两个环绕声道＋中置声道＋重低音。优质的环绕声在后期制作中昂贵且费时。对白都是使用单声道录制的，使用中置声道。

（a） （b）

图 12.39 a,b

Philip Cacayorin 的 360° Stereophile 3D 麦克风通过两个悬挂着的领夹式麦克风和一块被动的反射板进行工作。这套系统有望淘汰现场演唱会上的调音台和一大批工程师。

12.14 有时候"凑合"也不错

如果我们每次都能用最好的设备进行工作就好了。但不幸的是，现实是残酷的，我们经常不得不"凑合"着努力完成工作：我们用镜子代替昂贵的照明设备；从片场的垃圾堆里找色纸，而不是向 B&H 订购；用鸡蛋盒做录音棚的墙壁，而不是花上万美元去定制吸音板。

成功的拍摄者可能并没有最酷的摄像机，甚至也没有最具创意的点子。成功往往来自那些翻片场垃圾堆的"拾荒者"，那些不知疲倦的男人和女人们用他们的技巧和智慧日复一日、月复一月地面对着拍摄中永无止境的困难。

图 12.40

想寻找一种经济的方法来为达累斯萨拉姆的这个电视摄影棚隔绝街道上的噪声？在墙上贴满废弃的鸡蛋盒就可以代替昂贵的专业吸音板。这样既节省资金，又有范儿，还能烘托出创作的氛围。

把鸡蛋盒贴满墙并非是为了实现无成本或低成本制片，它映射着我们运用手艺和技术记录故事的强大意愿。我们在生活和事业中无时无刻都面临着艰苦的战斗，缺乏装备、资金不足、人脉不灵——你总是这样对自己说。成功的拍摄者只知道如何把鸡蛋盒贴在墙上，其他的琐事都不会管。

教学角：思考题

1. 如果说导演是剧组中最重要的人，那么第二重要的是谁？拍摄者？录音师？装卸设备的卡车司机？仔细想想。注意，这不是脑筋急转弯。

2. 声音质量至关重要。你认为录音师有权因为不理想的声音在现场叫停拍摄吗？

3. 音频故事与视频故事息息相关。描述五种这种联系可能出现在银幕上的方式。尽量从故事片里进行举例，锻炼自己的反应。

4. 为以下场景选择适用的麦克风类型：（a）采访总统；（b）使用藏在拉斯维加斯出租车后座上的隐藏摄像机进行拍摄；（c）拍摄德黑兰街头的反政府骚乱；（d）50米外一头发情的公驼鹿；（e）中央火车站的嘈杂环境音。

5. 列举出三种可以使用自动电平控制（ALC）的情况。你可能会在录音质量方面做出哪些让步？

6. 请在你的朋友或老师面前展示你的线缆收纳能力。你感到自豪了吗？

7. 计划购买新式摄像机时，你想要哪些音频功能？双 XLR 输入？安全限幅器？高通和低通滤波器？如果摄像机用的是可怜的 3.5 毫米接口，你会放弃它吗？你最好放弃它。

顺应潮流

精神导师艾克哈特·托勒在他的畅销书《新天地：唤醒人生目标》[1]中特别提到：我们的行为实际上只受两种情感的支配——爱与恐惧。如果我们不是在受爱的支配，便是在受恐惧的支配，这一点在无带化、基于文件的工作流程袭来时体现得淋漓尽致。作为拍摄者，我们面临的挑战就是要克服对这个数字横行的新时代的恐惧，并把恐惧转化为爱，继续进行我们所钟情的事业。

在这种情况下，托勒会说：我们没有选择，就只能接受变化。在我的工作室，有时我会发现我的学生对于学习后期制作方案不太感兴趣。他们说（或别人告诉他们说）：音频是别人的工作，什么后期稳定、滤波这些他们都不关心；导演、制片人、编剧都有自己的角色，而这些都不是拍摄者的角色，我是拍摄者，我只想拍摄。人们难免会问：这些学生脑子里的现实世界是什么样的？

图 13.1

看看我们周围。变革无处不在，DVD 也已经过时了。我们必须接受媒体格局正在快速发生着变化这个现实。

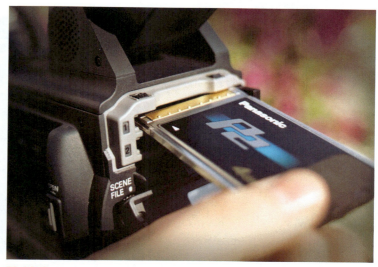

图 13.2

如今的摄像机拍摄的不再是"视频"，而是数据。它们把数据储存在固态存储中，这是一种以计算机为中心的 IT 化工作流程。

---

1 艾克哈特·托勒《新天地：唤醒人生目标》（*A New Earth: Awakening to Your Life's Purpose*）由纽约 Penguin Press 于 2005 年出版。

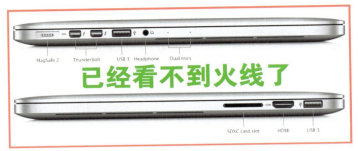

图 13.3

20 年前，火线的出现迎来了桌面视频的革命。如今，它几乎已经完全被 USB 接口——一种非视频专用接口取代了。

图 13.4

为什么说我们需要基于文件的工作流程？看看 2006 年都灵冬奥会的模拟信号转播车吧。

图 13.5

基于闪存的摄像机几乎可以在一瞬间完成启动，再也不必等待皮带和皮带轮的机械运动。某些摄像机还提供了双记录功能，可以在拍摄的同时提供同步的备份。

图 13.6

光盘摄像机可以提供一份存档的副本——这点值得那些害怕不小心误删了固态存储中原始文件的拍摄者考虑。跟传统的磁带摄像机类似，索尼的光盘摄像机在偏远地区进行拍摄时需要运输成箱成箱的光盘介质。固态存储摄像机略有不同，需要运输些硬盘介质。

13.1 不再只有一种工作流程

在使用磁带拍摄的年代，我们拍完片子就把磁带交给制片助理，并附上一份清单。活儿就干完了。皆大欢喜。

现如今，托固态存储摄影机和变换莫测的电脑环境的福，出现了许多可能的工作流程。在拍摄《穿越大吉岭》的幕后视频时，我没有稳定可靠的交流电源，泥土和沙子到处都是，而且我在移动的印度火车上的工作空间只有 19 英寸（50 厘米）宽。更糟糕的是，我的 P2 摄像机只有 3 张 8GB 的存储卡——总共只有 1 小时的视频记录空间，因此我必须不停地对这些卡进行数据转储。

图 13.7

鉴于现如今是个基于文件的世界，每个项目都可能需要使用稍微不同的工作流程。图为我在印度焦特布尔的一棵树下为影片《穿越大吉岭》的幕后视频建立的临时数据转储中心。

13.2 MXF 的前景

由娱乐产业创造的素材交换格式（MXF，Material eXchange Format），其作用是在拍摄、后期和交付数字影院的流程中提供统一的兼容格式。但不幸的是，这是一个有 700 页白皮书的标准，因此在实现上必然会存在一些差异。

松下的 MXF P2 格式会为给每条素材分配一个随机的文件名。这些独立的视频和音频对后期编辑来说很方便，但对这种分离式素材的回放和管理却十分让人头疼。它神秘的随机文件名毫无用处，而且任何对文件名的更改都会破坏 MXF 结构，导致素材无法访问。

索尼的 XDCAM MXF 格式与松下的 MXF P2 格式并不兼容。两种系统的文件夹层级和视 / 音频文件记录都截然不同：XDCAM 格式利用多路复用 [2] 把视频和音频都存放在一个流文件中，这对广播电视应用是优选策略；而 P2 格式的独立视音频方案则更适用于电影、广告、纪录片、企业宣传片及其他非广播电视节目的制作流程。[3]

（a）

（b）

图 13.8 a,b

（a）P2 格式的布局在电脑文件管理器中看起来很合理。（b）在管理 XDCAM 素材时，在把素材转储到外部存储或服务器之前，最好先在缩略图编辑界面标记、删除，并把素材组织进相关文件夹中。

2　多路复用就是把视频、音频、时间码、机电控制等多个数据流交织在一个更容易处理和传输的单数据流中的方法。

3　松下、Avid 和其他 MXF 使用的是 OP-Atom 操作模式。索尼使用了不同的操作模式 OP-1A。

图 13.9

支持 Wi-Fi 功能的摄像机和数码单反 DSLR 可以无需把储存卡内的素材转出到外部存储设备就直接通过 iPad 或平板电脑进行编辑工作。

图 13.10

MXF 文件神秘的命名方式是内部众多组件的关键纽带，因此 MXF 文件不能改名。但一旦它们被导入非线性编辑系统的浏览器或 BIN 中，就可以在编辑软件里改名字了。

13.3　元数据之美

几年前，美国一档知名的新闻节目播出了一段某著名整形医生胡说八道的片段。这名医生对这段视频被播出很不满意，威胁要起诉电视台，但同时他也同意只要电视台永远不再播出这段视频就会放弃起诉。4 年后，一名年轻的制片人为了另一个节目重新找到了这条视频，他并不知道之前的故事，他又把这位医生胡说八道的部分播出了。这次被起诉看来是免不了了，电视台迅速解雇了那名制片人并赔偿了医生大量现金才摆平了这件事。

如今，如果对视频源素材进行适当的管理，这种事也许就不会发生。元数据是关于数据的数据，是除了视频本身以外的所有数据：帧速率、分辨率和压缩格式的技术细节等。同时，元数据还可以包括标题、GPS 标签、拍摄者和制片人信息，还可以加入禁止信息。元数据是视频片段的永久属性，可以在非线性编辑系统中轻点鼠标来进行检索。

元数据对于高效的数字资产管理（DAM）是至关重要的。在 2007 年的《哈利波特与凤凰社》[4] 中，制片人为了保证合成场景中的镜头与数字中间片 [5] 的一致性，为一个镜头就制作了 120 个不同的版本，没人可以确定哪个版本会最终得到导演的认可。给元数据添加一个简单的注释就能省去很多在昂贵数字中间片机房苦苦寻找合适的版本的时间和费用。

4　Barron, D.（制片人），Heyman, D.（制片人），Lewis, T.（制片人），Orleans, L（制片人），Trehy, J.（制片人），Wigram, L.（制片人），& 大卫·耶茨（导演），2007 年英国华纳兄弟出品的影片《哈利波特与凤凰社》（*Harry Potter and the Order of the Phoenix*）。

5　数字中间片被广泛应用于戏剧和商业类影片数字文件的制作与发布，可以对每个场景进行精确且复杂的颜色校正、分层合成或输出。

（a）　　　　　　　　　　　　　　　（b）

图 13.11 a,b

基于文件的工作流程最主要优势之一就是可以管理和搜索素材的元数据。如图（a）所示，这些永久附属于素材的自定义元数据可以记录从摄像机设置、镜头选择到位置信息和使用限制等各种字段。

13.4　现在我们不必那么担忧了

相对于天生脆弱且易发机械故障的磁带系统，新的基于文件的系统理应让我们不再像以前那么担心素材丢失。但新的无带化系统也有它令我们担忧的地方，因为把储存卡转储到外部存储后，摄影机拍摄的原始素材就被清空了。

有些人担心数据文件可能丢失，我们认为有必要把摄像机原始文件额外转储出去，哪怕是临时记录到不太可靠的硬盘上也好。还有些人认为转储过程太慢，需要备份很多份才能确保文件的安全，他们才能安心。对于这些人来说，还是看得见摸得着的磁带或光盘系统更适合他们，因他们觉得在数字时代，关键数据既看不见也摸不着，很可能会因为某些原因被错误地处理、损坏或删除。

我们拍摄者是一种容易担忧的脆弱物种。我们经常担忧各种重要或不重要的事情——我们的传感器像素到底够不够？我们拍摄 4:2:0 时是不是出卖了自己的灵魂？使用长 GOP 压缩是不是不太好？这些事会让我们当中的很多人夜不能寐。

图 13.12

随着大容量储存卡的出现，拷贝数据的次数明显减少，原始文件在传输过程中损坏的可能性也降低了。

图 13.13

Nexto 推出的随身备份系统可以把摄像机储存卡中的素材下载到一个内置硬盘中。拍摄者还可以通过内置的液晶屏幕来确认文件的转储。

我们特别害怕硬盘出现故障，硬盘如果坏了数据就都没了。事实上，大多数硬盘的保修期只有 1 ~ 3 年，其可靠性可想而知。导致硬盘出现故障的原因有很多种，包括保养不善、工作环境过热或震动过大、使用不正确或有缺陷的电源、连接器或控制电路板故障等。无论我们的担忧是真还是假，作为拍摄者你必须清楚：硬盘故障通常对我们的职业生涯是毁灭性的，它随时可能发生，并且会造成严重的后果。

13.5　SSD 的出现

由于固态硬盘 SSD 没有机械硬盘那样的活动部件，因此这种存储装置从根本上解决了我们的担忧。SSD 相比机械硬盘更可靠，重量更轻，耐热、抗震动和抗冲击能力也更强。

由于不再受限于机械硬盘盘片转速和断断续续的寻道机制，SSD 的 RAID 0 阵列[6] 可以跑满 eSATA 1600Mbit/s 的全部带宽。如果对可靠性有更高的要求，使用具备冗余功能的 SSD RAID 1 阵列可以在保证 100% 镜像备份的前提下，仍然维持 960Mbit/s 的传输速度。

配备 USB 3.0 和 Thunderbolt[7] 雷电接口的大容量固态硬盘将很快在绝大多数应用中侵

图 13.14

图中的迷你 SSD 阵列可以被设置为高速的 RAID 0 模式、安全的 RAID 1 模式或 JBOD 模式（磁盘簇，Just a Bunch of Drives）。待机状态的 SSD 本身并不会耗电，此时耗电的只有上面的 LED 指示灯。

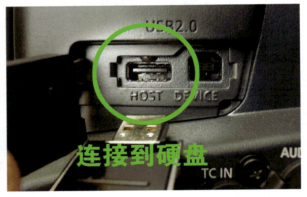

图 13.15

如果你想把素材转储到电脑上，使用摄像机的 DEVICE 模式 / 接口；如果你想把素材转储到硬盘上，使用摄像机的 HOST 模式 / 接口。另外，摄像机上的机械硬盘或 SSD 必须使用摄像机进行格式化。

6　冗余磁盘阵列（RAID，Redundant Array of Independent Disks）由多个硬盘组成，作为单独的储存单元出现在电脑桌面上。为了平衡性能和安全性，有很多不同的 RAID 配置：RAID 0 通过把数据段分散在多块磁盘上以获取最大的性能，P2 储存卡使用的就是这种技术；RAID 1 通过把数据镜像备份到多个磁盘上来获取 100% 的数据安全；RAID 5 是一种流行的配置方案，它兼顾了 RAID 0 的性能和 RAID 1 的安全性，RAID5 把数据和相对应的奇偶校验信息存储到组成 RAID5 的各个磁盘上，阵列中的任何一块硬盘发生故障都不会导致数据丢失。

7　Thunderbolt 雷电接口能够通过带宽 10Gbit/s 的双通道支持显示和连接驱动器。这种多功能的苹果接口可以通过单根线缆支持 HDMI、DVI 和 USB2.0/3.0 设备。

蚀机械硬盘的市场份额。对于拍摄者来说，最大的风险将不再是固态硬盘 SSD 本身，最多只可能是 SSD 物理损坏或被盗。

13.6 代理视频与 iPhone

现如今，拍摄者们越来越希望智能移动设备能在监看和回放工作中发挥更加积极的作用。松下 HPX600 等摄像机甚至可以安装代理视频编码器，把视频流编码为 MPEG-4 格式并推送到网页或手持设备上。XDCAM 摄像机默认就会生成代理视频，而且不需要安装额外的编码卡。

图 13.16

iPhone 和 iPad 正在成为越来越受欢迎的生产工具。它们可以简单编辑视频并在一瞬间将视频传送到远处某个无需剧组工作人员在场的高尔夫球场。

图 13.17

松下最新的 P2 摄像机会把 MPEG-4 代理文件放置在相应的代理（PROXY）文件夹中。把这个文件夹的内容拖进 iTunes 中相应的播放列表里，再同步到 iPhone 上，万事大吉！iPhone 审查样片就做好了！

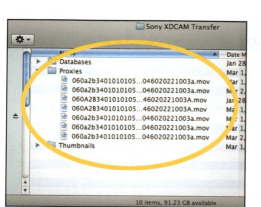

图 13.18

XDCAM 摄像机可以直接生成可用于 iTunes 播放列表的低分辨率代理文件。不过它的命名规则让人实在不敢恭维。

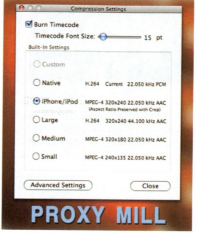

图 13.19

那些没有代理文件编码器的摄像机可以使用类似于 Imagine Products 的 Proxy Mill 软件来生成 iPhone 审查样片。Proxy Mill 软件可以把 P2 或 QuickTime (.mov) 软文件转换为 MPEG-4 文件。

iPhone 审查样片的制作工艺很简单。把包含代理视频的储存卡或摄像机接在电脑上，再在 iTunes 里建立一个新的播放列表。这个播放列表的命名应该具有逻辑性，例如"01_ production_date"。随后把代理视频文件拖入播放列表，再以正常的方式同步到 iPhone 上。同样的方法也适用于 XDCAM 代理文件，代理文件可以直接从光盘或 SXS 卡导入，也可以从 XDCAM 的代理文件目录里获取。

13.7　输出你的故事

我们中有些人属于装备有最新器材和冰沙酒吧的豪华健身俱乐部。我们每年支付成千上万美元或欧元来保留我们的会籍，那么我们为什么不经常去锻炼锻炼，甚至是天天去呢？答案很简单：大多数俱乐部都不太便利，尤其是那些离家或办公室超过 10 分钟车程的俱乐部。

图 13.20

领悟拍摄者的后期制作三圣谛：是的，你需要 Photoshop；是的，你需要非线性编辑系统 NLE；是的，你需要 Sorenson Squeeze 把项目按照要求以它原本的样子输出出来。

图 13.21

图为孟加拉首都达卡的人们围在商场橱窗外享受板球比赛的场景。其实并不是每个人都喜欢在手机上看节目，当然，日本是个例外，日本越来越多的智能手机用户就偏偏喜欢在手机上看。[8]

图 13.22

今天的拍摄者必须调整自己以适应最新的趋势。举个例子：小屏幕观看对特写镜头的需求会比以往任何时候都多。现在再告诉我一遍，你刚才说你为什么需要 5K 摄像机来看？

8　日本将近 20% 的智能手机用户经常在他们的手机上观看电视和电影。——《新媒体趋势观察》（*New Media Trend Watch*）2013, March 28.http://www.newmediatrendwatch.com/markets-by-country/11-long-haul/54-japan。

上面这个理论也同样适用于我们的数字生产工具。对拍摄者而言，有很多配备强大功能的后期工具可以增强我们的图像质量，但这些工具大多十分复杂或难以获取，又或者这些强大的设备仅仅是离我们距离太远，那么它就很可能像健身俱乐部一样，最终被我们放弃。

当然这种情况并不包括 Sorenson Squeeze 这类功能广泛、界面直观且易于获取的专业级编码软件。它支持 WebM、HTML5、Flash、H.264、AVC–Intra 和 XDCAM 等格式，我们很难想象会有它不支持的某种平台或格式。虽然你可能还是要为它准备一些专用的编码器，像数字电影编码器或立体编码器等，但总体而言，无论你最终放映的场所是哪里，Squeeze 都可以算得上是"一站式"数字编码解决方案。

13.8　DVD 的衰落

虽然数字内容租赁平台的份额正以每年 5% 的速度增长，但有趣的是，北美消费者仍在租用大量的 DVD 和蓝光光盘。到 2012 年，Netflix 邮件推送、Redbox 红亭子和少数存活下来的例如 Blockbuster 等租赁商店占据了全美约 2/3 的电影租赁市场，而基于订阅的流媒体服务、付费电视和 VOD 瓜分了剩下的 1/3。[9]

虽然现实很残酷，但拍摄者们并不希望标准清晰度的 DVD 在短时间内消亡。无论是拍摄故事片、音乐录影带，还是高中戏剧，DVD 都将继续发挥它独特的作用，特别是在亚洲和非洲等快速发展的地区。尽管数字流媒体已经成为西方的主流的分发方式，但 DVD 的现状可能还会持续很长时间。

一部引人入胜、画质优秀的 DVD 需要倾注大量的技巧和技术，因此我们对它稍显落伍的格式应当足够宽容。无论我们从摄影机或非线性编辑系统 NLE 中输出的画面有多优秀都不重要，真正重要的是我们最终通过网络、付费电视或 DVD 播放机最终交付的画面是否足够优秀。

有很多方法可以让拍摄者提高最终输出的 DVD 的画面质量：由于 DVD 和蓝光播放机是原生 24p 的设备，因此使用 24p 进行拍摄就显得合情合理；电影公司的故事片在制作成 DVD 之前也是 24FPS 逻辑编码；由于 DVD 播放机可以把 24FPS 的内容变换到 NTSC 制的 29.97FPS 或 PAL 制的 25FPS，因此如果拍摄者使用 24FPS（实际上是 23.976FPS）进行拍摄、编辑、编码的话，至少可以减少 20% 最终成片的文件体积。这意味着同等体积的文件，24FPS 码流可以更高，分配给每一帧的储存空间都会更宽裕，画面的锐度和细节也有机会变得更好；同时，使用 24P 拍摄、编辑和编码的 DVD 项目的画

9　数字租赁市场正以每年 5% 的速度飞速增长，包括视频点播（VOD）在内的整体市场在 2012 年的前 6 个月下降了 18%，约 17 亿美元；售货亭运营商收入上涨了 23%，达到 9.9 亿美元；同时，传统租赁店的业务下滑了 33%，达到了 5.98 亿美元。总体来说，实体业务在下滑，但仍然保有 62% 的市场份额。Marc Graser《综艺日报》.http://variety.com/2012/digital/news/most-movie-renters-still-use-discs-1118057628/。

面失真也会更少，从而提高画质。[10]

　　由于 DVD 的压缩比很高，因此在拍摄时尤其要注意摄像机的细节设置级别，因为这个参数会对最终编码的图像产生巨大的影响。如果摄像机的细节参数设置得过高，拍摄对象周围的硬边会在复杂的压缩过程中被进一步加强。升高或降低摄像机的细节水平会影响物体边缘的厚度，而变化的边缘则有可能在回放中造成方块效应。

（a）

图 13.23 a,b

尽管网页和其他数字平台发展迅猛，但 DVD 仍然占据着家用视频的主导地位，而且这种情况还会持续多年。

（b）

13.9　关注图像编码

　　图像完整性一直是我们拍摄者最为关注的，但观众们往往通过像 DVD 这种高压缩的数字平台来对我们作品进行评判。无论我们喜欢与否，我们精心打造的视觉画面都会被按照 40:1 或更高的压缩率进行压缩，因此我们只能祈祷这部分压缩工作最好没出什么岔子且满怀对拍摄者的敬意。

　　在理想情况下，拍摄者应该保留对视频编码过程的控制。虽然其他因素也可能影响拍摄者的视频生产，例如镜头光学性能、摄像机设置、滤镜等。但这些差异与残忍地把我们的图像压缩到网页、手机或 DVD 相比，根本微不足道。考虑到这部分内容涉及复杂的压缩算法——建议参看第四章的内容——然后你就很容易理解为什么说无论你把画面拍得多好，最后都有可能被压缩成修拉的油画。

　　对于数码单反 DSLR 拍摄者来说，高压缩比更让人头疼。数码单反在拍摄时就已经产生了很多机内图像失真，要靠后期进行修复。在这些失真中，属摩尔纹和宏块现象尤为令人不安。而作为一个新品种的拍摄者和视频故事讲述者，你的任务就是在最终编码输出前

10　详见第四章中有关于逐行记录与隔行记录各自优势的讨论。

尽可能地减少或削弱这些失真。

图 13.24

标准清晰度 DVD 需要使用 720×480 NTSC 或 720×576 PAL 的 MPEG-2 长 GOP 素材进行编码。相对而言，为网页和移动设备编码就灵活多了。

图 13.25

压缩失真导致的色带和色块可算不上什么艺术。图为修拉 1884 年创作的油画《大碗岛上的星期日下午》（*A Sunday Afternoon on the Island of La Grande Jatte*）。

13.10　编码器的性格

拍摄者知道，有些编码器可能会偏爱某些压缩参数。某个编码器可能在压缩诸如牛仔竞技表演等激烈运动时表现很好，但它面对夜晚万圣节游行的复杂色彩和服装时表现却不尽如人意。高清的新世界对于熟练的拍摄者来说，意味着他需要熟悉 MPEG-2、H.264 和 VC-1[11] 等各种编码器。世界上没有哪个单一的编码器能做到兼容并包，即使是价值上万美元的专业编码器也不能。

图 13.26

软件工程师在设计编码软件时，必须在有限的带宽内兼顾色彩、对比度和运动预测。Apple Compressor 软件近年来在保持画面低噪波和锐度方面进步明显。

13.11　被诅咒的问题场景

在为网络、DVD 或其他压缩介质拍摄视频时，拍摄者必须意识到：场景本身也会导致编码出现问题。那些始于静态高对比度场景的淡出、淡入和叠化必须经过反复检查；飘动的烟雾、大片水面、沙沙作响的树叶、飘落的雪花都是容易出问题的场景。聪明的拍摄者会意识到这些场景可能会出问题，会想尽办法从拍摄开始就极力避免这些问题，并在后期制作中努力解决这些问题。

11　MPEG-4 是一种非标准格式。H.264 是一种网络上流行的 MPEG-4 的苹果版本的变种。Video Coder（VC-1）是微软版本的 MPEG-4，这种格式并不常用。难道生活还不够精彩吗？我们真的需要这么多格式吗？

图 13.27

拍摄者必须意识到场景本身也会给编码器找麻烦。像飞驰的伦敦出租车这种快速移动物体的场景就很可能在编码时出问题。

图 13.28

在大片水面上泛着缓缓的波浪，这种场景是出了名的难以压缩。因此，在压缩此类场景时一定要仔细检查可能发生失真的区域。

13.12　视频降噪势在必行

我们必须在拍摄时就尽量减少画面的噪点，因为如果原始素材的噪点就多，那么压缩编码程序可能很难区分开我们想要的细节和那些我们不想要的噪点。在拍摄时加装 Tiffen Soft/FX 或 Schneider Digicon 柔光滤镜，能有效抑制暗部和单色无纹理区域的色斑和纷飞的噪点，从而可以显著提高画面输出质量。

除了降低摄像机细节设置和为摄像机使用柔光照明，在非线性编辑系统 NLE 中也可以进行图像降噪。很多编码器的压缩软件中都内置了降噪功能，但效果普遍比较一般。在进行软件降噪时，拍摄者应该在画面暗部细节损失和降噪效果之间充分权衡。

图 13.29

像图中的天空这种缺乏质感的单色区域很容易在编码时出现噪点。降低摄像机细节设置或使用柔光滤镜可以减轻此类问题。

图 13.30

像 Magic Bullet Denoiser 和 Neat Video 等软件工具可以有效地降低摄像机增益造成的噪点。左侧是原始场景，右侧为软件处理后的场景。

13.13   了解编码模式

干净、清晰且具有良好对比度的图像一直是我们拍摄者努力想要实现的目标。因此，使用高码率编码就显得十分合理。但现实是残酷的，我们往往受限于最终提交的平台——网页平台的带宽限制，移动设备的连接速度限制，DVD 和蓝光光盘的视频规格限制等。

有线电视和卫星电视的 MPEG 视频流必须通过容量有限通道进行传输。节目包或图片组（GOPs）就成为了这些视频流的传送带。为了让多个节目流更有效地进行传输，这个传送带必须以恒定的速度传输大小相同的数据包，如果数据包的大小不一致，这个"管道"就可能被堵塞。因此，在恒定码率（CBR）编码中，无论是战舰爆炸还是特写对白，不管场景复杂程度如何，它们都是以相同的码率编码的。

图 13.31

而可变码率（VBR）编码方式则会调整传送带的速度，以适应不同大小的数据包，因此这种方式效率更高，它会把静止站立的记者这种静态场景安排跟酒吧争斗这类动态场景一起传输。

可变码率 VBR 在 NTSC 制式中可以在 GOP 层级对最少 4 帧图像进行调整。但对于 DVD 演示或少于 15 分钟的短节目而言，使用 8.5Mbit/s 的 CBR 效果更好。记得要把声音编码为 Dolby stereo 2.0 立体声，否则你将无法把节目刻录成 DVD！[12]

13.14   BLU-RAY 蓝光，还有谁？

没人会忘记 2008 年 BLU-RAY 蓝光和 HD-DVD 的格式之争。HD-DVD 的宣传工作做得很好，也提供了更大的灵活性、更简单的制作工具，并且它与 DVD 格式的兼容性也更好。但最终，好莱坞电影公司的支持，还是让 BLU-RAY 蓝光格式占据了上风。

这场争斗结束之后，BLU-RAY 蓝光的财政状况并没有什么起色。尽管它们 2011 年在全美的销售额也有 20 亿美元[13]，但这种格式早已深陷泥潭，就像史蒂夫·乔布斯曾经调侃道："蓝光格式就是个坑。"

对一般的视频拍摄者和内容创作者来说，发行蓝光光盘是不切实际的。主要原因在于蓝光光盘的许可证分发费用过高，直到现在，每部片子的授权费仍然高达数千美元。这个为好莱坞各大电影公司制定的费率对于大多数公司、企业和会议报道来说都太遥不可及了。

高级内容访问系统（AACS，Advanced Access Content System）是一种为阻止盗版

12　DVD-Video 的总带宽为 9.8Mbit/s，其中包括了视频、音频和包括菜单与字幕在内的副影像。

13　《家庭录影带市场蓝光销量增长，但仍只是 DVD 的九牛一毛》（*Blu-ray Grows, but DVD Slide Nips Home Video Sales*）——Snider, M.（2012,1.9）.《今日美国》。http://usatoday30.usatoday.com/tech/news/story/2012-01-10/blu-ray-sales-2011/52473310/1。

播放没有经过正确验证的蓝光光盘而生的保护系统。[14] 这种系统非常好用，好用到过于严格，以至于失去了很多本想要采用蓝光格式的客户。

其实，蓝光光盘还是可以被复制的，可以直接录在一次性蓝光光盘上，不需要 AACS 授权费。不幸的是，自己烧录的蓝光光盘在一些播放机上会遇到兼容性问题。还有些人把使用帧内压缩的蓝光影片宣传用片或试映片直接刻录到 DVD-R 上 [15]，但这类光盘在某些高端播放机上会被认为是盗版从而无法播放。在这方面，中国产的低价播放器做得都不错，它们可以愉快地播放蓝光影片或 AVCHD 节目，无论什么盘几乎都能播。

图 13.32

一直关注最新科技？从标准清晰度差值出来的 1080P DVD 的图画质量看起来几乎跟原生蓝光一样好。人们这种"DVD 已经足够好"的论调也在不断减少公众对于高清晰度光盘格式的兴趣。

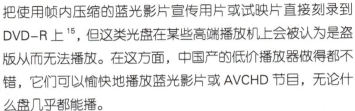

图 13.33

Adobe Encore 支持在 DVD 和蓝光输出时直接刻录在可记录介质上。苹果公司目前并没有提供蓝光制作方案——很可能以后也不会提供。

图 13.34

云计算为如今的拍摄者提供了在世界任何地方开展全方面后期制作的能力，图为 Adobe 公司基于云端的后期制作软件 Creative Cloud。

13.15   来到云端

我在云端写作，整个影视行业都正在快速地向云端转型。云是更好的合作与共享环境，云是不断扩大的全球市场的写照，云的出现让项目生产得以跨大洲、跨时区地进行，云的出现让拍摄者和电影制作者可以在世界的任何地方进行工作。

全球 60 亿活跃手机用户，其中许多都是宽带接入用户，这让互联网变成了一个庞大的媒体网络。这一全球性的变革给那些非戏剧类拍摄者创造了千载难逢的机遇。

---

14   AACS 系统由迪士尼、英特尔、微软、松下、华纳兄弟、IBM、东芝和索尼共同开发。

15   总时长不超过 15 分钟的 BDMV（蓝光视频）可以直接刻录到红色激光 DVD-R（+R）上，并能用蓝光播放机进行播放。AVCHD 格式在主流厂商的蓝光播放机上更容易进行播放。

在电影和电视领域，越来越多的制片人期待展开基于云的生产协作。在物理工业基础结构不太健全的亚洲发展中市场，这种期待尤为强烈。

13.16　归档的挑战

最初，上帝创造了胶片和世上所有看上去美好的东西。我们会为一条 30 秒的广告拍摄 5 ~ 6 分钟的素材，这是常态。制片人也认为没有理由再拍更多。

但在今天，我们拍摄的素材变多了——而且不是一般的多。在拍摄某些镜头的时候，摄像机可能会不停机，一直拍。那么问题来了，我们该如何处理这海量的素材呢？在不久以前，堆积如山的磁带会被遗忘在壁橱的架子上或干脆扔在某个车库里，等过了 8 ~ 10 年，就寿终正寝。

现在，我们别无选择，只能面对这些爆发式增长的数字资产，并为之制定一个可行的归档策略。采用低价的大容量硬盘似乎是个不错的选择，但硬盘是很脆弱的，即使是质保时间最长的企业级硬盘也只提供 5 年保修。因此，我们更应该把硬盘作为一个短期的解决方案，只能用于当前或最近的项目归档。固态硬盘的稳定性相对较好，但其高成本和低容量使固态硬盘归档显得比较不切实际，尤其是作为一种新近的产物，其长期稳定性还未经证实。

颇具讽刺意味的是，在这个无带化时代，最好用的归档解决方案竟是使用磁带——当然不是视频磁带，而是数据磁带——LTO 和 Super DLT[17]。这种备份形式已经被银行、保险公司和国税系统使用了很多年。好莱坞有一家大型电影公司至少每隔 7 年就会把高价值的数字资产整个归档至 LTO 磁带系统一次。

最新一代的 DLT 磁带机不再像几十年前的型号那样不可靠。新型 DLT 跟其他类型存储一样安装在桌面上，内置有一个可以检索的目录系统，你可以从世界的任何地方通过 FTP 来访问里面的归档文件。新式的目录系统消除了老式独立目录系统随着时间的推移容易丢失或损坏的隐患。

图 13.35

归档曾经看起来是这样的！——

图 13.36

——和这样的！

图 13.37

后来是这样的！——

17　LTO 是有几十年历史的线性磁带开放格式。数字线性磁带（DLT）与 LTO 类似，在功能类似的前提下，DLT 更经济，但由于其容量相对较小，因此更适用于个人或中小型企业。

　　当然，没有哪种归档介质是 100% 可靠的，因此需要设计冗余。一定要备份关键文件并使用校验码 [18] 来检测在数据转移过程中可能发生的错误。

图 13.38

——还有这样的！

图 13.39

图中的 SDLT 磁带机非常适用于个人拍摄者或小制作公司。

图 13.40

图中的 LTO 磁带可以把数据储存 100 年，且单个磁带的容量高达 6.25TB。

教学角：思考题

1. 从摄像机采集视频和从摄像机采集数据有什么不同？请描述这两种情况下摄像机的操作和工作流程的差异。

2. 为什么保持画面低噪波对视觉故事的整体性如此重要？找出 3 种可以让我们在拍摄中保持低噪波水平的方法。

3. 思考拍摄到磁带、光盘和固态存储各自的优点。再列举不使用每种存储的充分理由。

4. 什么是元数据？列举 8 种你认为可能在拍摄片段的元数据中有用的参数。

5. 描述你认为最佳的存储卡转储流程。我们应该如何验证转储文件的完整性？

6. 基于网络服务器的素材转储方式正在逐渐取代存储卡的转储。支持 Wi-Fi 功能的摄像机的另一个值得期待的操作或工作流程上的变化是什么？

7. 预测一下在未来几年里，DVD 和 Blu-ray 蓝光将各自扮演怎样的角色？你是否觉得光盘作为一种发布介质还将持续存在很长时间？请从全球范围解释你的立场。

8. 你觉得云端协作会对你的下个作品造成怎样的影响？这种合作将如何影响拍摄者在制片工作中的角色？

18　校验码可以用来检测数据在转储过程中出现的错误。用转储后的文件校验码值对比原始文件的校验码值，如果校验值匹配，则说明数据是完整的。

世上并没有"一键优化到最好"功能

这个世上并没有"一键优化到最好"功能,因此当你把节目输出到网络、手机或DVD时,你将面临如下的选择:你想让画质好、更好,还是最好?

我一直不太明白为什么当还有"最好"的选择时,有人会选择"好"或"更好"。"更好"固然比"好"要好,但"最好"肯定比"更好"要好。当然从另一方面讲,我还应该庆幸"不好"并不在选项之中,因为"不好"可比"好"差多了,虽然"不好"肯定比"很不好"要好,也明显比"极其不好"好得多。

伴随着这些心理斗争,出现了一个更大的问题:这个世界上有"一键优化到最好"功能吗?

"一键优化到最好"功能固然很有吸引力。有了这种功能,我们就不必再穷极一生学习照明、构图、取景、如何运用材质和视角,或了解动物大脑的复杂性;也不用去学习复杂的专业技术、玄妙的审美知识和那些傻傻的设备名称。我们还可以抛开"排除、排除、排除"原则给我们带来的束缚和压力……如果世上真有这么一个"一键优化到最好"功能,那对我们来说简直就太好了!

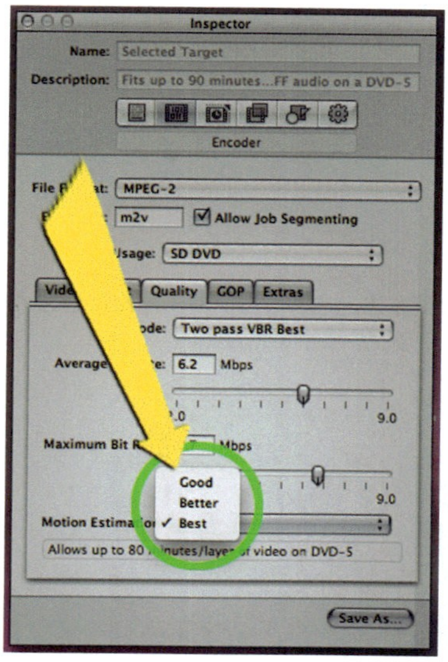

图 14.1

是好、更好还是最好呢?这是个艰难的选择,你的自尊心会让你选择哪个呢?

我记得 15 年前,我使用主流的编曲软件 Master Tracks Pro 为一些准严肃音乐家编曲。该程序提供了一个前无古人后无来者的 humanize(人性化)功能。后来事实证明,我真是一个糟糕的钢琴演奏者,只会机械地进行演奏。当我看到四分音符,我就弹四分音符,没有什么精彩的演绎。因此,这个程序对我来说简直太棒了,我可以用它给我毫无情感的机械演奏加入少许人性和急板——我想着可能最后听起来就像卡内基音乐厅的灵魂乐手那样棒!

哦不,这并不是真的。这个软件并没有为我的音乐加入真正的灵感,它只是把我的四分音符随机移动了一下,结果更不合拍了。最后,我的机械演奏只是被转换成了不合格的糟糕演奏——根本就没有大师的味道。

因此，理论上任何媒介的故事都不能通过某种广义的算法自动生成。故事的细微差别和品位都必须经过独一无二的打造和修饰；所有我们在这本书里或在其他地方提到的各种晦涩难懂的技术从本质上来说都是一样的，我们的数字视频故事必须从这些没有灵魂的技术中升华成一种情感的体验。

（a）

（b）

图 14.2 a,b

高效的故事表达需要拍摄者与观众形成某种信任。这并不简单，我们需要团队合作。

1. 谨慎对待炒作

如今，摄影机制造商迫于压力，纷纷推出高分辨率传感器。但这是我们真正想要、真正需要的吗？为什么高分辨率就一定是好的呢？在好莱坞，大预算的 60 英尺银幕电影的标准摄影机也只是 2K 分辨率的 ARRI Alexa，我听说有很多拍摄者现在已经非 4K 以上分辨率摄影机不用了。他们说："去他的高费用和可怕的工作流程，我不在乎，分辨率越高越好。"这些迷信高分辨率摄影机的家伙很可悲。多高的分辨率才算高分辨率呢？ 8K？ 10K？ 12K？什么时候才是尽头？

图 14.3

作为拍摄者我们必须清楚自己想要什么。并不是军舰那么大的传感器才能拍得下军舰。

图 14.4

如果一台摄影机的操作或工作流程十分令人费解，无论它的传感器尺寸或分辨率多出色我们都不会使用它。

　　我们的观众并不是在数银幕上的像素数或评估我们的成像分辨率。我们充满人性光辉和微妙情感的故事要远比那些技术细节更有趣，故事才应该是你的作品吸引人的地方。

　　我们真正需要的摄影机应该能提供逼真的色彩、平滑的灰阶过渡和清晰锐利的图像，它还应该有高效合理的操作设计和工作流程。炒作的人会让你注重传感器尺寸和像素数，而真正的高手会让你注重镜头的光学性能。镜头的选择往往对我们视觉故事的成败更为重要，特别是考虑到最近大家都喜欢用大于 HD 高清和 2K 的高分辨率进行拍摄。

2. 拒绝复杂

　　互联网上的各种炒作和焦躁不安的网络讨论板块会误导我们，让我们相信自己需要更多更好的设备。它们会喋喋不休地不断提醒我们"你的设备过时了，你的摄像机像素不够，你们传感器尺寸不够大，或者拍摄 4:2:0 会把我们降格为阴沟里的垃圾"。

　　事实上，我们不需要多少东西就能够完成杰出的工作。1987 年波兰一名船厂工人裹着破布用录像机拍摄 8mm 新闻片，2007 年坦桑尼亚的电影制片人没用一盏灯就拍摄了一部警匪片，这给我上了刻骨铭心的一课。2001 年开罗一名天才的年轻导演把一名艺术家和一个男孩设置在革命中骚乱的街头，塑造了一个非常刻骨铭心的感人故事。我从这些人身上学到了很多。无论是什么项目，我们都要做得更好，做到最好，并尽我们所能拒绝复杂性。

未来的视频摄像机

（a）

（b）

图 14.5　a,b

当前流行的大传感器小景深风潮很快就会过去。接下来流行的拍摄设备……将会是简单易用的智能手机。

图 14.6

当前你手中的摄像机对你而言就是完美的解决方案。它之所以完美，因为你已经拥有它，你并不需要更多。

（a）

（b）

（c）

图 14.7 a,b,c
我们真的需要满满一卡车装备来照亮一个场景吗？我看未必。

3. 观影的未来

　　最近在世界上一些缺少宽带连接的地区，一种被叫作"茅屋"的微型观影店呈现出爆发性的增长。这些微型影院简单到可以建在尼日利亚某辆面包车的后面或是孟加拉国一座摇摇欲坠的房子的一角。这些"茅屋"和世界上海量移动设备的微小屏幕正改变着观众们观影的媒介。对观众而言，电影、电视及所有风格的节目都正变得更亲密、更私人。

图 14.8
颠覆性的变革正在悄然进行。摄像机及大量昔日的故事讲述机械正在快速消亡。

4. 变革已经到来

　　如今的摄像机更轻、更紧凑，也拥有更宽的动态范围，因此我们需要的照明设备也少了，这意味着剧组的人数也相应地减少了，需要的夹具和支架也减少了，饥饿的卡车司机也随之变少了。日常的编辑和数字特效工作如今可以坐在沙发上用笔记本电脑来完成，这意味着专业的后期制作室和高薪的专业人士也变少了。再加上现在人人可以在网络上自己发行影片，最明显的变化是，从场工到负责人，电影公司的人力需求正在不断减少。

（a）

（b）

图 14.9 a,b

图为乌干达小镇当地的观影厅。

5. 这是个弱肉强食的世界

在竞争激烈的数字世界，我们当中总有些人比其他人更具天赋，他们总能创造出别出心裁的布光和构图。行业内对这些高端人才的需求总是源源不断的。但对于现如今其他大多数靠拍摄吃饭的主流拍摄者来说，数字介质很便宜，熟练使用摄像机只是众多必备技能中的一个元素。为了与时俱进，如今的拍摄者必须了解和接受在互联网上进行从剧本策划、故事版绘制到实际拍摄、最后影院放映的全部流程。这个过程可能会很漫长、很复杂，但如果拍摄者可以理解这一切，包括其中蕴含的机遇与挑战，那么无论命运之旅把他带向何方，他都能够做得很出色。

图 14.10

iPhone 等手持设备的小屏幕非常适合观看特写镜头，这是一个使用特写镜头来讲述视觉故事的好理由。

（a）

（c）

（b）

图 14.11 a,b,c

无论在美国的 Hollywood，还是在坦桑尼亚的 Swahiliwood，只要你能讲述精彩的视觉故事，你就一定会成功，一定会。

（a）

（b）

图 14.12 a,b

电影制作是一个合作的过程。犯错最多的人往往最后会赢，因为他已经从失败中汲取了足够的教训与智慧。

图 14.13

前进吧，亲爱的拍摄者们。周游世界寻找伟大的画面，捕捉精彩的故事。我们的工作和职责就是驾驭这种力量，有效地、有创造性地、明智地使用这种力量。

图 14.14

教学角：思考题

1. 结合第一章的内容回答这个问题：列举 3 部让世界变得更好或更糟的电影或纪录片。所举的例子并不一定要是知名作品，甚至可以不是一部完整的作品。解释每部电影在当时产生的影响以及对历史进程的影响。

2. 描述当今拍摄者应该掌握的技能范围，从 Photoshop、绿屏技术到会说多种语言。冒昧地问一下：如果你还在学校的话，你学的东西对吗？

3. 列举 5 种你作为一名电影人的优势。思考你会如何把这些优势注入到你独特的叙事视角中？

4. 列举 3 部有明显视觉缺陷的故事片或纪录片。描述这些视觉缺陷会如何对观众的观影体验造成正面或负面的影响。

5. 你生活中的故事并不是你的生活，而是你的故事。试着把你生活中的故事变成两个不同的剧本。为每个故事设计一款海报和一个情节概要。看看你的生活是戏剧还是喜剧？你写的情节概要足够令人信服吗？你的主演选谁，观众们才会花两个小时看这个故事？如果每张票卖 12 美元，你觉得观众们更喜欢在电影院里看你的哪个故事？

6. 分别描述你那两个故事的外观样式。请从镜头的选择、柔光、景深设计、色彩平衡和照明等角度综合考虑。故事的外观样式对影片类型有多大影响？